高职高专立体化教材 计算机系列

ASP 动态网页设计

(第 2 版)

黄玉春　主　编

罗海峰　刘春友　韩　冬　副主编

清华大学出版社

北　京

内 容 简 介

本书详细地介绍了 ASP 的运行环境、超文本标记语言 HTML 和 XHTML 基础、客户端编程语言 JavaScript、服务器端编程语言 VBScript、ASP 的内置对象、数据库操作基础以及利用 ADO 对数据库的存取操作等。全书例题丰富，每一项目都有可操作的上机实验，最后两个项目是完整的应用实例，以便于学生模仿学习。

本书从实用角度出发，结合实例，由浅入深、循序渐进地介绍了 ASP 动态网页设计的相关知识。全书语言简洁，条理清晰，例题实用性强，上机操作指导具体实用。本书可作为高职高专计算机应用及电子商务专业的教材，也可供工程技术人员参考。

图书在版编目(CIP)数据

ASP 动态网页设计/黄玉春主编；罗海峰，刘春友，韩冬副主编. —2 版. —北京：清华大学出版社，2012(2021.2重印)

(高职高专立体化教材　计算机系列)

ISBN 978-7-302-29528-0

Ⅰ. ①A… Ⅱ. ①黄… ②罗… ③刘… ④韩… Ⅲ. ①网页制作工具—程序设计—高等职业教育—教材 Ⅳ. ①TP393.092

中国版本图书馆 CIP 数据核字(2012)第 169972 号

责任编辑：桑任松
封面设计：刘孝琼
版式设计：杨玉兰
责任校对：周剑云
责任印制：杨 艳

出版发行：清华大学出版社
　　　　网　　址：http://www.tup.com.cn, http://www.wqbook.com
　　　　地　　址：北京清华大学学研大厦 A 座　　　　邮　　编：100084
　　　　社 总 机：010-62770175　　　　邮　　购：010-62786544
　　　　投稿与读者服务：010-62776969, c-service@tup.tsinghua.edu.cn
　　　　质量反馈：010-62772015, zhiliang@tup.tsinghua.edu.cn
　　　　课件下载：http://www.tup.com.cn, 010-62791865
印 刷 者：北京富博印刷有限公司
装 订 者：北京市密云县京文制本装订厂
经　　销：全国新华书店
开　　本：185mm×260mm　　　　印　　张：19.5　　　　字　　数：472 千字
版　　次：2009 年 2 月第 1 版　2012 年 9 月第 2 版　　　印　　次：2021 年 2 月第 11 次印刷
定　　价：49.00 元

产品编号：045336-02

《高职高专立体化教材计算机系列》丛书序

一、编写目的

关于立体化教材，国内外有多种说法，有的叫"立体化教材"，有的叫"一体化教材"，有的叫"多元化教材"，其目的是一样的，就是要为学校提供一种教学资源的整体解决方案，最大限度地满足教学需要，满足教育市场需求，促进教学改革。我们这里所讲的立体化教材，其内容、形式、服务都是建立在当前技术水平和条件基础上的。

立体化教材是"一揽子"式的(包括主教材、教师参考书、学习指导书、试题库在内的)完整体系。主教材讲究的是"精品"意识，既要具备指导性和示范性，也要具有一定的适用性，喜新不厌旧。那种内容越编越多，本子越编越厚的低水平重复建设在"立体化"的世界中将被扫地出门。与以往不同，"立体化教材"中的教师参考书可不是千人一面的，教师参考书不只是提供答案和注释，而是含有与主教材配套的大量参考资料，使得老师在教学中能做到"个性化教学"。学习指导书更像一本明晰的地图册，难点、重点、学习方法一目了然。试题库或习题集则要完成对教学效果进行测试与评价的任务。这些组成部分采用不同的编写方式，把教材的精华从各个角度呈现给师生，既有重复、强调，又有交叉和补充，相互配合，形成一个教学资源有机的整体。

除了内容上的扩充，立体化教材的最大突破还在于在表现形式上走出了"书本"这一平面媒介的局限，如果说音像制品让平面书本实现了第一次"突围"，那么电子和网络技术的大量运用就让躺在书桌上的教材真正"活"了起来。用 PowerPoint 开发的电子教案不仅大大减少了教师案头备课的时间，而且也让学生的课后复习更加有的放矢。电子图书通过数字化使得教材的内容得以无限扩张，使平面教材更能发挥其提纲挈领的作用。

CAI(计算机辅助教学)课件把动画、仿真等技术引入了课堂，让课程的难点和重点一目了然，通过生动的表达方式达到深入浅出的目的。在科学指标体系控制之下的试题库既可以轻而易举地制作标准化试卷，也能让学生进行模拟实战的在线测试，提高了教学质量评价的客观性和及时性。网络课程更厉害，它使教学突破了空间和时间的限制，彻底发挥了立体化教材本身的潜力，轻轻敲击几下键盘，你就能在任何时候得到有关课程的全部信息。

最后还有资料库，它把教学资料以知识点为单位，通过文字、图形、图像、音频、视频、动画等各种形式，按科学的存储策略组织起来，大大方便了教师在备课、开发电子教案和网络课程时的教学工作。如此一来，教材就"活"了。学生和书本之间的关系不再像领导与被领导那样呆板，而是真正有了互动。教材不再只为老师们规定什么重要什么不重要，而是成为教师实现其教学理念的最佳拍档。在建设观念上，从提供和出版单一纸质教材转向提供和出版较完整的教学解决方案；在建设目标上，以最大限度满足教学要求为根本出发点；在建设方式上，不单纯以现有教材为核心，简单地配套电子音像出版物，而是以课程为核心，整合已有资源并聚拢新资源。

网络化、立体化教材的出版是我社下一阶段教材建设的重中之重，以计算机教材出版为龙头的清华大学出版社确立了"改变思想观念，调整工作模式，构建立体化教材体系，大幅度提高教材服务"的发展目标，并提出了首先以建设"高职高专计算机立体化教材"为重点的教材出版规划，希望通过邀请全国范围内的高职高专院校的优秀教师，共同策划、编写这一套高职高专立体化教材，利用网络等现代技术手段实现课程立体化教材的资源共享，解决国内教材建设工作中存在的教材内容更新滞后于学科发展的状况。把各种相互作用、相互联系的媒体和资源有机地整合起来，形成立体化教材，把教学资料以知识点为单位，通过文字、图形、图像、音频、视频、动画等各种形式，按科学的存储策略组织起来，为高职高专教学提供一整套解决方案。

二、教材特点

在编写思想上，以适应高职高专教学改革的需要为目标，以企业需求为导向，充分吸收国外经典教材及国内优秀教材的优点，结合中国高校计算机教育的教学现状，打造立体化精品教材。

在内容安排上，充分体现先进性、科学性和实用性，尽可能选取最新、最实用的技术，并依照学生接受知识的一般规律，通过设计详细的可实施的项目化案例(而不仅仅是功能性的小例子)，帮助学生掌握要求的知识点。

在教材形式上，利用网络等现代技术手段实现立体化的资源共享，为教材创建专门的网站，并提供题库、素材、录像、CAI 课件、案例分析，实现教师和学生在更大范围内的教与学互动，及时解决教学过程中遇到的问题。

本系列教材采用案例式的教学方法，以实际应用为主，理论够用为度。教程中每一个知识点的结构模式为"案例(任务)提出→案例关键点分析→具体操作步骤→相关知识(技术)介绍(理论总结、功能介绍、方法和技巧等)"。

该系列教材将提供全方位、立体化的服务。网上提供电子教案、文字或图片素材、源代码、在线题库、模拟试卷、习题答案、案例动画演示、专题拓展、教学指导方案等。

在为教学服务方面，主要是通过教学服务专用网站在网络上为教师和学生提供交流的场所，每个学科、每门课程，甚至每本教材都建立网络上的交流环境。可以为广大教师信息交流、学术讨论、专家咨询提供服务，也可以让教师发表对教材建设的意见，甚至通过网络授课。对学生来说，则可以在教学支撑平台所提供的自主学习空间中进行学习、答疑、操作、讨论和测试，当然也可以对教材建设提出意见。这样，在编辑、作者、专家、教师、学生之间建立起一个以课本为依据、以网络为纽带、以数据库为基础、以网站为门户的立体化教材建设与实践的体系，用快捷的信息反馈机制和优质的教学服务促进教学改革。

本系列教材的专题网站是 http://lth.wenyuan.com.cn。

前　言

随着 Internet 技术的飞速发展，基于 B/S 模式的网络应用程序得到了广泛普及，在目前众多的 Web 开发技术中，ASP 因其简单易学、便于开发和维护、功能强大等特点，已经成为 Web 开发人员首选的平台之一。

ASP 是 Microsoft 公司于 1996 年推出的一种 Web 应用开发技术，用于取代对 Web 服务器进行可编程扩展的 CGI 标准。ASP 的主要功能是将脚本语言、HTML、组件和 Web 数据库访问功能有机地结合在一起，形成一个能在服务器端运行的应用程序，该应用程序可根据来自浏览器端的请求生成相应的 HTML 文档并回送给浏览器。使用 ASP 能够创建以 HTML 网页作为用户界面并与数据库进行交互的 Web 应用程序。

本书是作者在多年教学的基础上编写而成的。作者根据教学经验和学生的认知规律精心组织内容，做到内容丰富、深入浅出、循序渐进，力求使本书具有可读性、实用性和可操作性。

全书在第 1 版的基础上做了较大的改动，完全按照项目化和任务驱动的方式进行编写。全书共分 9 个项目 24 个任务。项目一介绍 ASP 的运行环境与配置，项目二介绍 HTML 和 XHTML 基础，项目三介绍 DIV+CSS 网页布局，项目四介绍 ASP 脚本语言，项目五介绍 ASP 的内置对象，项目六介绍 SQL 操作基础，项目七介绍利用 ADO 实现数据库的访问，项目八介绍用 ASP 实现留言本系统，项目九介绍用 ASP 实现信息发布网站建设。

全书例题丰富，每个项目都有可操作的上机实验，最后两个项目是完整的应用实例，以便于学生模仿学习。本书可作为高职高专计算机应用及电子商务专业的教材，也可供工程技术人员参考。

本书由黄玉春担任主编，罗海峰、刘春友、韩冬担任副主编。其中，项目一、三、六由洛阳职业技术学院韩冬编写；项目二、八由安徽工业职业技术学院黄玉春编写；项目四、五由安徽工业职业技术学院刘春友编写；项目七、九由安徽工业职业技术学院罗海峰编写；全书由黄玉春统稿。

在本书的编写过程中，得到了清华大学出版社的大力支持，在此致以衷心的感谢！由于计算机技术发展迅速，加上作者水平有限，书中难免存在缺点和错误，恳请各位专家、读者不吝指正。

编　者

目　　录

项目一　ASP 的运行环境与配置

【学习目标】

- 能安装和配置 ASP 的开发环境
- 能编写简单的 ASP 程序
- 理解静态网页和动态网页的执行过程
- 了解 Web 应用程序的概念

【工作任务】

- 安装与测试 IIS 5.1
- 配置 IIS 5.1
- 编写一个简单的 ASP 程序并运行

1.1　任务 1 - 构建 ASP 的运行环境

Internet 是当今世界上最大的计算机网络，它将全球成千上万的计算机网络和数量众多的计算机主机有机地结合在一起，形成了一个全球信息网。目前 Internet 上可以提供的服务种类非常多，如远程登录(Telnet)、电子邮件(E-mail)、文件传输(FTP)、万维网(World Wide Web)等。其中，Web 和 E-mail 是最常用的服务。

ASP 与 Internet 上的 Web 服务有着密切的关系。为了真正理解 ASP 的工作机制，首先需要了解 Web 的一些基本知识。

1.1.1　Web 概述

World Wide Web(即万维网，简称 Web)是一种基于超级链接(Hyperlink)技术的超文本(HyperText)和超媒体(HyperMedia)系统。在 Web 系统中，信息的表示和传递一般使用 HTML (HyperText Markup Language，超文本标记语言)格式。利用这种格式描述的信息不仅可以包含文本，还可以包含图形、图像、音频、视频等，从而为用户提供了一个易于使用的标准图形化界面。

Web 系统还具有极强的超级链接能力。利用超级链接技术，Web 系统可使位于不同网络位置的文件之间建立起联系，用户通过单击不同的超级链接就可以方便地访问所指定的资源，从而为用户提供一种交叉式的资源访问方式。

Web 系统由 Web 客户机和 Web 服务器组成，客户机与服务器之间使用 HTTP(超文本传输协议)传输数据。HTTP 协议是一个请求/响应协议，每一次的 Web 服务过程，都是首先由 Web 客户机建立一个到 Web 服务器的连接并发出一个请求，服务器在接受请求并进行相应的处理后，将发出一个响应(通常这个响应是一个 Web 页面)，客户机对所得到的响应进行解释并显示出来，最后关闭建立的连接。Web 系统的这种资源访问机制又被称为浏览器/服务器(Browser/Server，B/S)模式。

由于 Web 具有极强的易用性和实用性，普通 Internet 用户也可以利用 Web 系统方便地访问 Internet 上丰富多彩的资源。目前，Web 已经成为 Internet 上使用最为广泛、最有前途、最受欢迎的信息服务之一，是 Internet 上发布信息的主要手段。

1.1.2　Web 页与 Web 站点

Web 页就是 World Wide Web 文档，通常称为网页。Web 页一般由 HTML 文件组成，其中包含相关的文本、图像、声音、动画、视频以及脚本语言程序等，位于特定计算机的特定目录中，其位置可以根据 URL 确定。按照 Web 服务器响应方式的不同，可以将 Web 页分为静态网页和动态网页。

静态网页是标准的 HTML 文件(其文件扩展名为.htm 或.html)，它可以包含文本、HTML 标记、客户端脚本等。任何 Web 服务器都支持静态网页，其执行过程如下。

(1) 当用户在浏览器的地址栏输入所要访问的 URL 地址并按 Enter 键或单击 Web 页上的某个超级链接时，浏览器向 Web 服务器发送一个页面请求。

(2) Web 服务器接收到这些请求后，根据扩展名.htm 或.html 判断出所请求的是 HTML 文件，然后服务器从当前硬盘或内存中读取相应的 HTML 文件，并将其回送到用户浏览器。

(3) 用户浏览器解释这些 HTML 文件并将结果显示出来。

静态网页的执行过程如图 1-1 所示。

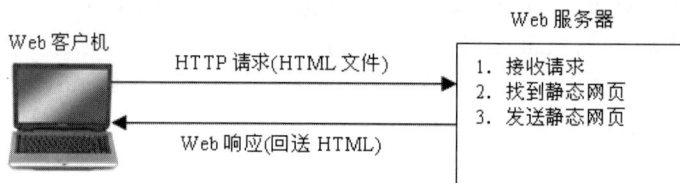

图1-1　静态网页的执行过程

动态网页中除了包含静态网页中可以出现的文本、HTML 标记、客户端脚本等内容外，还可以包含只能在 Web 服务器上运行的服务器端脚本。动态网页文件的扩展名与所使用的 Web 开发技术有关。例如，使用 ASP 技术时，文件扩展名为.asp；使用 PHP 技术时，文件扩展名为.php；使用 JSP 技术时，文件扩展名为.jsp。动态网页的执行过程与静态网页有着本质的区别，其执行过程如下。

(1) 当用户在浏览器的地址栏中输入所要访问的 URL 地址并按 Enter 键或单击 Web 页上的某个超级链接时，浏览器将这个动态网页的请求发送到 Web 服务器。

(2) Web 服务器接收到这些请求并根据扩展名(如.asp)判断出所请求的是动态网页文件，然后服务器从当前硬盘或内存中读取相应的文件。

(3) Web 服务器将根据这个动态网页文件从头到尾执行，并根据执行结果生成相应的 HTML 文件(静态网页)。

(4) HTML 文件被送回用户浏览器，用户浏览器解释这些 HTML 文件并显示出结果。动态网页的执行过程如图 1-2 所示。

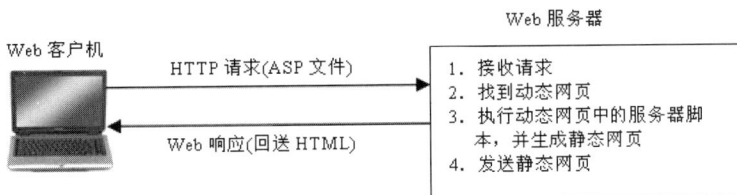

图1-2　动态网页的执行过程

上述过程是一个简化的过程，但从中可以看出动态网页与静态网页在本质上的不同。对于 Web 服务器来说，静态网页不经过任何处理就被送到用户浏览器，而动态网页的内容首先在服务器端执行并根据执行结果生成相应的 HTML 页面，再将 HTML 页面送给用户浏览器。

注意：由于动态网页必须在 Web 服务器端执行，因此，双击硬盘中的动态网页文件时，只能看到该文件的源代码，而不能看到网页的执行结果。

Web 站点又称网站、站点，是 WWW 中的一个个节点，每个节点都可以存放不同的内容，这样其他人就可以通过 WWW 访问站点内容。除了机构、企业可以构建自己特定用途的站点外，在网络飞速发展的今天，任何连接到互联网的个人，都可以拥有自己的站点。一般的 Web 站点由一组相关的 HTML 文件和其他文件组成，这些文件存储在 Web 服务器上。当用户访问一个 Web 站点时，该站点中有一个页面总是被首先打开，该页面称为首页或主页，其文件名通常为 index.htm、index.asp、default.htm 和 default.asp 等。

1.1.3　Web 应用程序

Web 应用程序就是以 HTTP 作为核心通信协议，并使用 HTML 语言向用户传递基于 Web 信息的应用程序，也称为基于 Web 的应用程序。一个 Web 应用程序通常是一组静态网页和动态网页的集合，在这些网页之间可以互相传递信息，还可以通过这些网页对 Web 服务器上的各种资源(包括数据库)进行存取。

若要开发 Web 应用程序，首先需要选择一种服务器技术。目前应用比较广泛的服务器技术主要有 ASP、ASP.NET、PHP、JSP 以及 CFML。本书主要介绍如何使用 ASP 技术来开发 Web 应用程序。

1.1.4　ASP 的运行环境

ASP 的运行环境离不开 Web 服务器的支持。服务器的硬件配置除了要符合操作系统的需求外，还应该安装一块或多块网卡，也可以通过安装虚拟网卡来实现。在软件方面，必须正确安装和设置 TCP/IP 网络协议、Web 服务器软件。

在 Windows 平台上常用的 Web 服务器软件有 PWS(Personal Web Server)和 IIS(Internet

Information Server)，它们同时兼有 Web 服务器和 ASP 应用程序服务器的功能。在 Windows 95/98 操作系统中需要安装 PWS 来支持 ASP 的运行，PWS 提供的功能比较简单；在 Windows 2000/XP 操作系统中需要安装 IIS 3.0 及以上版本来支持 ASP 的运行，IIS 所提供的功能比较完善。

Windows 平台下各种版本 Web 服务器的使用差不多，本书以 Windows XP 操作系统为例来讲解 IIS 5.1 的安装和设置。

1.1.5 IIS 5.1 的安装与测试

IIS 5.1 是 Windows 2000/XP 所提供的一个网络信息服务器软件，拥有 Web 服务、FTP(文件传输协议)服务、和 SMTP(简单邮件传输协议)服务等。

1. 安装 IIS 5.1

IIS 5.1 是 Windows XP 的内置组件，在安装 Windows XP 时可以选择安装。如果在安装操作系统时没有选择安装 IIS 5.1，则可以通过以下步骤来安装。

(1) 选择"开始"→"设置"→"控制面板"→"添加/删除程序"命令，出现"添加/删除程序"对话框，在"添加/删除程序"对话框中单击"添加/删除 Windows 组件"，出现"Windows 组件向导"对话框，如图 1-3 所示。

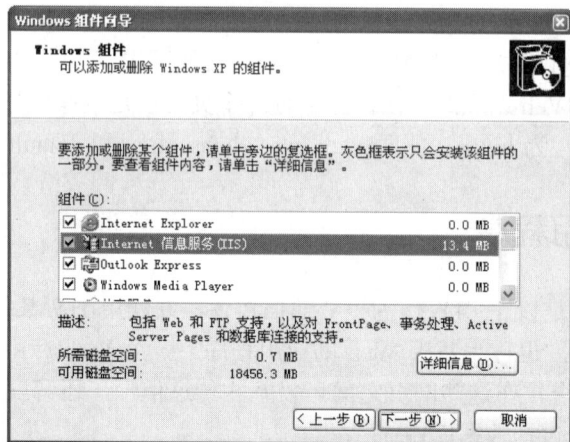

图1-3 "Windows组件向导"对话框

(2) 在"Windows 组件向导"对话框中选中"Internet 信息服务(IIS)"复选框，然后单击"详细信息"按钮，出现如图 1-4 所示的对话框。

(3) 选择需要安装的组件，然后按照向导提示进行操作即可。

注意：有些 Windows XP 克隆版上无法安装 IIS，请使用正版软件。

安装完成后，通过选择"开始"→"设置"→"控制面板"→"管理工具"→"Internet 服务管理器"命令，启动"Internet 信息服务"窗口，如图 1-5 所示。

在"Internet 信息服务"窗口中可以管理和配置 IIS 5.1。

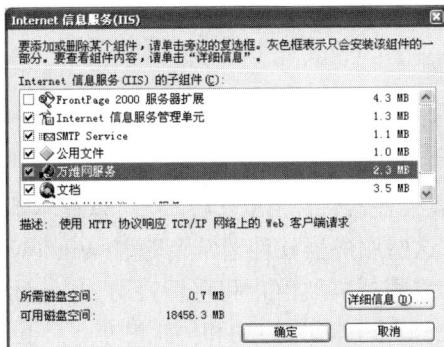

图1-4 "Internet信息服务(IIS)"对话框

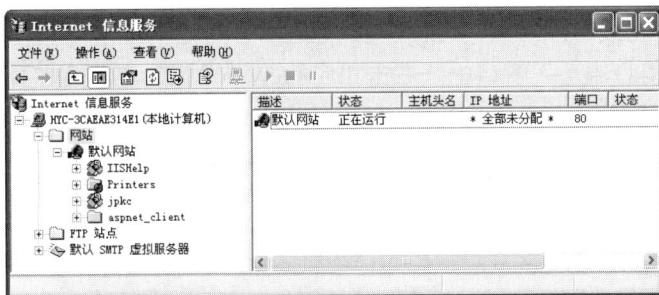

图1-5 "Internet信息服务"窗口

2．测试 IIS 5.1

可以在浏览器地址栏中输入 URL 地址(http://localhost)来测试 IIS 5.1 是否安装成功。如果已经成功地安装了 IIS，并且没有修改默认 Web 站点的设置，浏览器中的正确显示效果如图 1-6 所示。

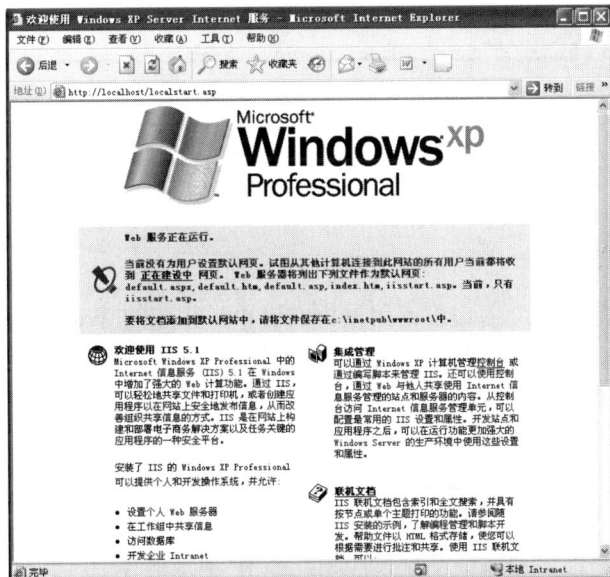

图1-6 在IE浏览器中测试IIS 5.1的效果

1.1.6　IIS 5.1 的设置

1. 启动、停止 Web 站点

在 Windows 系统中安装服务器软件 IIS 以后，就可以在本地计算机上运行 ASP 应用程序了，因为在默认的情况下这些服务器软件通常会随着 Windows 的启动而自动启动。不过在某些情况下，开发者也可以根据需要停止和重新启动 IIS 提供的服务。在 Windows XP 中可以通过 Internet 信息服务管理单元来启动和停止站点。停止站点将停止 Internet 服务，并从计算机内存中卸载 Internet 服务；暂停站点将禁止 Internet 服务接受新的连接，但不影响正在进行处理的请求；启动站点将重新启动或恢复 Internet 服务。

若要启动、停止或暂停站点，可执行以下操作。

在"Internet 信息服务"窗口中，右击相应的 Web 站点，在弹出的快捷菜单中选择相应的功能，如图 1-7 所示。

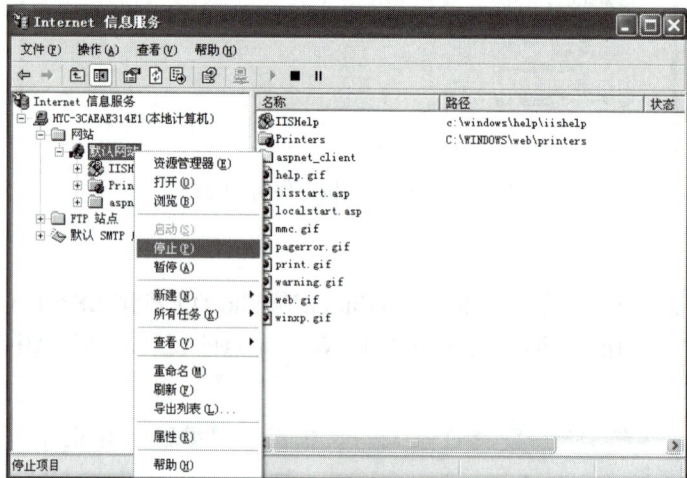

图1-7　启动、停止或暂停站点

也可以选中相应的 Web 站点，然后单击工具栏上的 ▶ ■ Ⅱ 按钮，启动或停止该 Web 站点。

2. 设置 Web 站点

在"Internet 信息服务"窗口中，用鼠标右键单击相应的 Web 站点，在弹出的快捷菜单中选择"属性"命令，将出现"默认网站属性"对话框，如图 1-8 所示。

(1) 设置 Web 站点

在"默认网站属性"对话框的"网站"选项卡中可进行相关的设置，如图 1-8 所示。

在"描述"文本框中可以指定该 Web 站点的说明信息，"Internet 信息服务"窗口利用这个信息来识别和管理 Web 站点。"IP 地址"下拉列表中列出了本机的所有 IP 地址。如果指定了某个 IP 地址，那么该站点只能响应该 IP 地址的 Web 访问；如果选择"全部未分配"选项，不指定任何 IP 地址，那么该站点将响应所有指定到该计算机且未指定到其他站点的 IP 地址的 Web 访问，即该站点是默认的 Web 站点。

此外，在"网站"选项卡中还可以设置站点的连接数量、连接超时时间以及日志记录等项目。

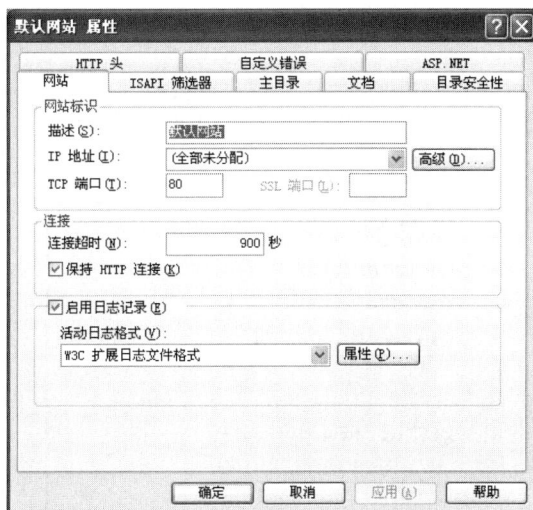

图1-8　"网站"选项卡

(2) 设置 Web 站点的主目录

在"主目录"选项卡中可以进行相关的设置，如图1-9所示。

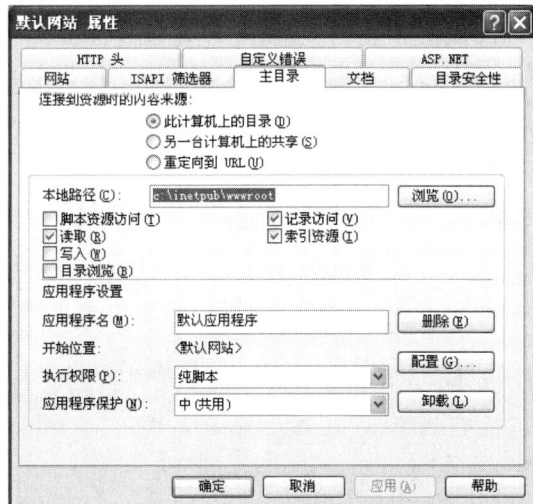

图1-9　"主目录"选项卡

每个 Web 站点都必须有一个主目录，主目录是存放网站文件的主要场所。IIS 5.1 安装成功后，将自动在服务器上建立一个"默认 Web 站点"，该站点的初始主目录设置在系统所在分区的 inetpub\wwwroot 文件夹下，用户可以将自己的网站文件放在该文件夹下，也可以重新设置网站文件所在的目录。

此外，在该选项卡中还可以设置访问该网站的权限以及网站应用程序的相关选项。

(3) 设置应用程序选项

在"主目录"选项卡中单击"配置"按钮，将出现"应用程序配置"对话框。在该对话框中选择"选项"选项卡，在其中可以设置应用程序是否启用会话功能并设置会话超时的时间，确定是否启用缓冲、启用父路径和默认 ASP 语言以及 ASP 脚本超时的时间，如图 1-10 所示。

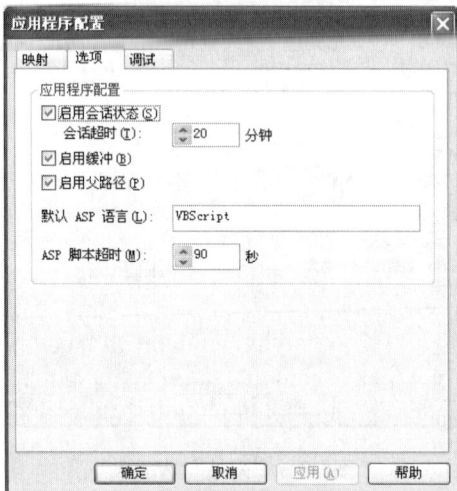

图1-10 "应用程序配置"对话框

(4) 设置 Web 站点的默认 Web 页

在"默认网站属性"对话框的"文档"选项卡中可以进行相关的设置，如图 1-11 所示。

在"文档"选项卡中的默认文档是指当客户在浏览器中所指定的 URL 中不包含文件名时，应提供给客户的文档。IIS 5.1 的默认文档是 default.htm、default.asp 和 iisstart.asp，用户可根据实际需要来添加默认文档，并改变默认文档的访问顺序。

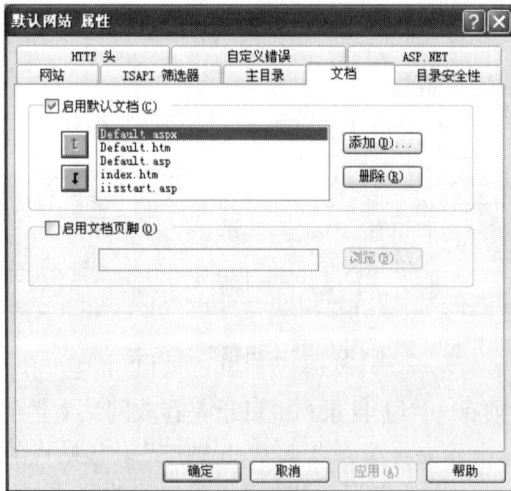

图1-11 "文档"选项卡

3．创建和设置虚拟目录

虚拟目录并不是真实存在的 Web 目录，但虚拟目录与实际存储在物理介质上、包含 Web 文件的目录之间存在映射关系。每个虚拟目录都有一个别名，用户通过浏览器访问虚拟目录的别名时，Web 服务器会将其对应到实际的存储路径。

从用户的角度看不出虚拟目录与实际子目录的区别，但是虚拟目录的实际存储位置可能在本地计算机的其他目录之中，也可能在其他计算机上的目录中，或者是网络上的 URL 地址。利用虚拟目录，可以将数据分散保存在多个目录或计算机上，以方便站点的维护和管理。此外，因为用户不知道文件在服务器中的实际位置，所以不能用此信息修改文件，这也在一定程度上保证了 Web 站点的安全。

要访问虚拟目录内的网页文件，只要在主目录后加上虚拟目录别名即可。例如：

`http://localhost/虚拟目录别名/网页文件名`

(1) 创建 Web 虚拟目录

在"Internet 信息服务"窗口中，用鼠标右键单击欲添加虚拟目录的 Web 站点。

在弹出的快捷菜单中选择"新建"→"虚拟目录"命令。

出现"虚拟目录创建向导"对话框，单击"下一步"按钮，出现"虚拟目录别名"界面，如图 1-12 所示。

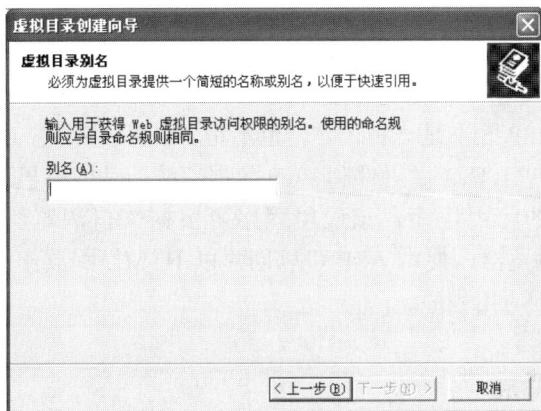

图1-12　"虚拟目录别名"界面

在这里输入虚拟目录的别名，单击"下一步"按钮，按照向导的提示进行操作即可。

> **说明：** 如果存放网站文件的磁盘分区采用 NTFS 文件格式，可以在 Windows 资源管理器中用鼠标右键单击某个目录，在弹出的快捷菜单中选择"共享"命令，然后在出现的对话框中选择"Web 共享"选项卡来创建虚拟目录。

(2) 设置 Web 虚拟目录属性

在创建虚拟目录之后，可以根据需要设置该虚拟目录的属性。为了修改和设置 Web 站点的属性，可以在"Internet 信息服务"窗口中用鼠标右键单击相应的虚拟目录，在弹出的快捷菜单中选择"属性"命令，将打开相应选项的属性对话框，如图 1-13 所示。

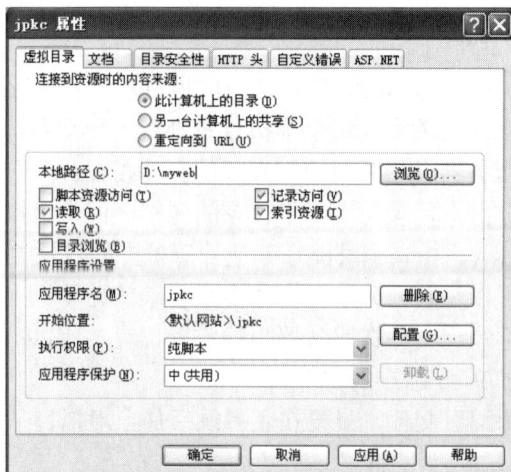

图1-13 虚拟目录的属性

其设置方法与 Web 站点的设置类似，在此不再赘述。

1.2 任务 2 - 第一个 ASP 应用程序

ASP(Active Server Page，动态服务器网页)是 Microsoft 公司于 1996 年推出的一种 Web 应用开发技术，用于取代对 Web 服务器进行可编程扩展的 CGI(Common Gateway Interface，通用网关接口)标准。ASP 既不是一种语言，也不是一种开发工具，而是一种技术框架。其主要功能是把脚本语言、HTML、组件和 Web 数据库访问功能有机地结合在一起，形成一个能在服务器端运行的应用程序，该应用程序可根据来自浏览器端的请求生成相应的 HTML 文档并回送给浏览器。使用 ASP 可以创建以 HTML 网页作为用户界面，并能够对数据库进行交互的 Web 应用程序。

1.2.1 ASP 的特点

ASP 具有如下几个重要特点。

(1) ASP 中可以包含文本、HTML 标记、服务器端脚本和客户端脚本以及 ActiveX 控件。Web 服务器只执行 ASP 页面中的服务器端脚本，页面中的其他内容被服务器原封不动地发送给客户机浏览器。

(2) ASP 支持多种脚本语言，包括 VBScript 和 JavaScript。在安装了相应的脚本引擎后，还可以使用其他脚本语言。

(3) ASP 提供了一些内置对象，使用这些内置对象可以增强 ASP 的功能。例如，实现客户机浏览器与 Web 服务器的交互，在网页间传递参数等。

(4) ASP 可以使用服务器端 ActiveX 组件来执行各种任务，例如，借助 ADO 对象，可以轻松地完成对数据库的操作。

(5) ASP 具有一定的安全性。由于 ASP 页面是在服务器端运行的，送到客户机浏览器的是 ASP 执行所生成的 HTML 页面，用户只能看到 HTML 代码而无法获得 ASP 源文件。

(6) ASP 是一种解释性语言，服务器只要在其使用时对其进行解释执行即可。

1.2.2 ASP 文件的基本结构

ASP 文件是以.asp 为扩展名的文件，可以使用任何一种文本编辑器(如 Windows 中的记事本、写字板等)来创建，也可以用那些带有 ASP 增强功能的编辑器(如 FrontPage、Dreamweaver 等)来提高工作效率。

在 ASP 文件中通常包含文本、HTML 标记和脚本命令。HTML 是一种超文本标记语言，HTML 中的标记可以被客户机浏览器读取、解释并显示在浏览器中。脚本(Script)是一组可以在 Web 服务器端或客户端运行的命令，目前比较流行的网页脚本语言包括 VBScript 和 JavaScript。此外，ASP 脚本还可以调用 ActiveX 控件来执行特定的任务。

文本、HTML 标记和脚本命令三部分的内容可以混合地出现在 ASP 文件中，但需要使用不同的符号区分：HTML 使用标准的 HTML 标记界定；ASP 服务器端脚本命令使用"<%"和"%>"表示脚本的开始和结束，可以每一行 ASP 语句界定一次，也可以多行语句界定一次。下面是一个 ASP 文件的内容。

【例 1-1】一个文件名为 myfirst.asp 的 ASP 文件。代码如下：

```
<%@LANGUAGE="VBScript"%>
<html>
<head>
<meta http-equiv="Content-Type" content="text/html"; charset="gb2312">
<title>无标题文档</title>
</head>
<body>
<% for i=1 to 6 %>
    <h<% Response.Write i %>>欢迎访问我的网站!</h<% Response.Write i %>>
<% next %>
</body>
</html>
```

这是一个向客户端浏览器重复 6 次显示文字"欢迎访问我的网站!"；而且字号越来越小的一段 ASP 代码。

在例 1-1 中，用"<"和">"括起来的是 HTML 标记；用"<%"和"%>"包围的是服务器脚本，由 Web 服务器负责执行；其他字符为普通文本。应认真体会该例中服务器脚本命令的书写格式、位置及执行情况。

可以将 ASP 文件理解为在标准 HTML 文件中嵌入了 VBScript 或 JavaScript 脚本。在实际使用中，也可以利用 Dreamweaver 等工具先设计静态网页(扩展名为.html)，对网页的显示效果满意后，在需要 Web 服务器进行处理的位置再加入服务器脚本(扩展名改为.asp)。需要注意的是，不要将所有的.html 文件都修改为.asp 文件，由于 Web 服务器执行.html 文件的速度要快于.asp 文件的速度，全部修改为.asp 文件会加重服务器的负担并影响服务器的反应速度。

1.2.3 ASP 的运行

在计算机上成功地安装了 Web 服务器并将编制好的 ASP 文件存放在该 Web 站点所对应的主目录上(也可以放在虚拟目录中)之后，就可以在浏览器中运行该 ASP 程序了。可以通过以下两种方式来查看 ASP 文件的运行结果。

(1) 在 Web 服务器所在的计算机上，可以在"Internet 信息服务"窗口中用鼠标右键单击相应的 ASP 文件，在弹出的快捷菜单中选择"浏览"命令，如图 1-14 所示。

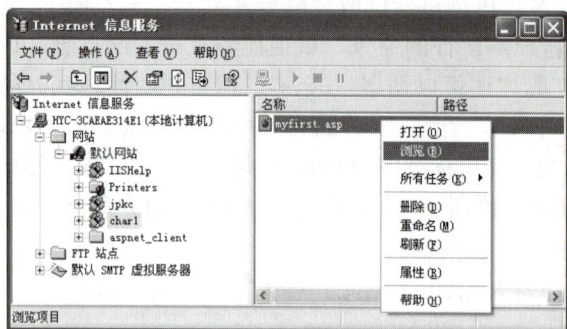

图1-14 浏览ASP网页

(2) 在浏览器地址栏中输入正确的 URL 地址，其格式如下：

`http://Web 站点 IP 地址/虚拟目录别名/文件名`

或者：

`http://Web 站点域名/虚拟目录别名/文件名`

需要说明的是，当 Web 站点域名指定为 localhost 或指定 IP 地址为 127.0.0.1 时，都代表本地计算机，这在 ASP 程序开发或调试中经常被用到。

例如，在浏览器中运行本章前面的 myfirst.asp 文件，会打开如图 1-15 所示的界面。

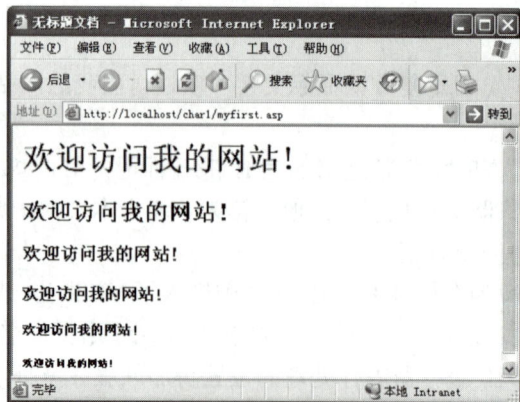

图1-15 myfirst.asp文件的运行结果

注意：对于 ASP 文件，在浏览器中得到的是指定 ASP 文件的执行结果，通过查看源文件可以得到当前浏览器中所显示页面的 HTML 代码，如图 1-16 所示。

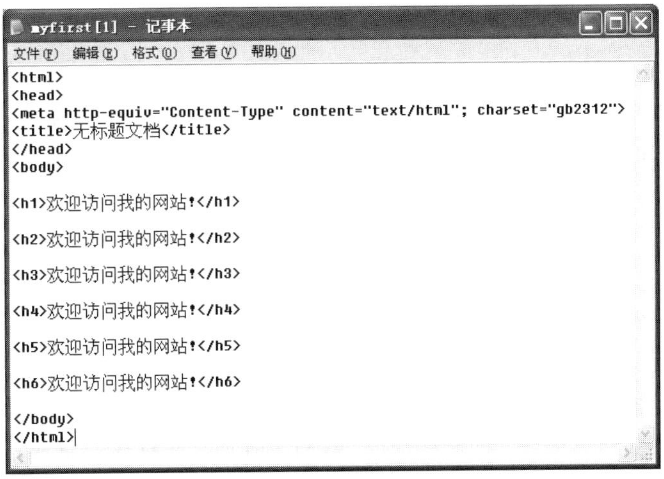

myfirst[1] - 记事本

文件(F) 编辑(E) 格式(O) 查看(V) 帮助(H)

```
<html>
<head>
<meta http-equiv="Content-Type" content="text/html"; charset="gb2312">
<title>无标题文档</title>
</head>
<body>

<h1>欢迎访问我的网站!</h1>

<h2>欢迎访问我的网站!</h2>

<h3>欢迎访问我的网站!</h3>

<h4>欢迎访问我的网站!</h4>

<h5>欢迎访问我的网站!</h5>

<h6>欢迎访问我的网站!</h6>

</body>
</html>
```

图1-16 myfirst.asp文件运行结果的HTML代码

上 机 实 验

1. 实验目的

掌握 Web 服务器的安装与配置，以及 ASP 文件的编写方法和运行方法。

2. 实验内容

(1) 在硬盘上创建一个文件夹(myweb)用于存放网页文件。

(2) 仿照任务 2 所讲的例子，用记事本编写一个 ASP 文件(test.asp)，并将其存放在已建立的文件夹中。

(3) 按照任务 1 所述方法安装配置 IIS 并测试。

(4) 设置“默认网站”的“主目录”为前面已建立的文件夹，在浏览器中验证 test.asp 文件的结果。在浏览器地址栏中输入“http://localhost/test.asp”并按 Enter 键，观察浏览器窗口的输出结果。

(5) 设置“默认网站”的“默认文档”为 test.asp，并在浏览器中验证结果。在浏览器地址栏中输入“http://localhost/”，并按 Enter 键(注意与上一题的区别)。

(6) 通过网络访问其他用户所创建的站点，验证结果。在浏览器地址栏中输入“http://其他用户的机器 IP 地址/”，并按 Enter 键。

(7) 将文件夹 myweb 设置成虚拟目录，名称为 myweb。然后在浏览器地址栏中输入“http://localhost/myweb/test.asp”并按 Enter 键，观察浏览器窗口的输出结果。

习 题 1

一、填空题

(1) 网页通常可分为静态网页和_____网页，静态网页是由 HTML 语言、JavaScript、VBScript、Java Applet(Java 小应用程序)和所要显示的文本或图形所构成的一个文本文件，其扩展名通常为_____或_____，它运行于客户端的_____。

(2) HTML 是一种描述性的_____语言，主要用于组织网页的内容和控制输出格式。JavaScript 或 VBScript 是_____语言，常嵌入网页中使用，以实现对网页的编程控制，进一步增强网页的交互性和功能。

(3) ASP 网页是在 HTML 网页的基础上，嵌入使用了 ASP 对象和一些可安装的 ActiveX 组件，并结合 VBScript 编程所形成的一种特殊的网页。这种网页的扩展名为_____，它运行于_____，运行后将生成标准格式的 HTML 网页，并将该网页传送给_____端的浏览器，经过浏览器的解释执行，从而呈现出网页的界面来。

(4) ASP 的 Web 服务器可以是_____或_____，在商业应用环境中，其 Web 服务器通常采用的是_____。

(5) 为了将 ASP 代码与 HTML 标记符区分开来，应该用_____和_____符号将 ASP 代码括起来。

二、问答题

(1) 简述 Web 资源的访问机制。

(2) 分别简述静态网页和动态网页的特点及执行过程。

(3) 简述 ASP 文件的特点及基本结构。

项目二　HTML 与 XHTML 基础

【学习目标】

- 掌握 HTML 文件结构
- 掌握 HTML 常用的标记
- 理解 Web 标准
- 了解 HTML 到 XHTML 的升级

【工作任务】

- 学习常用的 HTML 标记
- 用 HTML 代码编写简单网页
- 升级 HTML 到 XHTML

打开一个网页，查看它的源代码，就会看到一些有规律的英文代码。这些代码就是超文本标记语言(Hypertext Markup Language，HTML)。"超文本"就是指页面内可以包含图片、链接甚至音乐、程序等非文字的元素，"标记"就是说它不是程序语言，只是由文字及标记符号组合而成。

一个网页无论看上去多么五花八门、生动活泼，其实最本质的东西，就是由这些看着十分单调的 HTML 语言组成的，浏览器或者其他可以浏览网页的设备将这些 HTML 语言"翻译"过来，并按照定义的格式显示出来，转化成最终看到的网页。

现在有很多功能强大的网页编辑制作工具，如 Dreamweaver 等，它们使网页制作变得很简单。但是当制作者需要一些特殊的版式或者被一个莫名其妙的现象困扰的时候，最简单的解决方法，就是直接面对 HTML 源代码。对于要写脚本语言程序或者服务器端脚本编程的人来说，就更要了解 HTML 语言了。

2.1　任务 1 - HTML 基本用法

HTML 是 Hypertext Markup Language 的缩写，即超文本标记语言，是一种用来制作超文本文档的简单标记语言。目前的版本是 HTML 4.0。用 HTML 编写的超文本文档称为 HTML 文档，它能独立于各种操作系统平台(如 Unix、Windows 等)。使用 HTML 语言描述的文件，需要通过 WWW 浏览器显示出效果。

HTML 是一种纯文本语言，也就是说，HTML 代码在运行时不用事先编译为二进制代码，而是直接通过网页浏览器逐行解释执行。所以，用一般的文本编辑器就可以编写 HTML 代码，然后只需把代码文件保存为.htm 或.html 格式即可。

2.1.1 HTML 文档的基本结构

用 HTML 语言创建的文档称为 HTML 文档，由按照一定规则组合起来的各种标记组成。在 IE 浏览器中运行文件 2-1.html，用记事本查看其源文件，如图 2-1 所示。

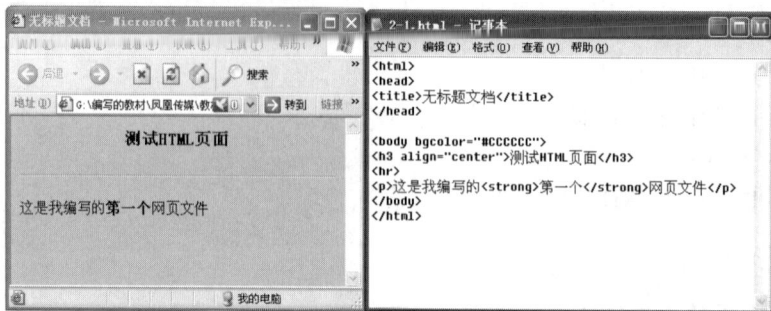

图2-1　HTML文件构成

由图 2-1 可知，HTML 文档的基本特征如下。

(1) 用尖括号"<"和">"括起来的部分称为标记，每个标记都必须有一个标记名称，来作为该标记的唯一标识，如<html>中的 html。绝大部分标记都有其相关的属性及属性值，如<body bgcolor="#cccccc">，其中 bgcolor 是标记<body>的一个属性，#cccccc 是 bgcolor 的取值。取值可以用引号括起来，也可以不用，标记的属性通常都有一个默认值，如 bgcolor 的默认值是#ffffff。

(2) HTML 标记都是用尖括号"<"和">"括起来的，大多数标记是成对出现和使用的，有开始标记和对应的结束标记，结束标记多一根斜杠。例如：

```
<title>文档标题文字</title>
```

(3) 很多标记还有自己的属性，利用这些属性，可以做进一步的详细设置。其语法格式为：

```
<标记名 name1="value1" name2="value2"...>...</标记名>
```

各属性项间用空格分隔，属性值可用双引号或单引号，也可以不用引号。例如控制文本的标记为<font>，该标记有 face、size、color 属性，分别用于控制字体名、字号和字体颜色，用法为：

```
<font face="宋体" size=4 color="#ff0000">样本文字</font>
```

(4) HTML 标记可以嵌套使用，实现从不同角度对文本进行格式控制。各标记书写的先后顺序没有特别要求，只要不发生交叉嵌套就行。以下 3 行效果等价：

```
<b><div align=center><font color=#ff0000>文字</font></div></b>
<div align=center><b><font color=#ff0000>文字</font></b></div>
<font color=#ff0000><b><div align=center>文字</div></b></font>
```

高职高专立体化教材　计算机系列

(5) 有些标记是单独使用的，没有对应的结束标记。例如换行的标记
和画水平线的标记<hr>。

(6) HTML 标签不区分大小写，例如<p>意思和<P>是一样的。

注意： 在 XHTML 中规定标签必须为小写，这将在后面的任务中讲解。

由图 3-1 还可以看出，HTML 文档一般由 3 个部分构成，分别如下。

(1) <html></html>

<html>标记用于定义网页文件的开始，对应的结束标记</html>则定义网页的结束。

(2) <head></head>

该组标记用于定义网页的头部。在网页的头部可以用<title></title>标记来定义网页的标题，可以用<meta>标记定义与文档相关的信息，可以放置 JavaScript 块或其他定义部分。

(3) <body></body>

<body>用于定义网页正文的开始，</body>用于定义网页正文的结束。网页的正文必须放置在这两个标记之间。网页正文包含了网页显示的绝大部分信息，如文字、图片、表格、超链接、多媒体等，是 HTML 文档的核心部分。<body>具有很多属性，在后续章节中将详细介绍。

2.1.2 常用的 HTML 标签

在制作一般的页面过程中，经常使用的标签有以下几种。

1. 标题

标题(Heading)标签有 6 个级别，从<h1>到<h6>。<h1>为最大的标题，<h6>为最小的标题，可参见项目一的任务 2 中的例题。通过设定不同等级的标题，可以完成很多层次结构的设置，比如文档的目录结构或者一份写作大纲。

2. 段落

段落(Paragraphs)标签<p>是处理文字时经常用到的标签。段落内也可以包含其他的标签，如图片标签<img>、换行符标签
、链接标签<a>等。

注意： 有些网页中的段落没有结束标签</p>，虽然浏览器仍然能显示出这些段落，但是这是一种不提倡的做法，在 XHTML 中，不允许出现这种情况。

3. 换行

换行标签
是一个单标签，也就是说，它只有起始标签，而没有结束标签。当需要结束一行，并且不想开始新段落时，使用
标签。
标签不管放在什么位置，都能够强制换行。

注意： 虽然直接在 HTML 文件内写
并没有错，但是为了向 XHTML 过渡，最好养成关闭标签的习惯，为空标签加上"/"，如
。

4．超链接

在 HTML 中，通过标记符<a>...</a>来加入超链接。<a>和</a>之间的部分称作超链接源，也就是鼠标所点击的区域，一般以文字或图片作为超链接源。该标记的用法为：

```
<a href="url" target="winame" title="*">文字或图片</a>
```

说明：标签<a>表示一个链接的开始，</a>表示链接的结束。

href 属性：用于指定所要链接的目标地址；目标地址是最重要的，一旦路径上出现差错，该资源就无法访问。

target 属性：该属性用于指定打开链接的目标窗口(见表 2-1)，其默认方式是原窗口。

表2-1　建立目标窗口的属性

属 性 值	描　　述
_parent	在上一级窗口中打开，一般分帧的框架页会经常使用
_blank	在新窗口打开
_self	在同一个帧或窗口中打开，该项一般不用设置
_top	在浏览器的整个窗口中打开，忽略任何框架

title 属性：该属性用于指定指向链接时所显示的标题文字。

(1) 链接路径

若目标地址是网站内部的其他网页，这时目标地址使用相对路径。例如，当前网页有一个"首页"的菜单项，现定义一个超链接，当用户单击时切换到首页，则该链接的定义方法为：

```
<a href="index.htm">首页</a>
```

若目标地址是外部网站的网页，这时目标地址使用绝对路径。例如，在当前网页创建一个超链接，用以链接到"凤凰传媒集团"网站，则实现的代码为：

```
<a href="http://www.ppm.cn">凤凰传媒</a>
```

另外，也可以用图像作为超链接的标志。假设凤凰传媒集团的 logo 在 images 目录下，上述链接也可以表示为：

```
<a href="http://www.ppm.cn"><img src="images/logo.gif"></a>
```

(2) 锚点链接

若要跳转到网页的某一个指定位置，则必须事先在该位置定义一个锚点(Anchor)，定义锚点用<a>标记的 name 属性来实现，其用法为：

```
<a name="锚点名">
```

定义好锚点后，若要链接到网页的某一锚点，则链接的方法为：

```
<a href="#锚点名">文本</a>
```

(3)　邮件链接

若要使超链接指向电子邮件发送链接，则可以用以下格式来实现：

```
<a href="mailto:电子邮件地址">...</a>
```

单击该链接，就会启动默认的电子邮件发送程序。

(4)　下载链接

当超链接的 URL 是非网页的其他文件时，如果文件能够在浏览器中浏览，就直接在浏览器中打开，如*.jpg、*.gif、*.png、*.txt 等格式的文件；如果该文件不能在浏览器中浏览，就会出现下载对话框，要求下载目标文件，如*.rar、*.exe 等格式的文件。例如，要在当前网页中创建一个超链接，用于下载 download/zy1.rar 文件，则实现的代码为：

```
<a href="download/zy1.rar">点击下载</a>
```

5. 列表

在利用表格排版的时代，列表(List)的作用被忽略了，很多应该是列表的内容，也转用表格来实现。随着 DIV+CSS 布局的推广，列表的地位变得重要起来，配合 CSS 样式表，列表可以显示成样式繁杂的导航、菜单、标题等。

列表可以分为如下 3 种。

(1)　无序列表(Unordered List)：一个无序列表的开头标记是用<ul>标签，每个项目的开始标签为<li>，在列表项目中可以加入段落、图像、链接等。列表项在浏览器中显示时，通常前面有黑色的圆点来表示，如图 2-2(左图)所示。

(2)　有序列表(Ordered List)：有序列表每个项目前都有数字标记，开始标签是<ol>，每个项目的开始标签还是<li>。在列表项目中同样可以加入段落、图像、链接等，如图 2-2(右图)所示。

图2-2　三种类型列表(例2-2.html)

(3)　释义列表(Definition List)：释义列表是一列事物以及与其相关的解释。释义列表的开始标签是<dl>，每个被解释的事物开始标签为<dt>，每个解释内容的开始标签是<dd>。在<dd>标签中的内容可以是段落、图像、链接等。

6．图片

在网页中引用图片必须用<img>元素标记。其用法为：

```
<img src=# alt=# width=# height=# border=# align=#>
```

属性说明如下。

(1) src 属性：属性值为所引用的图片的 URL 地址。src 属性是必需的。src 的 URL 可以是绝对地址，也可以是相对地址。

例如，若要在网页的当前位置插入 images/flower.jpg 图形，则实现的代码为：

```
<img src="images/flower.jpg">
```

(2) alt 属性：设置图像的替代文字。在图片无法下载时或光标悬停在图片上 1 秒后，显示替代文字。

(3) width、height 属性：设置图片的宽度和高度，单位为像素或百分比。

(4) border 属性：设置图形的边框宽度，单位为像素，默认值为 0。

(5) align 属性：设置图像的对齐方式，取值为 top、middle、bottom、left、right，默认值为 left。

7．表格

表格是网页设计中经常用到的元素，除了规范数据的输出外，在网页设计中常常用它来进行版面的布局和元素的定位。例 2-3.html 的代码和预览效果如图 2-3 所示。

图2-3　表格标签

由图 2-3 可知，表格由标题、表头和若干表行组成，每一行由若干单元格组成。

- <table></table>：用于定义表格的开始和结束。
- <caption></caption>：用于定义表格标题的开始和结束，可以省略。
- <tr></tr>：用于定义表行的开始和结束，一组<tr></tr>产生一个表行。
- <td></td>：用于定义单元格的开始和结束，一组<td></td>产生一个单元格。

● <th></th>：用于定义表头单元格的开始和结束，一组<th></th>产生一个表头单元格，该单元内的数据以加粗、居中的方式显示。

表格的<table>、<tr>、<th>、<td>等标签都可以设置宽度、高度、背景色等多种属性，但是一般不推荐在 HTML 内定义这些属性，而应该将其统一定义到 CSS 样式表内，以方便修改。

8. DIV 标签与 SPAN 标签

层(div)称为定位标记，它不像链接或者表格具有实际的意义，其作用就是设定文字图片等网页元素的摆放位置。现在的 div 标签主要用来做网页布局，在后续的任务中将有详细的应用和说明。

范围(span)和层的作用类似，只是<span>标签一般应用在行内，用以定义一小块需要特别标识的内容，<span>标签需要通过设置 CSS 样式表才能发挥作用。

> **说明：** 以前我们设置字体红色可通过 "<font color="#ff0000">红色字体</font>" 来实现。随着 HTML 向 XHTML 过渡，<font>标签将不被支持，设置字体红色可通过 "<span style="color:red;">红色字体</span>" 来实现。

9. 框架

框架(frames)可在物理上将一个浏览器窗口分成若干区域，每个区域载入一个网页。

所有框架标记放在一个总的 HTML 文件中，这个文件只记录了该框架如何分割，不会显示任何数据，所以没有<body>标记，浏览器通过解释这个总文件而将其中划分的各个框架分别对应的 HTML 文件显示出来。

框架的所有内容都应该在<frameset>和</frameset>之间。在<frameset>标记内，使用<frame>标记来指定框架中每个子窗口的内容。其具体格式如下：

```
<html>
    <frameset>
        <frame src="url" name="value">
        <frame src="url" name="value">
        ...
    </frameset>
</html>
```

> **注意：** 对于含有框架结构的网页而言，其 HTML 形式与一般的 HTML 文件相似，只是一般文档中的<body>标记被框架的<frameset>标记取代。版本较旧的浏览器可能不支持框架结构。

(1) <frameset>该标记用于定义一个框架结构，其属性如下。

① rows 属性、cols 属性：用于设置多重框架的高度和宽度。一个窗口可以分割为几块，横向分用 rows 属性，纵向分用 cols 属性，每一块的大小可以由这两个属性的值来实现。

例如，<frameset cols="100,200,300">标记将窗体分割成纵向 3 块，分别占 100、200 和 300 像素；而<frameset rows="10%,20%,70%">标记将窗体分割成横向 3 块，分别占 10%、20%和 70%。

属性的值还可以用剩余的值的形式来表示。

例如，<frameset cols="100,200,*">标记将窗体分割成纵向 3 块，分别占 100、200 和剩余像素；<frameset cols="100,*,*">标记将窗体分割成纵向 3 块，第一块占 100 像素，其他两个将 100 像素以外的窗口平均分配；<frameset cols="*,*,*">该标记将窗口分为 3 个等份。

如果要在浏览器中同时横向和纵向分割，则可通过嵌套使用<frameset>标记来实现。例 2-4.html 的代码和预览效果如图 2-4 所示。

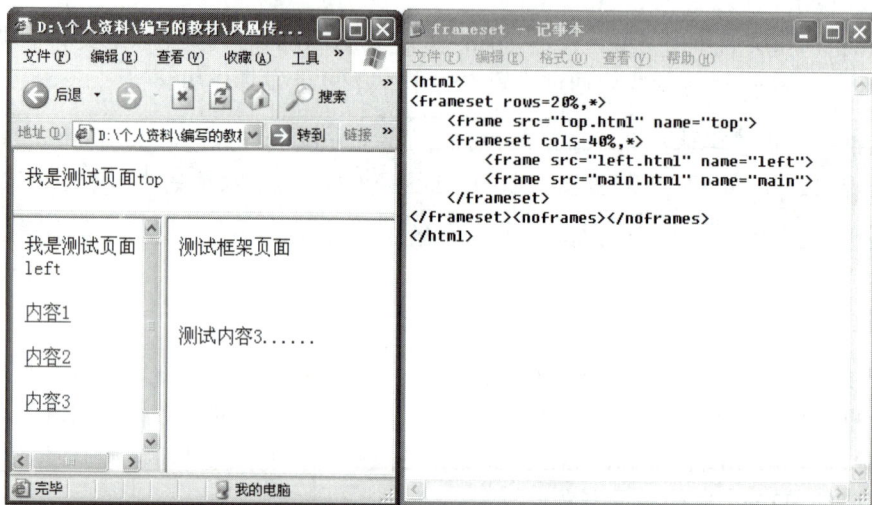

图2-4　框架的嵌套

② frameborder 属性：该属性用于设置是否显示边框，取值为 yes 或 no，分别表示显示或不显示边框。默认值为 yes。

③ border 属性：该属性用于设置边框的大小，单位是像素。

(2) <frame>标记用于在网页中定义框架，<frame>标记是一个单标记，使用时放在<frameset>与</frameset>之间。其常用属性如下。

① name 属性：该属性用于设置子窗口的名称。在设置超链接时，若要使链接的页面在框架中显示，则只需设置<a>标记的 target 属性值为框架的名称即可。

② src 属性：该属性用于设置所要载入的文件名称。

③ scrolling 属性：该属性用于设置子窗口是否有滚动条，取值为 yes、no 和 auto，分别表示有滚动条、无滚动条和根据窗口内容的多少决定是否显示滚动条。默认值为 auto。

④ noresize 属性：该属性用于设置是否能够调整窗口的大小，取值为 yes 或 no，分别表示能够调整或不能够调整。默认值为 yes。

10．在网页中使用内嵌框架

若要在一个网页中包含并显示另一个网页的内容，则可通过使用内嵌框架来实现，设置内嵌框架的标记为<iframe>，其用法为：

```
<iframe name=# src="url" scrolling=# frameborder=# height=# width=#>
</iframe>
```

属性说明如下。

(1) name 属性：该属性用于设置框架的名称。

(2) src 属性：该属性用于设置所要载入的网页文件名称。

(3) scrolling 属性：该属性用于设置子窗口是否有滚动条，取值为 yes 或 no，分别表示有滚动条或无滚动条。默认值为 yes。

(4) frameborder 属性：该属性用于设置是否显示边框，取值为 yes 或 no，分别表示显示或不显示边框。默认值为 yes。

(5) height、width 属性：用于设置框架的高度和宽度。

例如，若要在当前网页中使用内嵌框架显示 weather.htm 网页，框架的高度为 40，宽度为 60，不显示滚动条，则实现的代码为：

```
<iframe src="weather.htm" scrolling=no frameborder=no height=40 width=60>
</iframe>
```

11．表单

表单在网页设计(尤其是动态网页设计中)起着重要的作用，它是用户与 Web 服务器进行信息交互的主要手段。在网络上，通过填写表单并提交的方式完成用户信息的收集并将其传递给 Web 服务器。例 2-5.html 的代码和预览效果如图 2-5 所示。

图2-5　使用表单标签

由图 2-5 可以知道，表单的格式如下：

```
<form name="表单名" action="URL" method="post|get">
    表单元素 1
```

表单元素 2

表单元素 3

...

`</form>`

(1) 各属性说明如下。

① name 属性：用于定义表单对象的名称。定义表单名称后，可方便程序中引用表单中的对象。

② action 属性：该属性用于设置一个接收和处理表单提交数据的脚本程序。可以是一个通用网关接口(Common Gateway Interface，CGI)，也可以是 ASP 程序、PHP 程序或 Java 程序。

③ method 属性：该属性用于设置表单提交数据的方法，取值为 post 或 get。当取值为 get 时，表单所提交的数据以字符串的形式附加到 action 所指定的 URL 后面，中间用"?"隔开，每个表单元素之间用"&"隔开，然后把整个字符串传送到服务器。该地址串的格式如下：

`http://localhost/test.asp?ID=001&username=user1&submit=submit`

此处是将表单数据提交给 test.asp 页面处理，ID 代表表单中一个名为 ID 的表单元素，等号后的 001 代表用户在该表单元素上输入的值，其余以此类推。

get 方法一次只能提交 256 个字符的数据。当取值为 post 时，所提交的数据首先被封装，而不用附加在 URL 之后，对其传送的信息数量基本没有什么限制，而且在浏览器地址栏中不会显示出来，安全性较好。

(2) 常用的表单元素有单行文本域、密码框、隐藏域、多行文本域、列表框、复选框、单选按钮、命令按钮等表单元素，这些表单元素就是所要提交的数据的载体。

① 单行文本域

单行文本域用于输入诸如姓名、地址等信息量相对较少的文本信息。其定义方法为：

`<input type=text name=#  value=#  size=# maxlength=#>`

属性说明：name 属性用于设置文本框的名称；value 属性用于设置文本框的初值，size 属性用于设置文本框的宽度字符数；maxlength 属性用于设置文本框最多接收的字符数。

② 密码框

密码框是单行文本域的一个特例，外观上与单行文本域一样，但用户输入数据时，数据会以"*"代替显示，起到保密的作用。其定义方法为：

`<input type=password name=#  value=#  size=# maxlength=#>`

密码框的属性基本与单行文本域的属性相同。

③ 隐藏域

隐藏域用于承载不需要或不希望用户干预的信息，在页面显示效果上是不可见的。通过隐藏域，可悄悄向服务器发送一些用户不知情的信息。其定义方法为：

`<input type=hidden name=#  value=# >`

隐藏域有 name 和 value 属性，其含义同单行文本域对应的属性。

④　多行文本域

多行文本域用于接收大量数据的场合，诸如输入简历、文章资料等信息相对较多的文本。其定义方法为：

```
<textarea name=# rows=# cols=#>...</textarea>
```

属性说明：name 用于设置多行文本域的名称；rows 用于设置多行文本域的行数，cols 用于设置多行文本域的列数。

⑤　列表框

列表框可以提供一些事先设置的候选项供用户选择。其定义方法为：

```
<select name=# size=# id=# multiple >
    <option value="该列表项的值"[selected]>列表项文本 1</option>
    <option value="该列表项的值"[selected]>列表项文本 2</option>
    ...
    <option value="该列表项的值"[selected]>列表项文本 n</option>
</select>
```

说明：size 属性用于设置列表框的高度，即一次能看到的列表项的数目。若设置为 1 或不设置，则为下拉式列表；若设置为大于或等于 2 的值，则为滚动式列表框。

multiple 为可选项，若选用该参数，则允许多项选择。

<option>和</option>标记用于定义具体的列表项；value 属性用于设置该列表项代表的值，即当用户选中该列表项后，表单所提交的值。selected 为可选项，用于指定默认的选项，只能有　个列表项可选用该参数。

⑥　复选框

复选框提供了候选项的一种方法，常用于多项选择。一般情况下是多个同名的复选框组成一个复选框组，相互配合使用，以供用户做多项选择之用。其定义方法为：

```
<input type=checkbox name=# value=# [checked]>
```

属性说明：value 用于设置当用户选中该项后，表单所提交的值；checked 为可选项，若选用该参数，则复选框呈选中状态。

⑦　单选按钮

单选按钮一般情况下也是多个同名的单选按钮组成一个单选按钮组，相互配合使用，以供用户做单项选择之用。其定义方法为：

```
<input type=radio name=# value=# [checked]>
```

说明：单选按钮的属性同复选框的属性类似。需要注意的是，一组单选按钮的名称必须相同，否则就无法实现多选一的目的。

⑧　命令按钮

表单中可使用的命令按钮有提交按钮、重置按钮和普通按钮三种，提交按钮具有内建的表单提交功能；重置按钮具有内建的表单重置功能；普通按钮不具有内建行为，需要配

合 "onClick=function" 使用。

提交按钮的定义方法为：

```
<input type="submit" value="按钮标题" name=#>
```

重置按钮的定义方法为：

```
<input type="reset" value="按钮标题" name=#>
```

普通按钮的定义方法为：

```
<input type="button" value="按钮标题" name=# onClick=事件处理函数或语句>
```

12．注释标记

在 HTML 内添加注释可以方便阅读和分析代码，在注释标签中的内容不会被浏览器显示出来。注释的语法为：

```
<!--注释内容-->
```

以上标签是在制作页面过程中使用比较多的，还有一些不太常用的 HTML 的标签，在此不再介绍，HTML 是很简单的一种语言，只要弄清每个标签的含义，就能够很容易理解其内容及作用。

2.2 任务 2 - 升级到 XHTML

XHTML 是 The Extensible HyperText Markup Language(可扩展超文本标记语言)的缩写。HTML 是一种基本的 Web 网页设计语言，XHTML 是基于 XML 的置标语言，看起来与 HTML 有些相像，只有一些小的但重要的区别，XHTML 是扮演着类似 HTML 角色的XML，所以，本质上说，XHTML 是一种过渡技术，结合了部分 XML 的强大功能及大多数 HTML 的简单特性。

2.2.1 为什么要升级

随着互联网技术的发展，HTML 已经不能适应越来越多的网络设备和应用的需要了，主要表现在以下几个方面：

- 手机、PDA、信息家电都不能直接显示 HTML。
- 由于 HTML 代码不规范、臃肿，浏览器需足够智能和庞大才能正确显示 HTML。
- 数据与表现混杂，这样页面要改变显示时，就必须重新制作 HTML。

因此 HTML 需要发展才能解决这些问题，于是 W3C 又制定了 XHTML，XHTML 是HTML 向 XML 过渡的一个桥梁。

XML 是 Web 发展的趋势，XHTML 是当前替代 HTML 4.0 标记语言的标准，使用XHTML 1.0 时只要遵守一些简单的规则，就可以设计出既适合 XML 系统，又适合当前大部分 HTML 浏览器的页面，这使得 Web 可以平滑地过渡到 XML。

使用 XHTML 的另一个优势是它非常严密。当前网络上 HTML 的使用非常混乱，不完整的代码/私有标签的定义、反复杂乱的表格嵌套等，使得页面体积越来越庞大，而浏览器为了兼容这些 HTML 也跟着变得非常庞大。

XHTML 能与其他 XML 标记语言、应用程序以及协议良好地进行交互工作。XHTML 是 Web 标准家族的一部分，能很好地用在无线设备等其他用户代理上。

2.2.2 XHTML 与 HTML 比较

XHTML 是基于 HTML 的，它是更严格、代码更整洁的 HTML 版本，所以只要注意其中的要点，就能够很容易地向 XHTML 迈进。

XHTML 和 HTML 之间最大的区别在于以下几个方面。

1. 选择 DTD 定义文档的类型

DOCTYPE 是 Document Type(文档类型)的简写，用来说明所用的 XHTML 或者 HTML 是什么版本。例如：

```
<!DOCTYPE html PUBLIC "-//W3C//DTD XHTML 1.0 Transitional//EN"
  "http://www.w3.org/TR/xhtml1/DTD/xhtml1-transitional.dtd">
<html xmlns="http://www.w3.org/1999/xhtml">
<head>
<meta http-equiv="Content-Type" content="text/html; charset=gb2312" />
<title>文档标题</title>
</head>
<body>
    文档内容
</body>
</html>
```

其中的 DTD(例如 xhtml1-transitional.dtd)叫作文档类型定义，里面包含了文档的规则，浏览器就根据所定义的 DTD 来解释页面的标识，并展现出来。

> **说明：** 要建立符合标准的网页，DOCTYPE 声明是必不可少的关键组成部分；除非你的 XHTML 确定了一个正确的 DOCTYPE，否则你的标记和 CSS 都不会生效。

XHTML 1.0 提供了如下 3 种 DTD 声明可供选择。

(1) 过渡的(Transitional)：要求非常宽松的 DTD，它允许你继续使用 HTML 4.01 的标记(但是要符合 XHTML 的写法)。完整代码如下：

```
<!DOCTYPE html PUBLIC "-//W3C//DTD XHTML 1.0 Transitional//EN"
  "http://www.w3.org/TR/xhtml1/DTD/xhtml1-transitional.dtd">
```

(2) 严格的(Strict)：要求严格的 DTD，所以不能使用任何表现层的标记和属性，完整

代码如下:

```
<!DOCTYPE html PUBLIC "-//W3C//DTD XHTML 1.0 Strict//EN"
  "http://www.w3.org/TR/xhtml1/DTD/xhtml1-strict.dtd">
```

(3) 框架的(Frameset):专门针对框架页面设计使用的 DTD,如果你的页面中包含有框架,就需要采用这种 DTD。完整代码如下:

```
<!DOCTYPE html PUBLIC "-//W3C//DTD XHTML 1.0 Frameset//EN"
  "http://www.w3.org/TR/xhtml1/DTD/xhtml1-frameset.dtd">
```

> **提示**:对于初次尝试 Web 标准的制作者来说,只要选择用过渡型的声明就可以了。它依然可以兼容表格布局/表格标记。在 Dreamweaver 8 中新建文档的时候可以在"文档类型"中选择文档的类型,软件会自动插入相应的 DOCTYPE。

2. 设定一个命名空间(Namespace)

命名空间是收集元素类型和属性名字的一个详细的 DTD,命名空间声明允许通过一个在线地址指向来识别命名空间,只需直接在 DOCTYPE 声明后面添加如下代码:

```
<html XMLns="http://www.w3.org/1999/xhtml" >
```

3. 定义语言编码

为了被浏览器正确解释和通过标记校验,所有的 XHTML 文档都必须声明它们所使用的编码语言。代码如下:

```
<meta http-equiv="Content-Type" content="text/html; charset=GB2312" />
```

这里声明的编码语言是简体中文 GB2312。如果需要制作繁体内容,可以定义为 BIG5。

4. 用小写字母书写所有的标记

XML 对大小写是敏感的,所以,XHTML 也是大小写有区别的。所有的 XHTML 元素和属性的名字都必须使用小写。否则你的文档将被 W3C 校验认为是无效的。

例如下面的代码是不正确的:

```
<BODY>
    <P>XHTML 大小写敏感哦</P>
</BODY>
```

5. 为图片添加 alt 属性

为所有图片添加 alt 属性。alt 属性指定了当图片不能显示的时候就显示供替换文本,这样做对正常用户可有可无,但对纯文本浏览器和使用屏幕阅读机的用户来说是至关重要的。只有添加了 alt 属性,代码才会被 W3C 正确性校验通过。需要注意的是我们要添加有意义的 alt 属性,像下面这样的写法毫无意义:

```
<img src="logo.gif" alt="logo.gif">
```

正确的写法是：

```
<img src="logo.gif" alt="互动工作室标志，点击返回首页">
```

6．给所有属性值加引号

在 HTML 中，你可以不需要给属性值加引号，但是在 XHTML 中，它们必须被加引号。还必须用空格分开属性。

7．关闭所有的标记

在 XHTML 中，每一个打开的标记都必须关闭。空标记也要关闭，在标记尾部使用一个正斜杠“/”来关闭它们自己。例如：

```
<br />
```

8．用 id 属性代替 name 属性

HTML 4 定义了 name 属性的元素有 a、applet、form、frame、iframe、img 和 map。HTML 4 还引入了 id 属性。这两个属性都是被设计用作片段标识符。在 XHTML 中除表单(form)外，name 属性不能被使用，应该用 id 来替换，例如：

```
<img src="images/cat.jpg" name="cat"/> 代码错误
<img src="images/cat.jpg" id="cat"/> 代码正确
```

为了使旧浏览器也能正常地执行该内容，也可以在标记中同时使用 id 和 name 属性，例如：

```
<img src="images/cat.jpg" id="cat" name="cat"/>
```

注意：在 XHTML 1.0 中，name 属性是不赞成使用的，在以后的 XHTML 版本中将被删除。

2.2.3　如何转换现有的文档为 XHTML

要将一个 HTML 页面转换成 XHTML，一般可以依照以下步骤进行。

(1) 添加一个 DOCTYPE 定义。在每个页的首行添加如下 DOCTYPE 声明：

```
<!DOCTYPE html PUBLIC"-//W3C//DTD XHTML 1.0 Transitional//EN"
  "http://www.w3.org/TR/xhtml1/DTD/xhtml1-transitional.dtd">
```

注意我们使用的是过渡型的 DTD，也可以选择严密型的 DTD，但它的要求有点过于严格，想完全地去遵循它有些困难。

(2) 使用小写标记和属性名称。

自从 XHTML 区分大小写并只接受小写 HTML 标记和属性后，查找所有大写标记并替换成小写标记的工作就开始了。对那些属性名称也是这样。如在代码书写中已经习惯使用小写属性名称，那这类工作实际上量并不大。

(3) 所有属性值加上引号。

W3C 表示 XHTML 1.0 中所有属性值都必须被引号括起来，所以每个页都需要检查，这是一项消耗时间的工作，以后应该避免出现这类问题。

(4) 关闭空标记。空标记<hr>、
和<img>在 XHTML 中不被允许。像<hr>和
应该用<hr />和
来替换。用
标记的话会在网景浏览器中出现错误。我们不需要知道为什么会出现错误，使用
可以解决这个问题(br 后多加个空格)。

(5) 校验网站。以上任务完成后，所有的页需要进行校验。校验网址为：

`http://validator.w3.org`

可以通过网址校验或文件上传校验。校验成功会显示"This document was successfully checked as XHTML 1.0 Transitional!"。校验失败会显示"Error found while checking this document as HTML 4.01 Transitional!"。

如果页面通过 XHTML 1.0 校验，可以在页面上放置一个图标，如图 2-6 所示。

图2-6　通过XHTML1.0校验的图标

上 机 实 验

1. 实验目的

熟悉并掌握 HTML 标记的用法和功能。掌握 HTML 网页的基本结构，学会利用 HTML 标记符来编写简单的网页，从而达到能够编写和阅读 HTML 网页源代码的目的。其中应重点掌握有关表单的应用。

2. 实验内容

(1) 在记事本中调试书上的各个实例。

(2) 试在 login.htm 页面中设计一名为 userinfo 的表单，用以收集注册用户的资料，并将其提交给 userlogin.asp 页面处理。界面如图 2-7 所示。

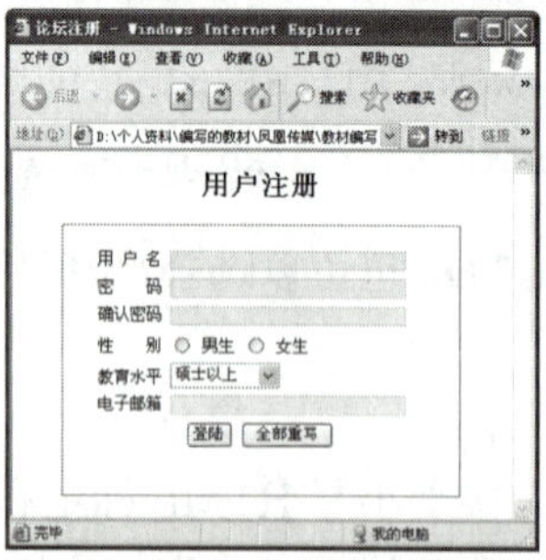

图 2-7　用户注册界面

(3) 要求编写的代码符合 XHTML 格式要求。

习　题　2

一、选择题

(1) 下列哪一项表示的不是按钮? (　　)

　　A. type="submit"　　　　　　　　　B. type="reset"

　　C. type="image"　　　　　　　　　　D. type="button"

(2) 当链接指向下列哪一种文件时, 不打开该文件, 而是提供给浏览器下载? (　　)

　　A. ASP　　　　B. HTML　　　　C. ZIP　　　　D. CGI

(3) 如果一个表格包括有 1 行 4 列, 表格的总宽度为 699, 间距为 5, 填充为 0, 边框为 3, 每列的宽度相同, 那么应将单元格定制为多少像素宽? (　　)

　　A. 126　　　　　B. 136　　　　　C. 147　　　　　D. 167

(4) 下面哪一项是换行符标签? (　　)

　　A. <body>　　　B. <font>　　　C.
　　　D. <p>

(5) Web 安全色所能够显示的颜色种类为(　　)。

　　A. 216 色　　　B. 256 色　　　C. 千万种颜色　　D. 1500 种色

(6) 常用的网页图像格式有(　　)。

　　A. gif、tiff　　　B. tiff、jpg　　　C. gif、jpg　　　D. tiff、png

(7) 在客户端网页脚本语言中最为通用的是(　　)。

　　A. JavaScript　　B. VB　　　C. Perl　　　D. ASP

(8) 可以不用发布就能在本地计算机上浏览的页面语言是(　　)。

　　A. ASP　　　B. HTML　　　C. PHP　　　D. JSP

(9) 在网页中, 必须使用(　　)标记来完成超级链接。

　　A. <a>…</a>　　B. <p>…</p>　　C. <link>…</link>　　D. <li>…</li>

(10) 以下标记中, 没有对应结束标记的是(　　)。

　　A. <body>　　　B.
　　　C. <html>　　　D. <title>

(11) 若设计网页的背景图形为 bg.jpg, 以下标记中, 正确的是(　　)。

　　A. <body background="bg.jpg">

　　B. <body bground="bg.jpg">

　　C. <body image="bg.jpg">

　　D. <body bgcolor="bg.jpg">

(12) 若要以标题 2 号字、居中、红色显示"你好", 以下用法中, 正确的是(　　)。

　　A. <h2><div align="center"><color="#ff00000">你好</div></h2></font>

　　B. <h2><div align="center"><font color="#ff00000">你好</div></h2></font>

　　C. <h2><div align="center"><font color="#ff00000">你好</h2>/div></font>

　　D. <h2><div align="center"><font color="#ff00000">你好</font></div></h2>

(13) 若要在页面中创建一个图形超链接，要显示的图形为 myhome.jpg，所链接的地址为 http://www.pcnetedu.com，以下用法中，正确的是(   )。

    A. <a href="http://www.pcnetedu.com">myhome.jpg</a>

    B. <a href="http://www.pcnetedu.com"><img src="myhome.jpg"></a>

    C. <img src="myhome.jpg"><a href="http://www.pcnetedu.com"></a>

    D. <a href=http://www.pcneredu.com><img src="myhome.jpg">

(14) 若要获得名为 login 的表单中名为 txtuser 的文本输入框的值，以下获取方法中，正确的是(   )。

    A. username=login.txtser.value   B. username=document.txtuser.value

    C. username=document.login.txtuser   C. username=document.txtuser.value

(15) 若要产生一个 4 行 30 列的多行文本域，以下方法中，正确的是(   )。

    A. <input type="text" rows="4" cols="30" name="txtintrol">

    B. <textArea rows="4" cols="30" name="txtintro">

    C. <textArea rows="4" cols="30" name="txtintro"></textArea>

    D. <textArea rows="30" cols="4" name="txtintro"></textArea>

(16) 用于设置文本框显示宽度的属性是(   )。

    A. size   B. maxLength   C. value   D. length

(17) 在网页中若要播放名为 demo.avi 的动画，以下用法中，正确的是(   )。

    A. <embed src="demo.avi" autostart=true>

    B. <embed src="demo.avi" autoopen=true>

    C. <embed src="demo.avi" autoopen=true></embed>

    D. <embed src="demo.avi" autostart=true></embed>

(18) 若要循环播放背景音乐 bg.mid，以下用法中，正确的是(   )。

    A. <bgsound src="bg.mid" Loop="1">

    B. <bgsound src="bg.mid" Loop=-1>

    C. <sound src="bg.mid" Loop="True">

    D. <Embed src="bg.mid" autostart=true></Embed>

(19) 可用来在一个网页中嵌入显示另一个网页内容的标记是(   )。

    A. <marquee>   B. <iframe>   C. <embed>   D. <object>

(20) 以下创建 mail 链接的方法正确的是(   )。

    A. <a href="master@163.com">管理员</a>

    B. <a href="callto:master@163.com">管理员</a>

    C. <a href="mailto:master@163.com">管理员</a>

    D. <a href="Email:master@163.com">管理员</a>

二、填空题

(1) HTML 网页文件的标记是_____，网页文件的主体标记是_____，页面标题的标记是_____。

(2) 表格的标记是_____，单元格的标记是_____。

(3)　表格的宽度可以用百分比和＿＿＿＿＿＿＿＿＿两种单位来设置。

(4)　用来输入密码的表单域是＿＿＿＿＿＿＿＿＿。

(5)　当表单以电子邮件的形式发送，表单信息不以附件的形式发送时，应将"MIME 类型"设置为＿＿＿＿＿＿＿＿＿。

(6)　文件头标记也就是通常所见到的＿＿＿＿＿＿＿＿＿标记。

(7)　创建一个 HTML 文档的开始标记是＿＿＿＿＿＿＿＿＿；结束标记是＿＿＿＿＿＿＿＿＿。

(8)　设置文档标题以及其他不在 Web 网页上显示的信息的开始标记是＿＿＿＿＿＿＿＿＿；结束标记是＿＿＿＿＿＿＿＿＿。

(9)　网页标题会显示在浏览器的标题栏中，则网页标题应写在开始标记＿＿＿＿＿＿＿＿＿和结束标记＿＿＿＿＿＿＿＿＿之间。

(10)　要设置一条 1 像素粗的水平线，应使用的 HTML 语句是＿＿＿＿＿＿＿＿＿。

(11)　表单对象的名称由＿＿＿＿＿＿＿＿＿属性设定；提交方法由＿＿＿＿＿＿＿＿＿属性指定；若要提交大数据量的数据，则应采用＿＿＿＿＿＿＿＿＿方法；表单提交后的数据处理程序由＿＿＿＿＿＿＿＿＿属性指定。

(12)　HTML 是一种描述性的＿＿＿＿＿＿＿＿＿语言，主要用于组织网页的内容和控制输出格式。JavaScript 或 VBScript 是＿＿＿＿＿＿＿＿＿语言，常嵌入网页中使用，以实现对网页的编程控制，进一步增强网页的交互性和功能。

(13)　＿＿＿＿＿＿＿＿＿是网页与网页之间联系的纽带，也是网页的重要特色。

(14)　网页中三种最基本的页面组成元素是＿＿＿＿＿＿＿＿＿。

(15)　严格来说，＿＿＿＿＿＿＿＿＿并不是一种编程语言，而只是一些能让浏览器看得懂的标记。

(16)　浮动框架的标记是＿＿＿＿＿＿＿＿＿。

(17)　实现网页交互性的核心技术是＿＿＿＿＿＿＿＿＿。

(18)　能够建立网页交互性的脚本语言有两种，一种是只在＿＿＿＿＿＿＿＿＿端运行的语言，另一种在网上经常使用的语言是＿＿＿＿＿＿＿＿＿端语言。

(19)　表单是 Web＿＿＿＿＿＿＿＿＿和 Web＿＿＿＿＿＿＿＿＿之间实现信息交流和传递的桥梁。

(20)　表单实际上包含两个重要组成部分：一是描述表单信息的＿＿＿＿＿＿＿＿＿，二是用于处理表单数据的服务器端＿＿＿＿＿＿＿＿＿。

(21)　设置网页背景颜色为绿色的语句是＿＿＿＿＿＿＿＿＿。

(22)　在网页中插入背景图案(文件路径及名称为/img/bg.jpg)的语句是＿＿＿＿＿＿＿＿＿。

(23)　插入图片 <img src="图形文件名">标记中的 src 英文单词是＿＿＿＿＿＿＿＿＿。

(24)　设定图片边框的属性是＿＿＿＿＿＿＿＿＿。

(25)　为图片添加简要说明文字的属性是＿＿＿＿＿＿＿＿＿。

(26)　在页面中实现滚动文字的标记是＿＿＿＿＿＿＿＿＿。

(27)　<img src="ex.gif" dynsrc="ex.avi" loop=3 loopdelay=250>语句的功能是＿＿＿＿＿＿＿＿＿。

(28)　预格式化文本标记<pre></pre>的功能是＿＿＿＿＿＿＿＿＿。

三、思考与回答

(1) HTML 文档标记的特征有哪些？

(2) XHTML 和 HTML 之间的主要区别有哪些？

(3) 如何将现有的 HTML 文档转换为 XHTML 文档？

项目三　用 DIV+CSS 做网页布局

【学习目标】

- 掌握 CSS 的定义与引用
- 掌握常用的 CSS 属性
- 能够利用 DIV+CSS 进行网页布局

【工作任务】

- 在 HTML 文档中加入 CSS 样式
- 学习常用的 CSS 属性
- 学习 CSS 框模型与定位技术
- 编写一个由 DIV+CSS 布局的网页

3.1　任务 1－层叠样式表 CSS

CSS 是 Cascading Style Sheets(层叠样式表单)的简称，更多的人把它称作样式表。顾名思义，它是一种设计网页样式的工具。借助于 CSS 的强大功能，网页将在我们丰富想象力下千变万化。CSS 可以更精确地控制页面的版式风格和布局，它将弥补 HTML 对网页格式化的不足。利用 CSS 可以设置字体变化和大小、页面格式的动态更新和排版定位等。

3.1.1　CSS 的定义与引用

自从 1998 年 5 月 12 日 W3C 组织推出了 CSS2 以来，这项技术在世界范围内得到了广泛的支持。CSS2 成为 W3C 的新标准。样式可以定义在 HTML 文件的标记里，也可以定义在外加的文件中。当样式表定义在外部文件中时，一个样式表可以用于多个页面，甚至整个网站，因此具有更好的易用性和扩展性。总体来说，CSS 可以完成以下工作。

(1) 弥补 HTML 对网页格式化功能的不足，如段落间距、行距等。

(2) 设置字体变化和大小。

(3) 设置页面格式的动态更新。

(4) 进行排版定位。

1. CSS 样式规则的定义

CSS 由一系列的样式规则构成，样式规则具体定义和控制网页文档的显示方式。每个规则由一个"选择器"(Selector)和一个定义部分组成。每个定义部分包含一组由半角分号(;)分离的定义。这组定义放在一对大括号{}之间。每个定义由一个特性，一个半角冒号(:)

和一个值组成。

CSS 样式规则的定义格式为：

选择器 {属性 1:属性值 1; 属性 2:属性值 2; ...}

说明：

这里"选择器"用于指定样式所作用的对象。选择器可以是 IITML 标识符，也可以是一个类名。大括号中的部分用于定义具体样式的规则，它由若干组属性名与相应的属性值构成，各组间用分号分隔，属性名与对应的属性值间用冒号分隔。

例如，若要定义 H1 的字体为黑体，字体大小为 20pt，颜色为红色，则该种样式的定义方法为：

```
H1 {font-family:黑体; font-size:20pt; color:red}
```

(1) CSS 选择器分组

可以对选择器进行分组，这样，被分组的选择器就可以分享相同的声明。用逗号将需要分组的选择器分开。例如，在下面的例子中，我们对所有的标题元素进行了分组。所有的标题元素都是绿色的：

```
h1,h2,h3,h4,h5,h6 {
    color: green;
}
```

(2) 派生选择器

通过依据元素在其位置的上下文关系来定义样式，可以使标记更加简洁。通过这种方式来应用规则的选择器称为派生选择器。

派生选择器允许根据文档的上下文关系来确定某个标记的样式。通过合理地使用派生选择器，我们可以使 HTML 代码变得更加整洁。

例如，希望列表中的 strong 元素变为斜体字，而不是通常的粗体字，可以这样定义一个派生选择器：

```
li strong {
    font-style: italic;
    font-weight: normal;
}
<p><strong>我是粗体字，不是斜体字，因为我不在列表当中，所以这个规则对我不起作用
</strong></p>
<ol>
    <li><strong>我是斜体字。这是因为 strong 元素位于 li 元素内。</strong></li>
    <li>我是正常的字体。</li>
</ol>
```

在上面的例子中，只有 li 元素中的 strong 元素的样式为斜体字，无需为 strong 元素定义特别的 class 或 id，代码更加简洁。

(3) id 选择器

id 选择器可以为标有特定 id 的 HTML 元素指定特定的样式。id 选择器以 "#" 来定义。

下面的两个 id 选择器，第一个可以定义元素的颜色为红色，第二个定义元素的颜色为绿色：

```
#red {color:red;}
#green {color:green;}
```

下面的 HTML 代码中，id 属性为 red 的 p 元素显示为红色，而 id 属性为 green 的 p 元素显示为绿色：

```
<p id="red">这个段落是红色。</p>
<p id="green">这个段落是绿色。</p>
```

注意：id 属性只能在每个 HTML 文档中出现一次。

在现代布局中，id 选择器常常用于建立派生选择器：

```
#sidebar p {
    font-style: italic;
    text-align: right;
    margin-top: 0.5em;
}
```

上面的样式只会应用于 id 是 sidebar 的元素内的段落。这个元素很可能是 div 或者是表格单元，尽管它也可能是一个表格或者其他块级元素。

(4) 类选择器

在 CSS 中，类选择器以一个点号显示。例如：

```
.center {text-align: center}
```

在上面的例子中，所有拥有 center 类的 HTML 元素均为居中。

在下面的 HTML 代码中，h1 和 p 元素都有 center 类。这意味着两者都将遵守 ".center" 选择器中的规则：

```
<h1 class="center">
    This heading will be center-aligned
</h1>
<p class="center">
    This paragraph will also be center-aligned.
</p>
```

与 id 一样，class 也可被用作派生选择器：

```
.fancy td {
    color: #f60;
```

```
        background: #666;
    }
```

在上面的例子中，类名为 fancy 的元素内部的表格单元都会以灰色背景显示橙色文字。

(5) 伪类选择器

CSS 伪类用于向某些选择器添加特殊的效果。

语法：

```
selector: pseudo-class { property: value }
```

CSS 类也可与伪类搭配使用：

```
selector.class: pseudo-class { property: value }
```

最常用的伪类是锚伪类。在支持 CSS 的浏览器中，链接的不同状态都可以不同的方式显示，这些状态包括活动状态、已被访问状态、未被访问状态和鼠标悬停状态：

```
a:link {color: #FF0000}      /* 未访问的链接 */
a:visited {color: #00FF00}  /* 已访问的链接 */
a:hover {color: #FF00FF}     /* 鼠标移动到链接上 */
a:active {color: #0000FF}   /* 选定的链接 */
```

> **注意**：在 CSS 定义中，a:hover 必须被置于 a:link 和 a:visited 之后，a:active 必须被置于 a:hover 之后，才是有效的。

2. CSS 的引用

当读到一个样式表时，浏览器会根据它来格式化 HTML 文档。插入样式表的方法有如下 3 种。

(1) 内部样式表

当单个文档需要特殊的样式时，就应该使用内部样式表。可以使用<style>标签在文档头部定义内部样式表。

【例 3-1】 CSS 内部样式表的引用。源文件 char3\3-1.html：

```
<html>
<head>
<title>第一个使用了 CSS 的 HTML 文件</title>
<style type="text/css">
<!--
H2 {color: green; font-size: 37px; font-family: 黑体 }
P { text-indent: 1cm; background: yellow; font-family: 宋体 }
-->
</style>
</head>
```

```
<body>
    <H2 align="center">第一个使用了 CSS 的 HTML 文件</H2>
    <HR>
    <P>这是第一个使用了 CSS 的 HTML 网页文件。</p>
</body>
</html>
```

(2) 外部样式表

当样式需要应用于很多页面时，外部样式表将是理想的选择。在使用外部样式表的情况下，可以通过改变一个文件来改变整个站点的外观。每个页面使用<link>标签链接到样式表。<link>标签写在文档的头部。例如：

```
<head>
    <link rel="stylesheet" type="text/css" href="mystyle.css" />
</head>
```

浏览器会从文件 mystyle.css 中读到样式声明，并根据它来格式文档。

外部样式表可以在任何文本编辑器中进行编辑。文件不能包含任何 HTML 标记。样式表应该以.css 扩展名进行保存。

(3) 内联样式表

要使用内联样式，需要在相关的标记内使用样式(style)属性。style 属性可以包含任何 CSS 属性。例如，使用内联样式改变段落的颜色和左外边距：

```
<p style="color: sienna; margin-left: 20px">
    This is a paragraph
</p>
```

由于将表现和内容混杂在一起，内联样式会损失掉样式表的许多优势。要慎用这种方法，一般当样式仅需要在一个元素上应用一次时使用内联样式。

3.1.2 常用的 CSS 属性

CSS 常用的属性主要有控制文字与段落、颜色与背景等。CSS 文本属性可定义文本的外观。通过文本属性，可以改变文本的颜色、字符间距，对齐文本，装饰文本，对文本进行缩进等。CSS 颜色属性可控制前景色、背景色和背景图片等。

1. CSS 文字样式

(1) 字体：

`font-family: 字体1, 字体2, 字体3, ...`

说明：这个属性是一个按照优先顺序列出的字体名称，它的表述方法与大多数的 CSS 属性有些不同，它的值是用逗号分隔的，用来指定可替换的字体。例如：

```
body { font-family:gill,helvetica,sans-serif }
```

上面这行代码执行时，如果浏览器没有找到 gill 字体，那么将使用 helvetica 或者 sans-serif 字体来替代。

(2) 字号：

```
font-size: <absolute-size> | <relative-size>
```

说明：<absolute-size>关键字指的是字体尺寸的绝对值，推荐单位为点数(pt)。点数(pt)是计算机字体的标准单位，这一单位的好处是设定的字号会随着显示器分辨率的变化而调整大小，这样可以防止不同分辨率显示器中字体大小不一致。如果使用点数作为单位，推荐正文文字大小为 9pt。

(3) 字体样式：

```
font-style: normal | italic | oblique
```

说明：normal 表示正常字体，italic 表示斜体，oblique 表示偏斜体(有时本身并不是斜体，而是被系统自动变斜的普通字形)。

(4) 字体粗细：

```
font-weight: normal | bold |bolder | lighter | 100 | 200 | 300 | 400 | 500
  | 600 | 700 | 800 | 900
```

说明：font-weight 定义了字体的粗细值。这些值从 100 排到 900，每一个数字所表示的字体都要比它前一个粗一些。在这些值当中，normal 相当于 400，bold 相当于 700，bolder 相当于 900。

(5) 字体大小写：

```
font-variant: normal | small-caps
```

说明：font-variant 属性决定了字符是以普通还是以小体大写(small-caps)显示。所谓小体大写，就是字体中的所有小写字母看上去与大写字母一样，只不过尺寸比标准的大写要小一点。如果指定的小体大写不存在，那么就用普通字体，并且用大写字母代替其中所有的小写字母。

(6) 文字修饰：

```
text-decoration: underline|overline|line-through|blink|none
```

说明：underline 表示下划线；overline 表示上划线；line-through 表示删除线；blink 表示闪烁文字(只有 Netscape 浏览器支持)；none 表示默认值(去掉超链接下划线用此值)。

(7) 英文大小写转换：

```
text-transform: capitalize|uppercase|lowercase|none
```

说明：capitalize 表示首字母大写；uppercase 表示大写；lowercase 表示小写；none 表示默认值。

2. CSS 段落文字

(1) 段落的水平对齐方式：

```
text-align: Left|right|center|justify
```

说明：left 表示左对齐；right 表示右对齐；center 表示居中对齐；justify 表示两端对齐。

(2) 字符间距：

```
letter-spacing: normal|<length>
```

说明：字符间距用来设置字符或英文字母间距。

(3) 单词间距：

```
word-spacing: normal|<length>
```

说明：单词间距用来设置英文单词之间的距离。使用正值为增加单词的间距，使用负值为减小单词的间距。

(4) 文字的首行缩进：

```
text-indent: value
```

说明：文字缩进与字号单位保持统一。如字号为 9pt，若想创建两个字的中文缩进的效果，文字缩进就应该为 18pt。

(5) 行高：

```
line-height: value
```

说明：行高值可以绝对像素值，也可用百分比数来表示。当值为数字时，行高由字体大小的量与该数字相加所得，百分比的值相对于字体的大小而定。

3. CSS 列表

从某种意义上讲，不是描述性的文本的任何内容都可以认为是列表。人口普查、太阳系、家谱、参观菜单，甚至你的所有朋友都可以表示为一个列表或者是列表的列表。

(1) 列表类型

要影响列表的样式，最简单(同时支持最充分)的办法就是改变其标志类型。

例如，在一个无序列表中，列表项的标志(Marker) 是出现在各列表项旁边的圆点。在有序列表中，标志可能是字母、数字或另外某种计数体系中的一个符号。

要修改用于列表项的标志类型，可以使用 list-style-type 属性：

```
list-style-type: value
```

此属性可用于设置列表的符号或编号，通常搭配<ol><ul>标记一起使用。

说明：对于 type 属性，可以设置多种符号类型，如表 3-1 所示。

(2) 列表项图像

如果要把列表的标志改成一个图像，可以利用 list-style-image 属性：

```
ul li {list-style-image : url(*.gif)}
```

说明：这个属性指定作为一个有序或无序列表项标志的图像。图像相对于列表项内容的放置位置通常使用 list-style-position 属性控制。

表3-1 列表符号类型属性值

属 性 值	描 述
disc	默认值。实心圆
circle	空心圆
square	实心方块
decimal	阿拉伯数字
lower-roman	小写罗马数字
upper-roman	大写罗马数字
lower-alpha	小写英文字母
upper-alpha	大写英文字母
none	不使用项目符号

例如：

```
Ul {
    list-style-image:url("images/arrow.gif ");
    list-style-type:square;
}
```

(3) 简写列表样式

为简单起见，可以将以上 3 个列表样式属性合并为一个方便的属性：list-style，就像下面这样：

```
li {list-style: url(example.gif) square inside}
```

list-style 的值可以按任何顺序列出，而且这些值都可以忽略。只要提供了一个值，其他的就会填入其默认值。

4．设置颜色

CSS 中的 color 属性用于指定元素的前景色。例如，假设要让页面中的所有标题(Headline)都显示为深红色，而这些标题采用的都是 h1 元素，那么可以用下面的代码来实现把 h1 元素的前景色设为红色：

```
h1 {
    color: #ff0000;
}
```

颜色值可以用十六进制表示(比如上例中的#ff0000)，也可以用颜色名称(比如"red")或 RGB 值(比如 rgb(255, 0, 0))来表示。

CSS 中的 background-color 属性用于指定元素的背景色。

因为 body 元素包含了 HTML 文档的所有内容，所以，如果要改变整个页面的背景色的话，那么为 body 元素应用 background-color 属性就可以了。

也可以为其他包含标题或文本的元素单独应用背景色。例如：

```
body {
    background-color: #FFCC66;
}
h1 {
    color: #990000;
    background-color: #FC9804;
}
```

该例中，我们为 body 和 h1 元素分别应用了不同的背景色。

5. 设置背景图像

CSS 中的 background-image 属性用于设置背景图像。利用该属性可以设置网页的背景，也可以设置表格、段落的背景。

如果要把某个图片作为网页的背景图像，只要在 body 元素上应用 background-image 属性、然后给出该图片的存放位置就行了。例如：

```
body {
    background-color: #FFCC66;
    background-image: url("butterfly.gif");
}
```

该例中，我们把 butterfly.gif 文件设置为网页的背景图像。

(1) 背景图像的重复方式

CSS 中的 background-repeat 属性用于设置背景图像的重复方式。background-repeat 有 4 种不同的取值。

- repeat：表示背景图像平铺，默认值为 repeat。
- repeat-x：表示背景图像只在 x 方向平铺。
- repeat-y：表示背景图像只在 y 方向平铺。
- no-repeat：表示背景图像不重复，以原始大小显示。

例如，若要定义一个名为 bg 的类，用于设置元素的背景图形 images/bg.gif，背景图形不重复，则定义的方法为：

```
.bg {
    background-image: url(images/bg.gif);
    background-repeat: no-repeat;
}
```

若要为某段落文本引用该属性，则使用方法为：

```
<p class=bg>文本</p>
```

(2) 固定背景图像

CSS 中的 background-attachment 属性用于指定背景图像是固定在屏幕上的，还是随着它所在的元素而滚动的。

一个固定的背景图像不会随着用户滚动页面而发生滚动(它是固定在屏幕上的)，而一个非固定的背景图像会随着页面的滚动而滚动。

background-attachment 有两种不同的取值。

● scroll：表示图像会跟随页面滚动(非固定的)。

● fixed：表示图像是固定在屏幕上的。

例如，下面的代码将背景图像固定在屏幕上：

```
body {
    background-color: #FFCC66;
    background-image: url("butterfly.gif");
    background-repeat: no-repeat;
    background-attachment: fixed;
}
```

(3) 背景图片位置

默认情况下背景图片都是从设置了 background 属性的标记的左上角开始出现的，但实际制作时设计者往往希望背景出现在指定的位置。在 CSS 中可以通过 background-position 属性轻松地调整背景图片的位置。background-position 有 9 种不同的取值。

(4) 背景样式的缩写

CSS 属性 background 是上述所有与背景有关的属性的缩写用法。

使用 background 属性可以减少属性的数目，因此令样式表更简短易读。

例如下面 5 行代码：

```
background-color: #FFCC66;
background-image: url("butterfly.gif");
background-repeat: no-repeat;
background-attachment: fixed;
background-position: right bottom;
```

如果使用 background 属性的话，实现同样的效果只需一行代码即可：

```
background: #FFCC66 url("butterfly.gif") no-repeat fixed right bottom;
```

各个值应按下列次序来写：

```
[background-color] | [background-image] | [background-repeat]
  | [background-attachment] | [background-position]
```

如果省略某个属性不写出来，那么将自动为它取默认值。

比如，如果去掉 background-attachment 和 background-position 的话：

```
background: #FFCC66 url("butterfly.gif") no-repeat;
```

这两个未指定值的属性将被设置为默认值 scroll 和 top left。

用缩写的方法虽然代码简洁，但没有分开写法的可读性好，读者可以根据自己的喜好选择使用。

3.2　任务 2 - 利用 DIV+CSS 进行网页布局

在网页设计时，能否控制好各个模块在页面中的位置是非常关键的。CSS 布局是一种很新的布局理念，完全有别于传统的布局习惯。它将页面首先在整体上进行<div>标记分块，然后对各个块进行 CSS 定位，最后再在各个块中添加相应的内容。通过 CSS 排版的页面，更新网页变得十分的容易，甚至是页面的拓扑结构都可以通过修改 CSS 属性来重新定位。

3.2.1　CSS 框模型与定位

1．CSS 框模型的概述

所有页面中的元素都可以看成是一个框，占据着一定的页面空间。一般来说，这些被占据的空间往往都比单纯的内容要大。换句话说，可以通过调整框的边距和距离等参数，来调节框的位置。

CSS 框模型(Box Model)规定了元素框处理元素内容(element)、内边距(padding)、边框(border)和外边距(margin)的方式，如图 3-1 所示。

元素框的最内部分是实际的内容(element)，直接包围内容的是内边距(height 和 width)。内边距呈现了元素的背景。内边距(padding)的边缘是边框(border)。边框以外是外边距(margin)，外边距默认是透明的，因此不会遮挡其后的任何元素。

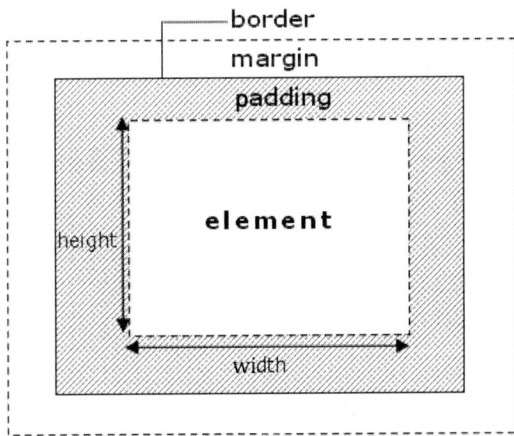

图3-1　CSS框模型

内边距、边框和外边距都是可选的，默认值是零。在 CSS 中，width 和 height 指的是内容区域的宽度和高度。增加内边距、边框和外边距不会影响内容区域的尺寸，但是会增加元素框的尺寸。一个框的实际宽度(高度)由 width(height)+padding+border+margin 组成。

> **提示：** 外边距可以是负值，而且在很多情况下都要使用负值的外边距。

对于任何一个框，都可以分别设置 4 条边各自的 border、padding 和 margin。因此，只要利用好框的这些属性，就能够实现各种各样的排版效果。

2. CSS 内边距

CSS 元素的内边距在边框和内容区之间。控制该区域最简单的属性是 padding 属性。

CSS padding 属性定义元素边框与元素内容之间的空白区域。padding 属性值可以是长度值或百分比值，但不允许使用负值。

例如，让所有 h1 元素的各边都有 10 像素的内边距，只需要这样：

```
h1 {padding: 10px;}
```

还可以按照上、右、下、左的顺序分别设置各边的内边距，各边均可以使用不同的单位或百分比值：

```
h1 {padding: 10px 0.25em 2ex 20%;}
```

CSS 内边距属性如表 3-2 所示。

表3-2　CSS内边距属性

属　性	描　述
padding	简写属性。作用是在一个声明中设置元素的所内边距属性
padding-bottom	设置元素的下内边距
padding-left	设置元素的左内边距
padding-right	设置元素的右内边距
padding-top	设置元素的上内边距

3. CSS 边框

元素的边框(border)是围绕元素内容和内边距的一条或多条线。CSS border 属性允许我们规定元素边框的样式、宽度和颜色。

在 HTML 中，我们使用表格来创建文本周围的边框，但是通过使用 CSS 边框属性，我们可以创建出效果出色的边框，并且可以应用于任何元素。

元素外边距内就是元素的边框(border)。元素的边框就是围绕元素内容和内边距的一条或多条线。

每个边框有 3 个方面：宽度(width)、样式(style)和颜色(color)。在设置时通常需要将这 3 个属性很好地进行配合，才能达到良好的效果。下面介绍这 3 个方面的内容。

(1) 边框的样式(style)

样式是边框最重要的一个方面，这不是因为样式控制着边框的显示(当然，样式确实控制着边框的显示)，而是因为如果没有样式，将根本没有边框。

CSS 的 border-style 属性定义了 10 个不同的非 inherit 样式，包括 none。

- none：定义无边框。
- hidden：与 none 相同。不过应用于表时除外，对于表，hidden 用于解决边框冲突。
- dotted：定义点状边框。在大多数浏览器中呈现为实线。
- dashed：定义虚线。在大多数浏览器中呈现为实线。
- solid：定义实线。
- double：定义双线。双线的宽度等于 border-width 的值。
- groove：定义 3D 凹槽边框。其效果取决于 border-color 的值。
- ridge：定义 3D 垄状边框。其效果取决于 border-color 的值。
- inset：定义 3D inset 边框。其效果取决于 border-color 的值。
- outset：定义 3D outset 边框。其效果取决于 border-color 的值。
- inherit：规定应该从父元素继承边框样式。

(2) 边框的宽度(width)

边框的宽度是指边框的粗细程度。可以通过 border-width 属性为边框指定宽度。border-width 属性共有 4 种设置方法。

- 设置一个值：4 条边框宽度均使用同一个设置值。
- 设置两个值：上下边框用第一个值，左右边框用第二个值。
- 设置三个值：上边框用第一个值，左右边框用第二个值，下边框用第三个值。
- 设置四个值：四个值分别对应上、右、下、左 4 条边框。

为边框指定宽度有两种方法：可以指定长度值，比如 2px 或 0.1em；或者使用 3 个关键字之一，它们分别是 thin、medium(默认值)和 thick。

> 注意：CSS 没有定义 3 个关键字的具体宽度，所以一个用户代理可能把 thin、medium 和 thick
> 分别设置为等于 5px、3px 和 2px，而另一个用户代理则分别设置为 3px、2px 和 1px。
> 一般的浏览器都将其解析为 2px 宽。

可以通过下面的方法设置边框的宽度：

```
p {border-style: solid; border-width: 5px;}
```

或者：

```
p {border-style: solid; border-width: thick;}
```

也可以为每个单边边框定义宽度。可以按照 top-right-bottom-left 的顺序设置元素的各边边框：

```
p {border-style: solid; border-width: 15px 5px 15px 5px;}
```

上面的例子也可以简写为(这样的写法称为值复制)：

```
p {border-style: solid; border-width: 15px 5px;}
```

注意：如果希望显示某种边框，就必须设置边框样式，比如 solid 或 outset。由于 border-style 的默认值是 none，如果没有声明样式，就相当于 border-style: none。因此，如果希望边框出现，就必须声明一个边框样式。

(3) 边框的颜色(color)

设置边框颜色非常简单。CSS 使用一个简单的 border-color 属性，一次可以接受最多 4 个颜色值。在设置时跟 border-width 属性一样，也可以有 4 种设置方法。

可以使用任何类型的颜色值，例如可以是命名颜色，也可以是十六进制和 RGB 值：

```
p {
    border-style: solid;
    border-color: blue rgb(25%,35%,45%) #909090 red;
}
```

如果颜色值小于 4 个，值复制就会起作用。例如下面的规则声明了段落的上下边框是蓝色，左右边框是红色：

```
p {
    border-style: solid;
    border-color: blue red;
}
```

注意：默认的边框颜色是元素本身的前景色。如果没有为边框声明颜色，它将与元素的文本颜色相同。另一方面，如果元素没有任何文本，假设它是一个表格，其中只包含图像，那么该表的边框颜色就是其父元素的文本颜色(因为 color 可以继承)。这个父元素很可能是 body、div 或另一个 table。

CSS 边框属性如表 3-3 所示。

表3-3　CSS边框属性

属　性	描　述
border	简写属性，用于把针对 4 个边的属性设置在一个声明中
border-style	用于设置元素所有边框的样式，或者单独地为各边设置边框样式
border-width	简写属性，用于为元素的所有边框设置宽度
border-color	简写属性，设置元素所有边框中可见部分的颜色
border-bottom	简写属性，用于把下边框的所有属性设置到一个声明中
border-bottom-color	设置元素的下边框的颜色
border-bottom-style	设置元素的下边框的样式
border-bottom-width	设置元素的下边框的宽度
border-left	简写属性，用于把左边框的所有属性设置到一个声明中

续表

属　性	描　述
border-left-color	设置元素的左边框的颜色
border-left-style	设置元素的左边框的样式
border-left-width	设置元素的左边框的宽度
border-right	简写属性，用于把右边框的所有属性设置到一个声明中
border-right-color	设置元素的右边框的颜色
border-right-style	设置元素的右边框的样式
border-right-width	设置元素的右边框的宽度
border-top	简写属性，用于把上边框的所有属性设置到一个声明中
border-top-color	设置元素的上边框的颜色
border-top-style	设置元素的上边框的样式
border-top-width	设置元素的上边框的宽度

4．CSS 外边距

围绕在元素边框的空白区域是外边距(margin)。设置外边距会在元素外创建额外的"空白"。设置外边距的最简单的方法就是使用 margin 属性，这个属性接受任何长度单位，可以是像素、英寸、毫米或 em，也可以是百分数值甚至负值。

margin 可以设置为 auto。更常见的做法是为外边距设置长度值。下面的声明在 h1 元素的各个边上设置了 1/4 英寸宽的空白：

```
h1 {margin: 0.25in;}
```

下面的例子为 h1 元素的 4 个边分别定义了不同的外边距，长度单位是像素(px)：

```
h1 {margin: 10px 0px 15px 5px;}
```

与内边距的设置相同，这些值的顺序是从上外边距(top)开始围着元素顺时针旋转的：

```
margin: top right bottom left
```

margin 的默认值是 0，所以如果没有为 margin 声明一个值，就不会出现外边距。但是，在实际中，浏览器对许多元素已经提供了预定的样式，外边距也不例外。例如，在支持 CSS 的浏览器中，外边距会在每个段落元素的上面和下面生成"空行"。因此，如果没有为 p 元素声明外边距，浏览器可能会自己应用一个外边距。当然，只要特别做了声明，就会覆盖默认样式。

设置 margin 的值时，可以利用值复制的原理。

不论使用单边属性还是使用 margin，得到的结果都一样。一般来说，如果希望为多个边设置外边距，使用 margin 会更容易一些。

不过，从文档显示的角度看，实际上使用哪种方法都不重要，所以应该选择对自己来说更容易的一种方法。

CSS 外边距属性如表 3-4 所示。

表3-4　CSS外边距属性

属　　性	描　　述
margin	简写属性。在一个声明中设置所有外边距属性
margin-bottom	设置元素的下外边距
margin-left	设置元素的左外边距
margin-right	设置元素的右外边距
margin-top	设置元素的上外边距

5. CSS 定位和浮动

网页中各种元素都必须有自己合适的位置，从而搭建出整个页面结构。本节围绕 CSS 定位的几种原理方法，进行深入的介绍，包括 position、float 和 z-index 等。CSS 为定位和浮动提供了一些属性，利用这些属性，可以建立列式布局，将布局的一部分与另一部分重叠，还可以完成多年来通常需要使用多个表格才能完成的任务。

定位的基本思想很简单，它允许定义元素框相对于其正常位置应该出现的位置，或者相对于父元素、另一个元素甚至浏览器窗口本身的位置。

(1) 块级元素

div、h1 或 p 元素常常被称为块级元素。这意味着这些元素显示为一块内容，即"块框"。与之相反，span 和 strong 等元素称为"行内元素"，这是因为它们的内容显示在行中，即"行内框"。

可以使用 display 属性改变生成的框的类型。通过将 display 属性设置为 block，可以让行内元素(比如<a>元素)表现得像块级元素一样。还可以通过把 display 设置为 none，让生成的元素根本没有框。这样的话，该框及其所有内容就不再显示，不占用文档中的空间。

在一种情况下，即使没有进行显式定义，也会创建块级元素。这种情况发生在把一些文本添加到一个块级元素(比如 div)的开头。即使没有把这些文本定义为段落，它也会被当作段落对待。例如：

```
<div>
    some text
    <p>Some more text.</p>
</div>
```

在这种情况下，这个框称为无名块框，因为它不与专门定义的元素相关联。

(2) CSS 定位机制

定位(position)是 CSS 排版中非常重要的概念。position 从字面意思上看，就是指定块的位置。通过使用 position 属性，我们可以选择 4 种不同类型的定位，这会影响元素框生成的方式。

position 属性值的含义如下。

- static：元素框正常生成。块级元素生成一个矩形框，作为文档流的一部分，行内元素则会创建一个或多个行框，置于其父元素中。元素保持在应该在的位置上，

static 为默认值。

● relative：元素框偏移某个距离。元素仍保持其未定位前的形状，它原本所占的空间仍保留。即元素的相对定位。

● absolute：元素框从文档流完全删除，并相对于其包含块定位。包含块可能是文档中的另一个元素或者是初始包含块。元素原先在正常文档流中所占的空间会关闭，就好像元素原来不存在一样。元素定位后生成一个块级框，而不论原来它在正常流中生成何种类型的框。即元素的绝对定位。

● fixed：元素框的表现类似于将 position 设置为 absolute，不过其包含块是视窗本身。

CSS 有 3 种基本的定位机制：普通流、浮动和绝对定位。

除非专门指定，否则所有框都在普通流中定位。也就是说，普通流中的元素的位置由元素在 HTML 中的位置决定。

块级框从上到下一个接一个地排列，框之间的垂直距离由框的垂直外边距计算出来。

内框在一行中水平布局。可以使用水平内边距、边框和外边距调整它们的间距。但是，垂直内边距、边框和外边距不影响行内框的高度。由一行形成的水平框称为行框(Line Box)，行框的高度总是足以容纳它包含的所有行内框。不过，设置行高可以增加这个框的高度。

【例 3-2】使用具有一栏超链接的浮动来创建水平菜单，效果如图 3-2 所示。

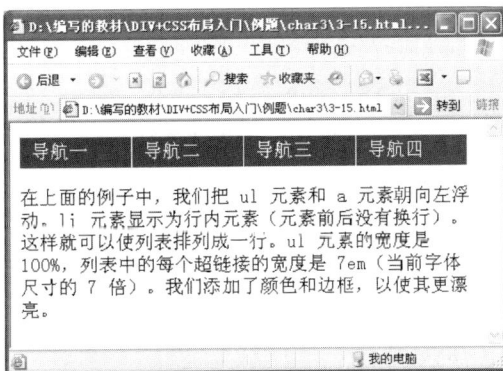

图3-2　导航栏的制作

源文件 char3\3-2.html：

```html
<html>
<head>
<style type="text/css">
ul {
    float:left;
    width:100%;
    padding:0;
    margin:0;
    list-style-type:none;
}
a {
```

```
    float:left;
    width:6em;
    text-decoration:none;
    color:white;
    background-color:purple;
    padding:0.2em 0.6em;
    border-right:1px solid white;
}
a:hover {background-color:#ff3300}
li {display:inline}
</style>
</head>
<body>
<ul>
    <li><a href="#">导航一</a></li>
    <li><a href="#">导航二</a></li>
    <li><a href="#">导航三</a></li>
    <li><a href="#">导航四</a></li>
</ul>
<p>在上面的例子中，我们把 ul 元素和 a 元素朝向左浮动。li 元素显示为行内元素(元素前后
没有换行)。这样就可以使列表排列成一行。ul 元素的宽度是 100%，列表中的每个超链接的宽度
是 7em(当前字体尺寸的 7 倍)。我们添加了颜色和边框，以使其更漂亮。</p>
</body>
</html>
```

CSS 定位属性如表 3-5 所示。

表3-5　CSS定位属性

属　　性	描　　述
position	把元素放置到一个静态的、相对的、绝对的或固定的位置中
top	定义一个定位元素的上外边距边界与其包含块上边界之间的偏移
right	定义定位元素右外边距边界与其包含块右边界之间的偏移
bottom	定义定位元素下外边距边界与其包含块下边界之间的偏移
left	定义定位元素左外边距边界与其包含块左边界之间的偏移
overflow	设置当元素的内容溢出其区域时发生的事情
clip	设置元素的形状。元素被剪入这个形状之中，然后显示出来
vertical-align	设置元素的垂直对齐方式
z-index	设置元素的堆叠顺序

高职高专立体化教材　计算机系列

3.2.2 使用 DIV+CSS 网页布局实例

1. 实例分析

一个公司的网站是这个公司的形象体现，其中也包含了公司的理念和公司业务。制作网站重点在于整体风格的把握，选定一种颜色以后尽量围绕着一个色调进行设计。网页布局的实例效果如图 3-3 所示。

图3-3 实例效果

2. 制作步骤

(1) 将页面用 div 分块

CSS 排版要求设计者首先对页面有一个整体的框架的规划，包括整个页面分为哪些模块，各个模块之间的父子关系等。本例中，可将页面整体分为标题(header)、主体内容(container)和页脚(footer)三个部分。标题部分包含 logo、banner 和 navigator 等，主题内容又可分为 left、center 和 right 等几个部分。各个部分分别用自己的 id 来标识。

(2) 设计各块的位置

当页面的内容已经确定后，则需要根据内容本身考虑整体的页面版型，例如单栏、双栏或左中右等。本例采用左中右三栏模式，如图 3-4 所示。

```
┌─────────────────────────────────────────────────┐
│ ┌─────────────────────────────────────────────┐ │
│ │ #header                                      │ │
│ │                                              │ │
│ │                                              │ │
│ └─────────────────────────────────────────────┘ │
│ ┌─────────────────────────────────────────────┐ │
│ │ #container                                   │ │
│ │ ┌──────────┐ ┌──────────┐ ┌──────────┐      │ │
│ │ │ #left    │ │ #center  │ │ #right   │      │ │
│ │ │          │ │          │ │          │      │ │
│ │ │          │ │          │ │          │      │ │
│ │ │          │ │          │ │          │      │ │
│ │ └──────────┘ └──────────┘ └──────────┘      │ │
│ ├─────────────────────────────────────────────┤ │
│ │ #footer                                      │ │
│ └─────────────────────────────────────────────┘ │
└─────────────────────────────────────────────────┘
```

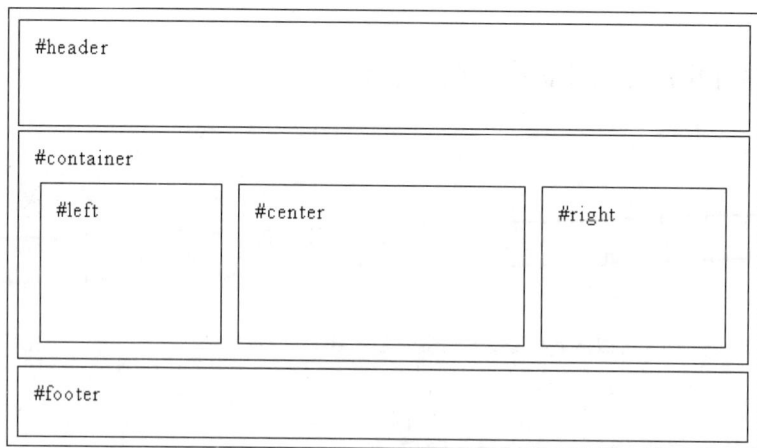

图3-4 各块的位置

有了页面的整体布局后，便可以用 CSS 对各个 div 块进行定位了，下面将介绍如何用 CSS 对 div 块进行定位。

(3) 用 CSS 定位

整理好页面的框架后便可以利用 CSS 对各个块进行定位，实现对页面的整体规划，然后再往各块中添加内容。

首先对<body>标记进行设置，CSS 代码如下所示：

```
body {
    margin:0 auto;
    font-family:"宋体";
    font-size:12px;
    color:#333333;
}
```

以上设置了页面文字的字号、字体、字体颜色、行高以及页面的边距等，接下来设置 #header 块，CSS 代码如下：

```
#header {
    width:1003px;
    height:343px;
    margin:0 auto;
}
```

这里设置了#header 块的宽度和高度，以及一些其他个性化的设置，当然读者可以根据自己的需要进行调整。

同样可以设置#container 块和 footer 块，代码如下：

```
#container {
    width:1003px;
    height:420px;
```

```
    margin:0 auto;

    margin-top:17px;

    background:#FFFFFF url(../images/cenbg.jpg) repeat-x;

    clear:both;

}

#footer {

    width:1003px;

    height:84px;

    margin:0 auto;

    margin-top:6px;

    border-top:2px solid #D6D6D6;

    background:url(../images/bot.jpg) right no-repeat;

}
```

上面几个块中的代码 margin:0 auto;使得页面居中显示效果。

利用 float 浮动的方法将#left、#center 和#right 并排显示。CSS 代码如下：

```
#container #left {

    width:225px;

    height:400px;

    float:left;

    margin-top:20px;

    border-right:1px solid #E3E3E3;

}

#container #center {

    width:525px;

    height:397px;

    float:left;

    margin-left:15px;

    margin-top:20px;

    border-right:1px solid #E3E3E3;

}

#container #right {

    width:223px;

    height:400px;

    float:left;

    margin-left:10px;

    margin-top:20px;

}
```

(4) 细化各块的样式

把各块定位好后，就可设置各块细节的 CSS 样式代码，完整的 CSS 代码如下。

源文件 char3\实例\css\style.css：

```css
/* CSS Document */
body {
    margin:0 auto;
    font-family:"宋体";
    font-size:12px;
    color:#333333;
}


a:link,a:visited,a:active {
    color:#666666;
    text-decoration:none;
}


a:hover {
    color: #990000;
    text-decoration:none;
}


p,ul {
    list-style:none;
    margin:0px;
    padding:0px;
}


a {outline:none;}
a:active {star:expression(this.onFocus=this.blur());}
:focus {outline:0;}


/*-----#header-----*/
#header {
    width:1003px;
    height:343px;
    margin:0 auto;
}


#header #top {
    width:1003px;
```

```
    height:79px;
    background:url(../images/topbg.jpg);
}

#header #top img {
    float:left;
    margin:0px 40px 6px 17px;
}

#header #banner {
    width:1003px;
    height:231px;
}

#header #nav {
    width:1003px;
    height:33px;
    line-height:33px;
    background:url(../images/nav.jpg);
}

#header #nav ul {
    list-style:none;
    margin:0px;
    padding:0px;
}

#header #nav li {
    list-style:none;
    float:left;
    width:92px;
    margin:0 4px;
    display:inline;
}

#header #nav a:link,#nav a:visited,#nav a:active {
    display:block;
    background:url(../images/navbg.jpg) -92px 0px;
    font-size:13px;
```

```
        font-weight:bold;

        color:#FFFFFF;

        text-align:center;

    }


#header #nav a.nav2:link,#nav a.nav2:visited,#nav a.nav2:active {
        background:url(../images/nav.jpg);

    }


#header #nav a:hover,#nav a.nav2:hover,#nav a.nav1:link,
#nav a.nav1:visited,#nav a.nav1:active {
        background:url(../images/navbg.jpg);

        color:#FFFE76;

    }


/*----------#container---------*/
#container {
        width:1003px;

        height:420px;

        margin:0 auto;

        margin-top:17px;

        background:#FFFFFF url(../images/cenbg.jpg) repeat-x;

        clear:both;

    }


#container #left {
        width:225px;

        height:400px;

        float:left;

        margin-top:20px;

        border-right:1px solid #E3E3E3;

    }


#container #left .tuijian {
        width:199px;

        height:34px;

        padding:8px 0 0 24px;

        font-size:18px;

        font-weight:bolder;
```

```css
    background:url(../images/tjcp.jpg);
}


#container #left .tuijiannr {
    width:219px;
    height:162px;
    margin:0 auto;
    margin-top:12px;
}


#container #left .lianje {
    width:215px;
    height:136px;
    margin:0 auto;
    margin-top:23px;
}


#container #center {
    width:525px;
    height:397px;
    float:left;
    margin-left:15px;
    margin-top:20px;
    border-right:1px solid #E3E3E3;
}


#container #center .about {
    width:495px;
    height:34px;
    padding:8px 0 0 24px;
    font-size:18px;
    font-weight:bolder;
    background:url(../images/about.jpg);
}


#container #center .aboutnr {
    width:510px;
    height:160px;
    padding:5px;
```

```
        line-height:150%;
    }


    #container #center .product {
        width:480px;
        height:20px;
        color:#FFFFFF;
        padding:8px 0 0 40px;
        background:url(../images/prodct.jpg);
    }


    #container #center .productnr {
        width:520px;
        height:120px;
        margin-top:18px;
        overflow:hidden;
    }


    #container #center .productnr ul {
        list-style:none;
        margin:0px;
        padding:0px;
    }


    #container #center .productnr li {
        list-style:none;
        width:118px;
        float:left;
        margin-left:8px;
        display:inline;
    }


    #container #center .productnr img {
        width:116px;
        height:89px;
        border:2px solid #DFDFDF;
        display:block;
    }
```

```
#container #center .productnr p {
    list-style:none;
    margin:2px 0px;
    padding:0px;
    text-align:center;
    line-height:20px;
    border:2px solid #DEDEDE;
    background:#E7E6E6;
    color:#000000;
}

#container #right {
    width:223px;
    height:400px;
    float:left;
    margin-left:10px;
    margin-top:20px;
}

#container #right .news {
    width:180px;
    height:25px;
    padding:8px 0 0 44px;
    font-size:18px;
    font-weight:bold;
    background:url(../images/news.jpg);
}

#container #right .newslist {
    width:221px;
    height:124px;
    background:#F7F7F7;
    border:1px solid #EFEFEF;
    border-top:0px;
}

#container #right .newslist ul {
    list-style:none;
    height:120px;
```

```
        margin:0px;
        padding:0px;
    }


    #container #right .newslist ul li {
        list-style:none;
        background:url(../images/dian1.jpg) no-repeat 5px 6px;
        line-height:20px;
        height:20px;
        padding:5px 0 0 18px;
    }


    #container #right .lianxi {
        width:193px;
        height:104px;
        margin-top:6px;
        padding:56px 15px 2px 15px;
        background:url(../images/lianxi.jpg);
    }


    #container #right .dianhua {
        width:223px;
        height:57px;
        line-height:57px;
        font-size:13px;
        font-weight:bold;
        color:#6A6A2C;
        background:url(../images/d_32.jpg);
        margin-top:5px;
    }


    /*-------#footer------*/
    #footer {
        width:1003px;
        height:84px;
        margin:0 auto;
        margin-top:6px;
        border-top:2px solid #D6D6D6;
        background:url(../images/bot.jpg) right no-repeat;
```

```
}

#footer img {
    float:left;
    margin:9px 10px 4px 15px;
    display:inline;
}

#footer .conpyright {
    width:580px;
    height:40px;
    float:left;
    margin-top:25px;
    color:#929292;
}
```

在 HTML 文档中引用上述 CSS 样式文件并在相应的块中引用相应的样式,即可制作成如图 3-3 所示的网页文件。完整代码如下。源文件 char3\实例\index.html:

```
<!DOCTYPE html PUBLIC "-//W3C//DTD XHTML 1.0 Transitional//EN"
  "http://www.w3.org/TR/xhtml1/DTD/xhtml1-transitional.dtd">
<html xmlns="http://www.w3.org/1999/xhtml">
<head>
<meta http-equiv="Content-Type" content="text/html; charset=gb2312" />
<title>首页</title>
<link href="css/style.css" rel="stylesheet" type="text/css" />
</head>
<body>
<div id="header">
    <div id="top"><img src="images/logo.jpg" /></div>
    <div id="banner"><img src="images/main.jpg" /></div>
    <div id="nav">
        <ul>
            <li><a href="index.html" class="nav1">首　页</a></li>
            <li><a href="about.html">公司简介</a></li>
            <li><a href="news.html">新闻中心</a></li>
            <li><a href="product.html">产品展示</a></li>
            <li><a href="#">视频展示</a></li>
            <li><a href="#">应用实例</a></li>
            <li><a href="#">资质荣誉</a></li>
```

```
            <li><a href="#">诚聘英才</a></li>
            <li><a href="#">在线留言</a></li>
            <li><a href="#" class="nav2">联系我们</a></li>
        </ul>
    </div>
</div>
<div id="container">
    <div id="left">
        <div class="tuijian">推荐产品/ Products</div>
        <div class="tuijiannr"><img src="images/img.jpg" /></div>
        <div class="lianje"><img src="images/lianje.jpg" /></div>
    </div>
    <div id="center">
        <div class="about">公司简介</div>
        <div class="aboutnr">    安徽铜马焊接材料有限公司成立于 2004 年 3 月 25 日,
公司注册资金 500 万元,是生产焊接材料的专业企业,是安徽焊接协会的成员之一,公司主要产品
有:"铜马牌"二氧化碳气体保护焊丝和埋弧焊丝二大类,二十多个品种,产品畅销上海、天津、
浙江、江苏、广东、湖南、福建、湖北、安徽等省市,深受广大客户欢迎和好评。
    公司生产基地坐落在铜陵县希望工业园内,占地面积 8 万平方米,拥有现代化厂房和国内一流
的焊丝生产设备,公司投资 7500 万元的铜马工业园也正在拟建之中,公司共有职工 89 人,其中有
职称的技术人员和管理人员 27 人,年生产能力达 10000 吨,为了加强产品质量管理,把好产品质
量关,公司采购了机械性能实验设备和化学元素分析设备, ...</div>
        <div class="product">产品展示</div>
        <div class="productnr">
            <ul>
                <li><img src="images/1.jpg" /><p>药心焊丝</p></li>
                <li><img src="images/2.jpg" /><p>日本脂焊接材料</p></li>
                <li><img src="images/3.jpg" /><p>四川大西洋焊接</p></li>
                <li><img src="images/4.jpg" /><p>不锈钢焊条</p></li>
            </ul>
        </div>
    </div>
    <div id="right">
        <div class="news">新闻中心</div>
        <div class="newslist">
            <ul>
                <li><a href="#">世界焊接发展历程</a></li>
                <li><a href="#">焊丝储存几点要求</a></li>
                <li><a href="#">铜马焊材战高温重安全</a></li>
```

```
        <li><a href="#">铜马焊接材料有限公司举办员</a></li>
        <li><a href="#">热烈祝贺铜马焊材网站成功开</a></li>
      </ul>
    </div>
    <div class="lianxi">
        公司地址：安徽省铜陵城东集团大楼<br />
        6F(县城北)<br />
        生产基地：安徽省铜陵县希望工业园<br />
        电话：0562-8819190(销售部)<br />
        传真：0562-8828266
    </div>
    <div class="dianhua">          18756210187</div>
    </div>
  </div>
  <div id="footer">
    <img src="images/botlogo.jpg" />
    <div class="conpyright">版权所有(C)安徽铜马焊接材料有限公司<br />
    Copyright 2010,www.ahtmhc.com,all rights reserved<br />
    </div>
  </div>
  </body>
</html>
```

上 机 实 验

1. 实验目的

掌握 CSS 层叠样式表的定义与引用，熟悉 CSS 层叠样式表常用属性的使用，掌握利用 CSS+DIV 进行网页布局的方法。

2. 实验内容

参考书中网页布局的实例，用给定的网页素材制作网站首页，要求用 CSS+DIV 布局页面。页面效果参见项目 3 的素材。

3. 实验步骤

(1) 将页面用 DIV 分块。
(2) 设计各块的位置。
(3) 用 CSS 定位。
(4) 对网页 DIV 区块的细节进行调整。

习　题　3

一、选择题

(1) 下面不属于 CSS 插入形式的是(　　)。

　　A. 索引式　　　　B. 内联式　　　　C. 嵌入式　　　　D. 外部式

(2) 若要在网页中插入样式表 main.css，以下用法中，正确的是(　　)。

　　A. <link href="main.css" type=text/css rel=stylesheet>

　　B. <link Src="main.css" type=text/css rel=stylesheet>

　　C. <link href="main.css" type=text/css>

　　D. <include href="main.css" type=text/css rel=stylesheet>

(3) 若要在当前网页中定义一个独立类的样式 myText，使具有该类样式的正文字体为 Arial，字体大小为 9pt，行间距为 13.5pt，以下定义方法中，正确的是(　　)。

　　A. <style>
　　　　　.myText{Font-Familiy:Arial;Font-size:9pt;Line-Height:13.5pt}
　　　　　</style>

　　B. .myText{Font-Familiy:Arial;Font-size:9pt;Line-Height:13.5pt}

　　C. <style>
　　　　　.myText{FontName:Arial;FontSize:9pt;LineHeight:13.5pt}
　　　　　</style>

　　D. <style>
　　　　　. .myText{FontName:Arial;Font-size:9pt;Line-height:13.5pt}
　　　　　</style>

(4) 若要使表格的行高为 16pt，以下方法中，正确的是(　　)。

　　A. <table border=1 style="Ling-Height:16">...</table>

　　B. <table border=1 style="Ling-Height:16pt">...</table>

　　C. <table border=1 LingHeight="16pt">...</table>

　　D. <table border=1 LingHeight="16pt">...</table>

(5) 下列属性哪一个能够实现层的隐藏? (　　)

　　A. display:flase　　　　　　　　B. display:none

　　C. display:hidden　　　　　　　D. display:""

(6) 下列选项中，不属于文本属性的是(　　)。

　　A. font-size　　　B. font-style　　　C. text-align　　　D. font-color

二、思考与回答

(1) id 选择器和类选择器有什么区别?

(2) 在 HTML 中插入样式表的方式有哪几种?

(3) 一个框的实际宽度(高度)由哪几部分组成?

(4) 什么是块级元素？什么是行内元素？它们之间有什么区别？

(5) 在 CSS 中一个独立的盒模型由哪几部分组成？

(6) 解释盒模型的 display 属性。

(7) 使用 CSS+DIV 布局有哪些优势？

(8) 试述用 DIV+CSS 布局网页的步骤。

项目四　ASP 脚本语言

【学习目标】

- 掌握 ASP 脚本语言 JavaScript 与 VBScript 的基本语法
- 掌握 JavaScript 内置对象、函数与浏览器对象的使用
- 掌握 JavaScript 事件处理的方法
- 掌握 VBScript 常用控制结构
- 掌握 VBScript 常用对象和事件的使用

【工作任务】

- 在网页中嵌入使用 JavaScript
- 使用 JavaScript 编程实现在网页中显示日期
- 使用 JavaScript 进行表单验证
- 编写一些常用的 JavaScript 网页特效
- 使用 VBScript 进行网页脚本编程

随着计算机和网络技术的飞速发展，人们对网页的要求已经不仅仅是内容的静态呈现，网页的动态设计成了一种必然的趋势。要实现网页的动态显示，只使用 HTML 是无法满足技术需要的，脚本语言的使用为实现动态网页设计提供了一种方法。

JavaScript 和 VBScript 是网页设计中使用较为广泛的两种脚本描述语言，常用于客户端和服务器端编程。本章将详细介绍有关 JavaScript 和 VBScript 的语法和在网页设计中进行编程的方法。

4.1　任务 1 - JavaScript 脚本语言

JavaScript 是 Netscape 公司推出的一种嵌入在 HTML 文档中、基于对象的脚本描述语言。利用 JavaScript 可进一步增强网页的交互性，在客户端就可以编程实现对网页的操作与控制。

JavaScript 是一种解释性的脚本语言，它不能用来开发独立的应用程序，只能嵌入到 HTML 网页中使用。目前的浏览器基本上都能识别和执行 JavaScript 脚本语言。

4.1.1　编写用户注册页面

【例 4-1】使用 JavaScript 编写用户注册页面 Register.html 的脚本，使页面能够实现用户注册信息检验、显示系统日期、随机产生验证码等功能。页面效果如图 4-1 所示。

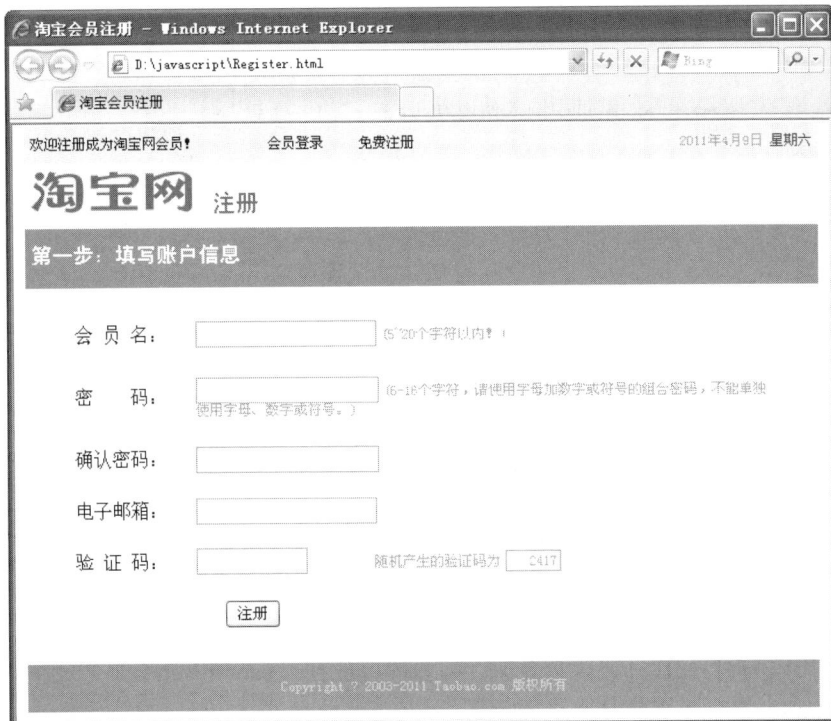

图4-1 用户注册页面

要实现上述页面，至少需要解决以下几个问题：

● 如何在网页中嵌入 JavaScript 脚本？

● 如何利用 JavaScript 在网页中显示系统当前的日期和时间？

● 如何利用 JavaScript 在客户端进行表单验证？

下面将通过对这些问题的分析和解决，逐步实现页面 Register.html 的功能，并在实现过程中，熟练掌握 JavaScript 语言的常用的语法知识和编程方法。

4.1.2 在网页中嵌入使用 JavaScript

【例 4-2】利用 JavaScript 在 HTML 网页中输出"欢迎注册成为淘宝网会员！"。页面效果如图4-2 所示。

图4-2 在HTML网页中使用JavaScript

页面代码如下。源文件 char4\javascript\write.html：

```
<html>
    <head>
        <title>在 HTML 网页中嵌入使用 JavaScript</title>
    </head>
    <body>
        <Script language="JavaScript">
        <!--
            document.write("欢迎注册成为淘宝网会员！")
        //-->
        </Script>
    </body>
</html>
```

这个例子的作用是向网页中输出"欢迎注册成为淘宝网会员！"。从以上代码可以看出在网页中嵌入使用 JavaScript 的基本方法。

在网页中嵌入使用 JavaScript 时，必须将脚本代码放在<Script>和</Script>标记符之间，以便将脚本代码与 HTML 标记区分开来。脚本块可放在<head>和</head>之间，也可以放在<body>和</body>之间，其嵌入的方法为：

```
<Script language="JavaScript">
    <!--
        此处放置 JavaScript 代码
    //-->
</Script>
```

<!-- ...//-->是一组标识符号，对于支持 JavaScript 代码的浏览器，浏览器将解释执行其中的代码；对于不支持 JavaScript 代码的浏览器，浏览器在解释执行时将忽略其中的代码。

如果一段 JavaScript 代码需要用于多个网页，通常可将该 JavaScript 代码单独存到一个扩展名为.js 的文本文件中，当网页中需要用该 JavaScript 时，只需要利用<Script>标记的 src 属性将其包含到网页中即可。在网页中插入 JavaScript 文件的方法为：

```
<Script language="JavaScript" src="js_URL"></Script>
```

src 属性用于指定所要插入的 JavaScript 文件的位置。例如，若要在网页中插入 inc 目录下的 date.js 脚本文件，则插入的方法为：

```
<Script language="JavaScript" src="inc/date.js"></Script>
```

4.1.3　利用 JavaScript 在网页中显示日期

【例 4-3】使用 JavaScript 编程，要求在当前网页中以"××××年××月××日 星期×"格式，显示系统的当前的日期和星期数，若为星期六或星期日，则星期数用红色显示。页面效果如图 4-3 所示。

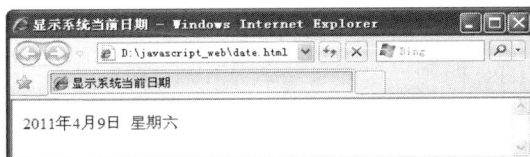

图4-3　显示系统当前日期

页面代码如下。源文件 char4\javascript\date.html：

```
<html>
<head>
    <title>显示系统当前日期</title>
</head>
<body>
<Script Language=JavaScript>
    var curDate = new Date();            //定义变量
    dd = curDate.getDate();
    mm = curDate.getMonth()+1;           //0 代表 1 月份
    yy = curDate.getYear();
    weekday = curDate.getDay();          //获得星期数
    document.write(yy); document.write("年");
    document.write(mm); document.write("月");
    document.write(dd); document.write("日");
    var week = new Array(
      "星期日","星期一","星期二","星期三","星期四","星期五","星期六");
    if(weekday==0 || weekday==6) {
       document.write(
         "<font color='#FF0000'>" + week[weekday] + "</font>");
    } else{
       document.write("<font color='#000000'>"+week[weekday]+ "</font>");
    }
</Script>
</body>
</html>
```

从上例的代码中可以看出，要实现在网页中显示系统当前的日期，需要应用到
JavaScript 变量、表达式、控制语句以及内置对象和函数等相关知识。下面就来介绍这些
JavaScript 常用的语法知识。

1．JavaScript 的常量、变量与表达式

(1) 常量

JavaScript 的常量通常又称为字面常量，是不能改变的数据。根据数据类型的不同，常

量可分为数值型常量、字符型常量和逻辑型常量。字符型常量用双引号或单引号括起来，逻辑型常量只有 true 和 false 两种。

另外，在 JavaScript 中还有一种特殊的常量，即转义字符，利用转义字符可以表达一些特殊的字符或控制符，JavaScript 最常用的转义字符就是换行符"\n"，其作用是换一行显示后面的内容。例如：

```
document.write("星期一" + "\n" + "星期二");
```

(2) 变量

JavaScript 对变量的定义未做强制性规定，变量在使用之前，可以事先定义，也可以不定义而直接使用。变量定义时也不需要指定具体的数据类型，变量的数据类型完全由所赋的值的类型决定。

① 变量的定义

在 JavaScript 中，只要给变量赋一个值，就相当于定义了一个变量。另外也可以用 var 语句来声明和定义一个变量，其定义语句用法为：

```
var 变量名1[=初值],[变量名2[=初值]...]
```

例如：

```
var msg
msg = "Hello World!";
var count = 1;
var curDate = new Date();
dd = curDate.getDate();
```

② 变量的类型转换

JavaScript 是一种对数据类型要求不太严格的脚本语言。在程序执行过程中，它会自动进行一些必要的类型转换，当字符型与数值型进行"+"运算时，系统会将数值型数据转换成字符型，然后再进行字符串的连接运算。也可以显式地进行类型转换，将数字构成的字符串转换成数值型，可通过 Number() 函数来实现，将数字型数据转换成字符串可用 String() 函数来实现。

例如：

```
<Script Language="JavaScript">
    var num = 24, str = "36";
    x = num + str;
    y = num + Number(str);
    z = String(num) + str;
    window.alert("x 的值为" + x + ", y 的值为" + y + ", z 的值为" + z);
</Script>
```

程序代码的执行结果为：

x 的值为 2436，y 的值为 60，z 的值为 2436

（3）表达式

表达式就是由常量、变量、函数和相应的运算符所构成的式子。JavaScript 的表达式可分为条件表达式、数学表达式、关系表达式、字符表达式和逻辑表达式。

① 条件表达式

用法：

(条件) ? A : B

功能：若条件成立，则表达式值为 A，若条件不成立，则表达式的值为 B。A 和 B 可代表任何类型的值。

例如：

(age>=18)? "成年" : "未成年"

若变量 age 的值大于或等于 18，则表达式的值为"成年"，若变量 age 的值不大于或等于 18，则表达式的值为"未成年"。

② 数学表达式

由数值型常量、变量或函数和数学运算符所构成的式子，即数学运算表达式。

JavaScript 支持的运算符如表 4-1 所示。

表4-1　数学运算符

运 算 符	意 义	示 例
+	数字相加	2+3　结果为 5
+	字符串合并	"欢迎" + "光临"　结果为"欢迎光临"
-	相减	7-3　结果为 4
-	负数	i=30; j=-i　结果 j 为-30
*	相乘	10*2　结果为 20
/	相除	8/2　结果为 4
%	取模（余数）	6%3　结果为 0
++	递增 1	i=5; i++;　结果 i 为 6
--	递减 1	i=5; i--;　结果 i 为 4

③ 关系运算表达式

关系运算表达式主要用于比较两个表达式之间的关系，其返回值为 true 或 false，若比较关系成立，则表达式返回的值为 true，否则返回 false。

常用的关系运算符如表 4-2 所示。

④ 字符表达式

由字符常量、变量、函数和相应的字符运算符所构成的表达式，即为字符表达式。字符串的运算主要是字符串的连接运算，其运算符为"+"。

在字符串连接运算中，若有数值型数据，系统会自动将数值型转换为字符型，然后再进行连接运算。

表4-2 常用的关系运算符

运 算 符	意 义	示 例
==	等于	5==3 结果为 false
!=	不等于	5!=3 结果为 true
<	小于	5<3 结果为 false
<=	小于等于	5<=3 结果为 false
>	大于	5>3 结果为 true
>=	大于等于	5>=3 结果为 true
&&	与	true&&false 结果为 false
||	或	true||false 结果为 true
!	非	!true 结果为 false

⑤ 逻辑表达式

由关系表达式、逻辑型值和逻辑运算符所构成的式子，即为逻辑表达式，运算后的最终结果仍为逻辑型值。

JavaScript 中的逻辑运算符有&&(逻辑与)、||(逻辑或)、!(逻辑非)三种。

逻辑表达式通常与分支语句、循环语句等配合使用，以提供循环或分支语句的条件。

例如，例 4-3 代码中使用逻辑或表达式 weekday==0 || weekday==6 来表示变量 weekday 的值为"星期日"或"星期六"。

2. 结构控制语句

通常情况下，程序代码的执行是按照代码书写的先后顺序来执行的，在实际应用中，常需要根据条件的成立与否，来选择执行不同的代码，以实现智能化的处理，这种能控制程序执行流向的语句，通常称为控制语句。

JavaScript 的流程控制语句主要包括条件判断语句和循环控制语句两种。

(1) 条件分支语句

① if 语句

语句格式：

```
if(条件表达式) {
    语句体；
}
```

说明：程序执行时，先判断条件表达式，如果条件成立，则执行语句体。

② if...else 语句

语句格式：

```
if(条件表达式) {
    语句体 1；
} else {
    语句体 2；
```

```
}
```

说明：程序执行时，先判断条件表达式，如果条件成立，则执行语句体 1，如果条件不成立，则执行语句体 2。

例如，例 4-3 中的以下代码就是利用 if...else 语句实现判断当前系统日期是否是星期六或星期天，若是则星期数的用红色显示：

```
if(weekday==0 || weekday==6) {
    document.write("<font color='#FF0000'>" + week[weekday] + "</font>");
} else {
    document.write("<font color='#999999'>" + week[weekday] + "</font>");
}
```

③　switch 语句

switch 语句可以根据给定表达式的不同取值，选择不同的语句，常用于实现具有多种情况的判断处理。语句用法为：

```
switch(表达式) {
    case 值 1：
        语句块 1；
    case 值 2：
        语句块 2；
    ...
    case 值 n：
        语句块 n；
    [default：
        语句块；]
}
```

语句功能：首先计算表达式的值，然后与 case 后面给定的值进行比较，与哪一个相等，就执行该 case 后面的语句块。遇到 break 语句就结束 switch 语句的执行。若表达式的值与各个 case 后面给定的值均不相等，则执行 default 后面的语句块。

例如，同样可以使用 switch 语句来实现在网页中输出当前的星期数，若为星期六或星期日，则用红色输出。

实现的 JavaScript 代码为：

```
<Script Language="javaScript">
  var curday = new Date();
  switch(curday.getDay()){
  case 1:
     document.write("星期一"); break;
  case 2:
     document.write("星期二"); break;
```

```
   case 3:
      document.write("星期三"); break;
   case 4:
      document.write("星期四"); break;
   case 5:
      document.write("星期五"); break;
   case 6:
      document.write("<font color=red>星期六</font>"); break;
   case 0:
      document.write("<font color=red>星期日</font>"); break;
   }
</Script>
```

(2) 循环控制语句

JavaScript 中的循环控制语句主要包括 for、while 和 do while。

① For 循环

语句用法:

```
for(初始值表达式; 循环条件表达式; 增量表达式) {
    循环执行体语句;
}
```

语句说明如下。

- 初始值表达式:通常用于给循环控制变量初值,为可选项。
- 循环条件表达式:用于指定循环的条件,为可选项。若表达式值为 true,则将继续执行循环体;若为 false,则结束循环体的执行。
- 增量表达式:用于更新循环控制变量的值,使循环趋于结束,为可选项。

例如,若要分别用<H1> ~ <H6>的字体输出字符串"第一步:填写账户信息",则实现的 JavaScript 代码为:

```
<Script Language="javaScript">
for(var n=1; n<=6; n++) {
    document.write("<H" + n + ">第一步:填写账户信息</H" + n + "><br>");
}
</Script>
```

② while 循环

语句用法:

```
while(条件表达式) {
    循环体;
}
```

语句功能：首先判断条件表达式的值，若为 true，则执行循环体语句，然后再次返回判断条件表达式，若为 true，则继续执行循环体语句；若为 false，则结束循环的执行。

例如：

```
<Script Language="JavaScript">
var n = 1;
while(n <= 6) {
    document.write("<H" + n + ">第一步：填写账户信息</H" + n + "><br>");
    n++;
}
</Script>
```

③ do...while 循环

语句用法：

```
do {
    循环体;
} while(条件表达式)
```

语句功能：首先执行循环体语句，然后判断条件表达式的值，若为 true，则继续执行循环体语句；若为 false，则结束循环的执行。

从中可见，do...while 循环体至少将被执行一次。

例如：

```
<Script Language="javaScript">
var n = 1;
do {
    document.write("<H" + n + ">第一步：填写账户信息</H" + n + "><br>");
    n++;
} while(n <= 6)
</Script>
```

3. 内置对象 Date 和 Array

JavaScript 是一种基于对象的脚本语言，每个对象均有属于自己的属性和方法。

在 JavaScript 中，常用的内置对象有 String、Math、Array 和 Date，分别用于实现对字符串、数学运算、数组、日期与时间的处理。

在例 4-3 中，就使用了 Array 和 Date 对象。

(1) Date 对象

Date 对象也是一个动态对象，使用时应创建实例，其创建方法为：

```
var 实例名 = new Date()
```

在所创建的实例中自动存储了当前的日期和时间。

例如，例 4-3 中创建一个名为 curDate 的 Date 对象，其语句为：

```
var curDate = new Date();
```

Date 对象创建后，利用该对象的相关方法，便可实现对日期和时间的相关操作。
Date 对象常用的方法如表 4-3 所示。

表4-3　Date对象常用的方法

方　　法	描　　述
Date()	返回当日的日期和时间
getDate()	从 Date 对象返回一个月中的某一天(1～31)
getDay()	从 Date 对象返回一周中的某一天(0～6)
GetMonth()	从 Date 对象返回月份(0～11)
getFullYear()	从 Date 对象以四位数字返回年份
getYear()	从 Date 对象以两位或四位数字返回年份
GetHours()	返回 Date 对象的小时(0～23)
getMinutes()	返回 Date 对象的分钟(0～59)
getSeconds()	返回 Date 对象的秒数(0～59)

例如，在例 4-3 中，定义了变量 dd、mm、yy 和 weekday，分别用于存放返回的日、月、年和星期：

```
dd = curDate.getDate();
mm = curDate.getMonth() + 1;
yy = curDate.getYear();
weekday = curDate.getDay();
```

(2)　Array 对象

Array 对象是一个动态对象，使用时必须创建其实例。在 JavaScript 中，数组被当作一个对象来看待，创建数组也就是创建 Array 对象实例，其创建方法为：

```
var 数组名 = new Array();
```

例如，若要创建拥有 40 个数组成员的数组 score，则创建的方法为：

```
var score = new Array(40);
```

在 JavaScript 中，数组成员的编号从 0 开始，即数组的下标从 0 开始。要访问数组成员，可通过"数组名[成员下标值]"的格式进行访问。比如，若要给 score 数组中的第二个成员赋初值 90，则实现的语句为：

```
score[1] = 90;
```

在创建数组时，若要知道数组成员的初值，还可以用以下方式来定义数组，并实现给数组成员赋值：

```
var 数组名 = new Array(元素 1, 元素 2, 元素 3, ...);
```

例如，例 4-3 中定义了一个名为 week 的数组，数组成员的初值分别为星期日，星期一，星期二，星期三，星期四，星期五，星期六，则定义方法为：

```
var week =
  new Array("星期日","星期一","星期二","星期三","星期四","星期五","星期六");
```

4.1.4　利用 JavaScript 进行表单验证

【例 4-4】使用 JavaScript 编程，要求对表单中输入的信息进行校验。页面效果如图 4-4 所示。

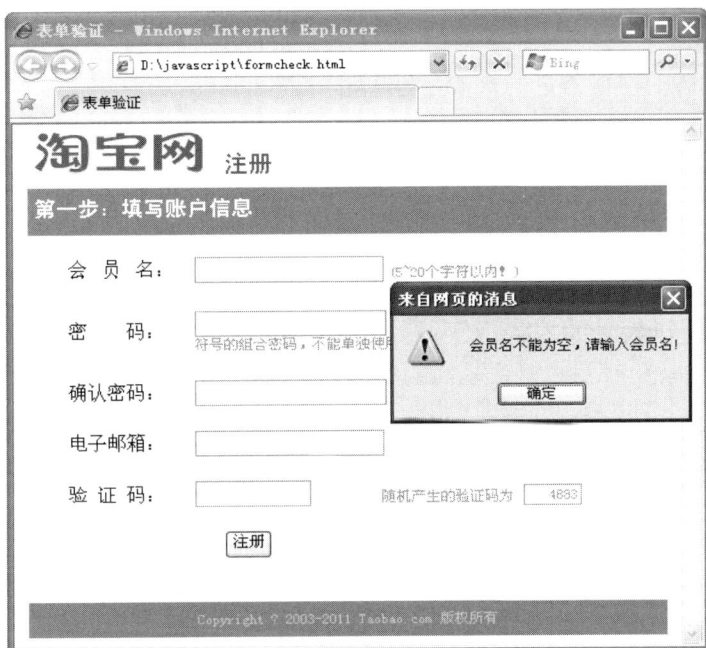

图4-4　表单验证

页面代码如下。源文件 char4\javascript\formcheck.html：

```
<html>
<head>
<title>表单验证</title>
<script  language="JavaScript">
<!--
function CheckForm() {
    //检查会员名是否为空
    if (document.form1.txtname.value.length == 0)
    {
```

```
        alert("会员名不能为空，请输入会员名!");
        document.form1.txtname.focus();
        return false;
    }
    //检查会员名长度
    if (document.form1.txtname.value.length<5
        || document.form1.txtname.value.length>20)
    {
        alert("会员名必须是 5~20 个字符以内!");
        document.form1.txtname.value = "";
        document.form1.txtname.focus();
        return false;
    }
    //检查密码长度和是否是字母、数字的组合
    var repPass = /[0-9a-zA-Z]{6,16}/;   //数字和字母组合
    var repPass1 = /[0-9]{1,}/;          //仅为数字
    var repPass2 = /[a-zA-Z]{1,}/;       //仅为字母
    if(document.form1.txtpassword.value.length<6
        || document.form1.txtpassword.value.length>20) { //检查密码长度
        alert("密码长度不符合要求!");
        document.form1.txtpassword.value = "";
        document.form1.txtpassword.focus();
        return false;
    }
    if(!repPass.test(document.form1.txtpassword.value)
        || (document.form1.txtpassword.value == null))
    { //检查密码是否为数字与字母的组合，以及是否为空
        alert("请输入符合规则的密码!");
        document.form1.txtpassword.value = "";
        document.form1.txtpassword.focus();
        return false;
    }
    if(!repPass1.test(document.form1.txtpassword.value)
        || !repPass2.test(document.form1.txtpassword.value))
    { //检查密码是否只为字母或数字
        alert("请输入符合规则的密码!");
        document.form1.txtpassword.value = "";
        document.form1.txtpassword.focus();
        return false;
```

```
    }
    //检查两次输入密码是否相同
    if (document.form1.txtpassword.value
      != document.form1.txtpwd.value)
    {
        alert("两个密码不同！请输入密码！");
        document.form1.txtpassword.value = "";
        document.form1.txtpwd.focus();
        return false;
    }
    //检查电子邮件格式是否正确
    var email_str = document.form1.txtmail.value
    if (email_str.indexOf("@") == -1)
    {
        alert("电子邮件的格式不对！");
        document.form1.txtmail.focus();
        return false;
    }
    //检查验证码输入是否正确
    if (document.form1.txtcheck.value != document.form1.txtinput.value)
    {
        alert("验证码错误！");
        document.form1.txtcheck.focus();
        return false;
    }
}
-->
</script>
</head>
<body topmargin="0">
<form id="form1" name="form1" method="post" action="">
<table width="90%" height="280" border="0" align="center">
<tr><td width="100">会员名：</td>
<td><input name="txtname" type="text" id="txtname" size="20" />
(5~20 个字符以内！) </td></tr>
<tr><td>密码：</td>
<td>
<input name="txtpassword" type="password" id="txtpassword" size="22" />
(6-16 个字符，请使用字母加数字的组合密码，不能单独使用字母或数字。)</td></tr>
```

```
<tr><td>确认密码: </td>
<td><input name="txtpwd" type="password" id="txtpwd" size="22" /></td></tr>
<tr><td >电子邮箱: </td>
<td ><input name="txtmail" type="text" id="txtmail" size="20" /></td></tr>
<tr><td>验证码: </td>
<td><input name="txtcheck" type="text" id="txtcheck" size="10" /> 随机产生
的验证码为<input name="txtinput" type="text" id="txtinput" size="6" />
<Script Language="JavaScript">
    var num = 0;
    num = Math.floor(Math.random()*10000);  //随机产生四位的整数
    document.form1.txtinput.value = num;
</Script>
</td></tr>
<tr>
<td colspan="2"><input type="submit" name="button" id="button"
  value="注册" onclick="CheckForm()" /></td></tr>
</table>
</form>
</body>
</html>
```

从上例中的脚本代码可以看出，要实现以上相关表单验证的功能，除了要应用 JavaScript 变量、表达式、if 语句外，还需要应用函数定义、内置 Math 和 String 对象、浏览器对象和事件处理的相关知识。下面就针对这些语法知识进行详细介绍。

1. 函数的定义与调用

函数是能够实现某种运算或特定功能的程序段。JavaScript 是一个函数式的脚本语言，可调用系统内置的函数或自定义的函数来实现所需要的功能。

(1) 函数的定义

JavaScript 的函数采用 function 语句来定义，用 return 语句来返回函数值，定义格式为：

```
function 函数名(参数列表) {
    函数的执行部分；
    return 表达式；
}
```

说明：

- function 是关键字。
- 函数名必须是唯一的，并且大小写是有区别的。
- 函数的参数可以是常量、变量或表达式。
- 当使用多个参数时，参数之间用逗号隔开。

- 如果函数值需要返回，则使用关键字 return 将值返回。

通常在<head>与</head>部分定义 JavaScript 函数，以便在页面装载时，首先装载函数，使浏览器知道有这样一个函数。

例如，例 4-4 中定义了一个用于检查表单的函数 CheckForm()。

(2) 函数的调用

定义一个函数，仅是告知浏览器有这样一个函数，函数体中的语句并不会被执行，只有在调用该函数时，函数体中的语句才真正地被执行。其调用方法如下。

调用格式 1：

```
varname=函数名(参数值)
```

调用格式 2：

```
函数名(参数值)
```

说明：若函数调用有返回值，而且需要保存该返回值，则采用格式 1 的调用方法；若不需要保存函数返回的值，或者需要直接使用函数的返回值，或者函数仅是实现某项特殊的功能，没有明确的返回值时，通常采用格式 2 来调用。

例如，在例 4-4 中，在表单按钮的 onclick 事件中调用了所定义的 CheckForm 函数：

```
<input type="submit" name="button" id="button" value="注册"
  onclick="CheckForm()" />
```

2．内置对象 String 和 Math

(1) String 对象

String 对象是 JavaScript 内置的一个对象，用于实现对字符串的处理。字符串是由若干字符构成的序列，字符串常量要用单引号或双引号括起来。

String 是一个动态对象，不能直接使用，必须创建该对象的一个实例，然后利用实例对象来间接使用该对象。String 实例的创建方法为：

```
var 实例名 = new String("字符串")
```

例如：

```
var msg = new String("欢迎光临本站！");
```

该语句就创建了一个名为 msg 的对象，该对象存储的字符串为"欢迎光临本站！"。创建 String 对象的实例时，也可以缺省 new 和 String 关键字，而采用以下格式来创建：

```
var msg = "欢迎光临本站！";
```

该用法与给变量赋值的用法相似，从中可见，JavaScript 的 String 对象，相当于其他语言中的字符串变量，或者说 JavaScript 是将字符型变量当作一个对象来看待的。既然是一个对象，因此就有相应的属性和方法，JavaScript 也正是通过 String 对象的属性和方法来实现对字符串的处理的。

String 对象提供了一个 length 属性，利用该属性可返回实例对象所保存的字符串的长度，其用法为：

实例对象名.length

例如，若要显示实例对象 msg 所保存的字符串的长度，则实现的语句为：

```
<Script Language="JavaScript">
    var msg = " 欢迎光临本站！";
    document.write(msg.length);
</Script>
```

运行后输出的值为 7。在 JavaScript 中，字符采用 Unicode 编码，1 个汉字和 1 个西文字符均算一个字符。

在例 4-4 中利用了 String 对象的 length 属性获得表单各项中输入字符串的长度，例如：

```
document.form1.txtname.value.length==0
document.form1.txtname.value.length<5
document.form1.txtname.value.length>20
```

String 对象提供了一组方法，利用这些方法可实现对字符的处理。使用时注意方法名的大小写。

① charAt()方法
用法：

实例对象名.charAt(idx)

功能：返回指定位置处的一个字符。字符位置号从左向右编号，最左边的为 0。
例如，若要输出字符串"欢迎光临本站！"中第 3 个字符，则实现的语句为：

```
var msg = "欢迎光临本站！";
document.write(msg.charAt(2));
```

② indexOf()方法
用法：

实例对象名.indexOf(chr)

功能：返回指定字符或字符串的位置，从左到右找，若找不到，则返回-1。
例如，在字符串"欢迎光临本站！"中查找子串"光临"的位置，实现的语句为：

```
var msg = "欢迎光临本站！";
document.write(msg.indexOf("光临"));
```

运行后返回的值为 2。
在例 4-4 中，利用了 indexOf 方法检验用户输入的电子邮件的格式是否正确：

```
var email_str = document.form1.txtmail.value
if (email_str.indexOf("@") == -1) {
```

高职高专立体化教材　计算机系列

```
    alert("电子邮件的格式不对！");
    document.form1.txtmail.focus();
    return false;
}
```

③ lastindexOf()方法

该方法的功能与 indexOf()方法相同，只是查找的方向不同，该方法是从右向左查找。

④ substring()方法

用法：

```
实例对象名.substring(fromidx, toidx)
```

功能：根据指定的开始位置 fromidx 和结束位置 toidx，从实例对象所保存的字符串中截取一个子串。截取时从 fromidx 位置开始一直到 toidx，但不包含 toidx 位置上的字符。

例如，若要从字符串"欢迎光临本站！"中截取子串"光临"，则实现的语句为：

```
var msg = "欢迎光临本站！";
document.write(msg.substring(3, 5));
```

⑤ toLowerCase()方法

用法：

```
实例对象名.toLowerCase()
```

功能：将字符串中的字符全部转换为小写。

例如，若要将字符串"Welcome To My Home！"全部转换成小写输出，实现语句为：

```
var msg = "Welcome To My Home！";
document.write(msg.toLowerCase());
```

⑥ toUpperCase()方法

用法：

```
实例对象名.toUpperCase()
```

功能：将字符串中的字符全部转换为大写。

(2) Math 对象

Math 对象是一个静态对象，可以直接引用，不需要创建实例。常用的数学函数被定义成了该对象的方法，数学常数定义成了该对象的属性。因此，利用该对象的方法和属性，可实现相关的数学运算。

在 JavaScript 中，Math 对象最常用的是它的方法 random()，用于返回一个 0 到 1 之间的随机小数。

例如，在例 4-4 中，要求在文本域 txtinput 中产生一个 0~10000(不包含 10000)的随机整数，作为注册验证码。若在文本域 txtcheck 输入的值与产生的随机数不同，则以提示框显示"验证码错误"。效果如图 4-5 和 4-6 所示。

验证码: 3223   随机产生的验证码为 2223

注册

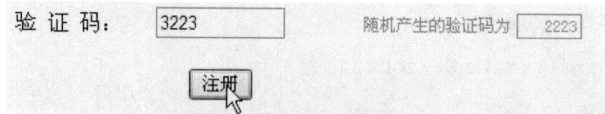

图4-5 输入随机产生的验证码

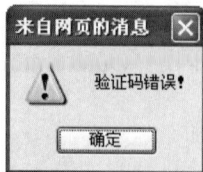

来自网页的消息

⚠ 验证码错误!

确定

图4-6 验证码错误提示

在文本域 txtinput 中产生验证码的 JavaScript 脚本代码如下：

```
<Script Language="JavaScript">
    var num = 0;
    num = Math.floor(Math.random()*10000);
    document.form1.txtinput.value = num;
</Script>
```

检验验证码的 JavaScript 脚本代码如下：

```
<Script Language="JavaScript">
if(document.form1.txtcheck.value != document.form1.txtinput.value)
{
    alert("验证码错误! ");
    document.form1.txtcheck.focus();
    return false;
}
</Script>
```

3. JavaScript 浏览器对象

JavaScript 除了可以访问本身内置的各种对象外，还可以访问浏览器提供的对象。浏览器根据当前的配置和所装载的网页，可向 JavaScript 提供一些对象，JavaScript 通过访问这些对象，便可得到当前网页以及浏览器本身的一些信息。本节介绍两个常用的浏览器对象 window 和 document。

(1) 浏览器对象简介

在面向对象的程序设计中，各对象间存在着继承关系，最初的对象称为父对象，由父对象继承得到的各种对象就称为子对象，子对象继承了父对象的各种属性和方法，并且可以增加自己独有的属性和方法，从而可以形成一个更强的子对象。

JavaScript 是一种基于对象的脚本语言，各对象之间不存在继承关系，而是一种从属关系，从属关系涉及到的两个对象在属性和方法上一般不存在共同点。大家知道，网页是由

HTML 标记符、表单、JavaScript 程序以及各种插件所构成的，而网页又从属于某个浏览器窗口，窗口于网页之间，网页与各网页元素之间并没有任何的相似之处，只能是一种从属关系，在这种从属结构中，浏览器窗口位于整个结构的最顶层，窗口对象用 window 表示，代表一个完整的浏览器窗口，其子对象包括 location 对象、history 对象、document 对象以及 frame 对象等。

在 JavaScript 中，常用的浏览器对象有如下 5 种。

① window 对象：该对象位于最顶层，是其他对象的父对象，每一个 window 对象代表着一个浏览器窗口。各从属对象可以采用如下方法进行访问：

```
window.子对象1.子对象2.属性名或方法名
```

例如，若要访问当前网页中名为 login 的表单中名为 username 的文本框对象，并设置该文本框的值为 "user1"，则访问的方法为：

```
window.document.login.username.value = "user1";
```

由于 window 是最顶层对象，在使用时允许省略该对象。上面的语句可以写成：

```
document.login.username.value = "user1";
```

例如，在例 4-4 中，设置网页的 form1 表单中会员名和密码文本框的值为空：

```
document.form1.txtname.value = "";
document.form1.txtpassword.value = "";
```

② location 对象：该对象包含有当前网页的 URL 地址。该对象有一个常用的 href 属性，通过设置该属性，可以导航到指定的网页，其作用等价于<a>标记的功能。

例如，若要将页面切换到 main.htm，则实现的代码为：

```
window.location.href = "main.htm";
```

该对象常用的方法还有 reload()方法，利用该方法，可以实现当前网页的重新装载。例如，若要重新装载当前页面，则实现的代码为：

```
window.location.reload();
```

③ document 对象：该对象代表当前网页，其子对象的各种属性均来源于当前的网页，对于不同的网页，该对象所包含的子对象有所不同，各子对象之间的层次关系也由网页中的相应关系决定。

document 对象有一个很常用的 write 方法，用于向当前网页输出内容，其内容可以是纯文本，也可以是文本与 HTML 标记的组合。

例如，若要在当前页面中以红色输出"欢迎光临"，则实现的代码为：

```
window.document.write("<font color='#ff0000'>欢迎光临</font>");
```

document 对象常用的属性是 lastModified，用于返回网页文档的最近更新日期和时间。

④ history 对象：该对象包含有最近访问过的 10 个网页的 URL 地址。该对象有一个 length 属性，可以返回当前有多少个 URL 存储在 history 对象中，利用该对象所提供的方法

可以实现网页的导航。该对象常用的方法主要是 go()方法、back()方法和 forward()方法。其中，back()方法和 forward()方法对应浏览器工具栏中的后退和前进按钮，go()方法可以让浏览器前进或后退到已访问过的任何一个页面。

例如，若要后退到曾经访问过的倒数第一个页面，则实现的代码为：

```
window.history.go(-1);
```

或者：

```
window.history.back();
```

若要后退到曾经访问过的倒数第二个页面，则实现的代码为：

```
window.history.go(-2);
```

若要前进到曾经访问过的页面，则实现的代码为：

```
window.history.go(1);
```

或者：

```
window.history.forward();
```

window.history.go(0)的功能是重新装载当前页面。

⑤ external 对象：该对象有一个很常用的方法是 addFavorite 方法，利用该方法，可实现将指定的网页添加到浏览器的收藏夹中，其用法为：

```
window.external.addFavorite("URL", "收藏夹中显示的标题");
```

例如，若要在当前页面中添加一个"收藏本站"的链接，当用户单击该链接时，将淘宝网(http://www.taobao.com)添加到收藏夹中，则实现的代码为：

```
<a href ="#" onclick="JavvaScript:window.external.addFavorite
  ('http://www.taobao.com', '淘宝网') ">收藏本站</a>
```

(2) window 对象

window 对象是 JavaScript 中使用较为广泛的一个浏览器对象，该对象的方法较多，功能强大，本节主要介绍 window 对象常用的方法和属性。

window 对象常用的主要属性是 status，该属性用于设置浏览器状态行中所显示的信息。例如，若要将当前窗口的状态行显示信息设置为"欢迎光临本站！"，则实现的代码为：

```
window.status = "欢迎光临本站！";
```

在 JavaScript 中，window 对象主要有以下几种常用的方法。

① alert()方法

此方法用于创建一个警告对话框，在对话框中只有一个 OK 按钮，其基本用法如下：

```
window.alert("警告信息");
```

例如：

```
window.alert('this is an alert test');
```

② confirm()方法

此方法用于创建一个确认对话框,在对话框中有一个"确定"按钮和一个"取消"按钮,其基本用法如下:

```
window.confirm("确认信息");
```

例如:

```
var ret = window.confirm("真的要关闭窗口吗?");
```

③ prompt()方法

此方法用于创建一个提示对话框,在对话框中,除了有一个"确定"按钮和一个"取消"按钮以外,还有一个文本框,用于输入信息。其基本用法如下:

```
window.prompt("提示信息", "默认值");
```

例如:

```
var name = window.prompt("请输入要查询的学号:", "1001");
```

④ Open()

此方法用于新创建一个窗口对象。在 open()方法中有若干可调用的参数。

● URL 参数:用于指定新建窗口的 URL 属性(即 location 属性)。
● 窗口对象名称参数:用于指定新建窗口对象的名字属性。
● 其他参数:包括 width、height、directories、location、menubar、scrollbars、status、toolbar、resizable 等属性,这些属性的值都是通过 Yes(1)或 No(0)进行设置的。

其基本用法如下:

```
window.open(URL, name, others);
```

例如:

```
window.open("www.yahoo.com", "mywin", "directories=yes menubar=no
  scrollbars=no status=no toolbar=no width=200 height=100");
```

其他参数可选值及功能如表 4-4 所示。

⑤ close()方法

此方法用来关闭一个 window 对象,它里面不用任何参数,其基本用法如下:

```
窗口对象.close();
```

例如:

```
mywin = window.open("", "window1", "width=200 heiht=100")
mywin.close();
```

在用 open()方法弹出的窗口中,在网页浏览完后,为方便关闭当前窗口,可在网页的末尾处设置一个"关闭窗口"的链接，当用户单击时，即关闭当前窗口。

表4-4　窗口特性及其值

特 性 名	描　　述
Width	窗口宽度，单位像素
Height	窗口高度，单位像素
Directories	窗口是否显示目录按钮，默认值为 yes
Location	窗口是否显示地址栏，默认值为 yes
Menubar	窗口是否显示菜单栏，默认值为 yes
Scrollbars	窗口是否显示滚动条，默认值为 yes
Status	窗口是否显示状态栏，默认值为 yes
Toolbar	窗口是否显示工具栏，默认值为 yes
Resizable	窗口是否可以改变大小，默认值为 yes

实现的代码如下：

```
<a href="#" onclick="JavaScript:self.close()">关闭窗口</a>
```

语句中的 self 为 JavaScript 的一个关键字，代表网页所在的窗口对象。

⑥　setTimeout()方法

此方法用于打开一个计时器，在里面有两个参数。

● 　执行语句参数：计时器到达指定的时间时执行的操作。

● 　时间值参数：用于指定时间值，当计时器到达这个时间时，才开始执行其中的操作，单位为毫秒。

其基本用法如下：

```
window.setTimeout(执行语句, 时间值);
```

例如：

```
window.setTimeout("add();", 200);
```

例如，要实现在弹出新窗口 5 秒后，自动关闭弹出窗口。可以在网页的<head>和</head>间加入如下代码：

```
<Script language="JavaScript">
function closeit()
{
    settimeout("self.close()",5000)
}
</Script>
```

然后在<body>标记中为 onload 指定事件处理函数，具体代码为：

```
<body onload="closeit()">
```

⑦ clearTimeout()方法

此方法用于关闭一个计时器，其基本用法如下：

```
window.clearTimeout(timerID);
```

例如：

```
timer1 = window.setTimeout("add();", 200);
window.clearTimeout(timer1);
```

需要注意的是，在 JavaScript 中可以同时打开多个计时器，不同的计时器可用不同的 timerID 来控制。

4．JavaScript 的事件处理

(1) 事件及响应方法

事件是浏览器响应用户操作的机制，JavaScript 的事件处理功能可改变浏览器相应的操作的标准方式。这样就可以开发更具交互性、更具响应性和更易使用的 Web 页面。

事件说明用户与 Web 页面交互处理时产生的操作。例如，用户单击超链接或按钮时，或者输入窗体数据时，就会产生一个事件，告诉浏览器发生了操作，需要进行处理。浏览器等待事件发生，并在事件发生时，进行相应的事件处理工作。

① 事件的类别

根据事件触发者的不同，事件可分为鼠标事件、键盘事件和浏览器事件 3 类。

● 鼠标事件：该类事件是由鼠标操作所触发产生的，大部分对象均能识别和响应鼠标事件，常用的有 MouseOver、MouseOut、MouseDown、MouseUp、Click、DblClick。

● 键盘事件：由键盘操作触发产生。常用的主要有 KeyDown、KeyUp、KeyPress。

● 浏览器事件：该类事件是由浏览器自身的某种操作所触发产生的。比如网页在装载时，将触发 Load 事件、当装载另一个网页时，在当前网页上便会触发 UnLoad 事件。

表单中的界面对象一般均能响应鼠标和键盘事件，各对象所能响应的常用事件如表 4-5 所示。

② 事件的响应

当事件发生时，系统会自动查询该事件是否指定了该事件的处理函数，若指定了，则调用执行对应的事件处理函数，从而完成对事件的响应；若未指定，则什么也不执行。

事件的处理函数通过对象的事件句柄来指定，事件句柄可视为对象的一个属性，事件句柄的名称由 On+事件名构成，比如 Click 事件，其对应的事件句柄名就是 OnClick，其余依次类推。

事件处理函数的指定方法为：

事件句柄=事件处理函数()或语句

事件句柄后面可以指定一个函数，也可以直接放置所要执行的语句。若要执行的语句

较多，通常先将所要执行的语句定义成一个函数，然后在事件句柄后面指定该函数。

表4-5　各对象的常用事件

事件名称	描　　述
OnBlur	发生在窗口失去焦点的时候
OnChange	发生在文本输入区的内容被更改，然后焦点从文本输入区移走之后
OnClick	发生在对象被单击的时候
OnError	发生在错误发生的时候
OnFocus	发生在窗口得到焦点的时候
OnLoad	发生在文档全部下载完毕的时候
OnMouseDown	发生在用户把鼠标放在对象上按下鼠标键的时候。参考 OnMouseUp 事件
OnMouseOut	发生在鼠标离开对象的时候。参考 OnMouseOver 事件
OnMouseOver	发生在鼠标进入对象范围的时候
OnMouseUp	发生在用户把鼠标放在对象上鼠标键被按下然后放开鼠标键的时候
OnReset	发生在表单的"重置"按钮被单击(按下并放开)的时候
OnResize	发生在窗口被调整大小的时候
OnSubmit	发生在表单的"提交"按钮被单击(按下并放开)的时候
OnUnload	发生在用户退出文档(或者关闭窗口，或者到另一个页面去)的时候
OnSelect	当 Text 或 TextArea 对象中的文字被加亮后，引发该事件
OnFocus	当用户单击 Text 或 TextArea 以及 Select 对象时，产生该事件
OnBlur	当 Text 对象或 TextArea 对象以及 Select 对象不再拥有焦点、而退到后台时，引发该事件
OnDblClick	鼠标双击事件
OnKeyPress	当键盘上的某个键被按下并释放时触发的事件(页面内必须有被聚焦的对象)
OnKeyDown	当键盘上某个按键被按下时触发的事件(页面内必须有被聚焦的对象)
OnKeyUp	当键盘上某个按键被按下并放开时触发的事件(页面内必须有被聚焦的对象)
OnAbort	图片在下载时被用户中断
OnBeforeUnload	当前页面的内容将要被改变时触发的事件
OnMove	浏览器的窗口被移动时触发的事件

　　例如，在例 4-4 中，当单击"注册"按钮时，触发 onclick 事件，将执行 CheckForm()处理函数，指定的方法为：

```
<input type="submit" name="button" id="button" value="注册"
  onclick="CheckForm()" />
```

　　(2)　document 的常用事件

document 对象代表当前网页，其常用事件有 Load 和 UnLoad 事件。

　　①　Load 事件

Load 事件在网页被加载时触发，利用该事件可完成对网页所使用数据的初始化，或弹出提示窗口。Load 事件处理函数的执行先于网页中的其他脚本程序。为 Load 事件指定事件得理函数有两种方法。

(a)　利用<body>标记来指定，指定方法为：

```
<body OnLoad=事件处理函数()或语句>
```

该种方法对于事件句柄 OnLoad 不区分大小写。

例如，若要在网页加载时显示"欢迎光临本站！"的消息框，则实现的语句为：

```
<body onload="alert('欢迎光临本站！') ">
```

(b)　利用 document 对象来指定。

在 HTML 标记中设置事件句柄，实质是设置与标记相对应的浏览器对象的事件属性，事件属性名与事件句柄相同，但必须小写。<body>标记对应的是 document. body 对象，因此，也可在 JavaScript 中，通过以下方法来指定事件处理函数：

```
<Script Language="JavaScript">
    document.body.onload=事件处理函数名;
</Script>
```

注意：由于该方法是给属性赋值，因此只能指定为一个函数，不能指定为语句，此时的事件函数名不要加括号。

例如，若要在网页加载时执行自定义函数 begin()，则实现的语句为：

```
document.body.onload=begin;
```

若网页加载时，需要执行多个函数，可先将要执行的多个函数收集定义成一个函数，然后再将该函数指定给 onload 属性。

由于网页是在浏览器窗口中加载显示的，因此，也可通过 window 对象来指定，其指定方法为：

```
window.onload=事件处理函数名;
```

例如：

```
window.onload=begin;
```

②　Unload 事件

当关闭窗口或者转到另一个页面的时候触发该事件。

事件处理函数的指定方法为：

(a)　<body OnUnLoad=事件处理函数()或语句>

例如，若要在网页退出时显示"谢谢光临本站！"的消息框，则实现的语句为：

```
<body onUnload="alert('谢谢光临本站！')">
```

(b)　document.onunload=事件处理函数名;

例如：

```
<Script Language="JavaScript">
    function bye() {alert("谢谢光临本站！");}
    document.onunload = bye;
</Script>
```

(3) 表单对象的常用事件

表单对象的常用事件有 submit 和 reset。

① submit 事件

该事件在用户提交表单时触发。单击提交命令按钮或调用表单对象的提交方法 submit()，可实现表单的提交，在提交表单时会触发 submit 事件。

可为表单的 submit 事件指定事件处理函数，并在该函数中实现对表单数据的有效性验证，若数据正确，则让函数返回 true 值，以允许表单递交数据；若数据有误，则输出相应的提示信息，并让函数返回 false，以禁止表单提交数据。

例如，在例 4-4 中：

```
<input type="submit" name="button" id="button" value="注册"
  onclick="CheckForm()" />
```

② reset 事件

单击复位按钮或调用表单对象的 reset()方法时触发该事件。在实际应用中，该事件应用较少。

表单对象除了事件以外，还内置了一些常用的方法。主要有 submit()、reset()、blur()、focus()、select()和 click()方法。这些方法对于大部分的界面对象均适用。

例如，若要使 login 表单中名为 username 的文本框失去焦点，则实现的语句为：

```
document.login.username.blur();
```

select()方法通常结合 focus()方法使用，用于选中输入框中的全部文本内容。例如，若要使 login 表单中名为 username 的文本框被选中，则实现的语句为：

```
document.login.username.focus();
document.login.username.select();
```

click()方法适用于普通按钮、提交命令按钮、复位命令按钮和单选按钮对象，对于命令按钮，调用该方法等价于用鼠标单击了该对象；对于单选按钮，则选中相应的项。

4.1.5 网页中常用的 JavaScript 效果

1. 改变页面背景色或背景图片

【例 4-5】编写程序，实现单击某颜色前的单选按钮时，页面的背景颜色就变为该颜色。页面效果如图 4-7 所示。

图4-7　改变页面背景颜色

页面代码如下。源文件 char4\javascript\changebg.html：

```
<html>
<head>
<title>改变页面背景颜色</title>
</head>
<body>
<h3>改变页面背景颜色</h3>
<form id="form1" name="form1" method="post" action="">
<input type="radio" name="radio" id="radio1"
  onclick="document.body.style.backgroundColor='#ff0000'"/>红色<br />
<input type="radio" name="radio" id="radio1"
  onclick="document.body.style.backgroundColor='#00ff00'"/>绿色<br />
<input type="radio" name="radio" id="radio1"
  onclick="document.body.style.backgroundColor='#0000ff'"/>蓝色<br />
</form>
</body>
</html>
```

注意：若将上例中的 document.body.style.backgroundColor='颜色值' 改为 document.body.style.backgroundImage='图片路径'，就可以自由地改变页面的背景图片了。

2．设为首页和加入收藏

【例 4-6】编写程序，将淘宝网设置为用户浏览器首页，并加入收藏。效果如图 4-8~4-10 所示。

图 4-8　设为首页与加入收藏

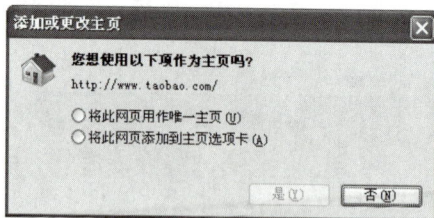

图4-9　添加或更改浏览器默认主页

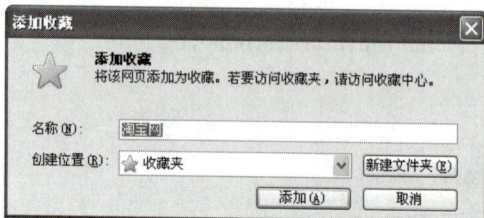

图4-10　添加收藏

页面代码如下。源文件 char4\javascript\changebg.html：

```html
<html>
<head>
<title>设为首页与加入收藏</title>
</head>
<body>
<a onClick="this.style.behavior='url(#default#homepage)';
  this.setHomePage('http://www.taobao.com');return false;"
  style="cursor:hand">设为首页</a>
<a href="javascript:window.external.AddFavorite('http://www.taobao.com',
  '淘宝网')" target="_self">加入收藏</a>
</body>
</html>
```

3．弹出窗口与关闭窗口

【例 4-7】编写程序，实现弹出一个宽 280 像素、高 120 像素、有状态栏的新窗口和关闭本窗口的功能。页面效果如图 4-11 所示。

图 4-11　弹出窗口

页面代码如下。源文件 char4\javascript\open.html：

```
<html>
<head>
<title>弹出窗口与关闭窗口</title>
</head>
<body>
<p onmouseover=window.open("http://www.taobao.com","new",
   "width=280,height=120,status=yes")>弹出新窗口</p>
<a href="javascript:window.close()">关闭本窗口</a>
</body>
</html>
```

4．文本框中显示提示语，当鼠标单击时文本消失

【例 4-8】编写程序，实现表单文本框中显示提示语，当鼠标单击时消失。
页面代码如下。源文件 char4\javascript\textvalue.html：

```
<html>
<head>
<title>文本框提示语消失</title>
</head>
<body>
<form id="form1" name="form1" method="post" action="">
<input type="text" value="请输入您的用户名！"
   onFocus="if(this.value=='请输入您的用户名！') this.value=' ';">
</form>
</body>
</html>
```

5．图片轮流显示

【例 4-9】编写程序，在页面中实现 3 张图片轮流显示，并以揭示滤镜方式转换。页面
代码如下。源文件 char4\javascript\pictures.html：

```
<html>
<head><title>图片轮显</title></head>
<body>
<script language="JavaScript">
var i = 0;
var arr = new Array(3);
arr[0] = "<img border=0 width=400 height=240 src=images/pic1.jpg>";
arr[1] = "<img border=0 width=400 height=240 src=images/pic2.jpg>";
```

```
arr[2] = "<img border=0 width=400 height=240 src=images/pic3.jpg>";
function playTp() {
    if (i == 2) { i = 0; }
    else { i++; }
    div1.filters[0].apply();
    div1.innerHTML = arr[i];
    div1.filters[0].play();
    setTimeout('playTp()', 6000);
}
</script>
<p><div id="div1" style="filter:revealtrans(duration=2,
  transition=23); WIDTH:400px; POSITION:absolute; HEIGHT:240px">
<img src="images/pic1.jpg" onload="setTimeout('playTp()',3000);"
  border="0" width="400" height="240">
</div>
</body>
</html>
```

6. 可关闭的随页面滚动的广告

【例 4-10】编写程序，在页面中设置一个可关闭的随页面一起滚动的广告层。页面代码如下。源文件 char4\javascript\float.html：

```
<html>
<head>
<title>随页面滚动的广告层</title>
<style type="text/css">
<!--
#apDiv1 {
    position:absolute; width:100px; height:200px; z-index:1;
    background-color: #993333; left: 250px; top: 50px; color: #FFF;
    font-family: "黑体";
}
-->
</style>
<script language="javascript">
var initTop = 0;
function init()     //定义 init 函数来计算广告层距窗体最顶端的距离
{
    initTop = document.getElementById("apDiv1").style.pixelTop;
}
```

```
function move()     //定义 move 函数来计算滚动条滚动后广告层距窗体顶端的距离
{
    document.getElementById("apDiv1").style.pixelTop =
      initTop + document.body.scrollTop;
}
function closediv()         //定义 closediv 函数来隐藏广告层
{ document.getElementById("apDiv1").style.display = "none"; }
window.onscroll = move;
</script>
</head>
<body onload="init()">
    <div id="apDiv1"><table width="80" border="0" align="center">
    <tr><td height="160">这是一个随页面滚动的浮动广告! </td></tr>
    <tr><td height="30"><a href="javascript:closediv()">关闭</a></td></tr>
    </table></div>
    <table width="100%" border="0">
    <tr><td height="300" bgcolor="#CCCCCC">第一个单元格</td></tr>
    <tr><td height="300" bgcolor="#CCFFFF">第二个单元格</td></tr>
    <tr><td height="300" bgcolor="#FFFFCC">第三个单元格</td></tr>
    </table>
</body>
</html>
```

> **注意:** 如果是使用 Dreamweaver 编写的网页, 需要将最上边的一行代码: <!DOCTYPE html PUBLIC "-//W3C//DTD XHTML 1.0 Transitional//EN" "http://www.w3.org/TR/ xhtml1 /DTD/xhtml1-transitional.dtd">删除, 否则网页中的广告层将无法滚动。

7. 二级菜单的显示和隐藏层

【例 4-11】编写程序, 利用层设计一个主菜单和一个二级菜单, 当鼠标移到主菜单上时二级菜单显示, 鼠标移开二级菜单时隐藏, 效果如图 4-12 所示。

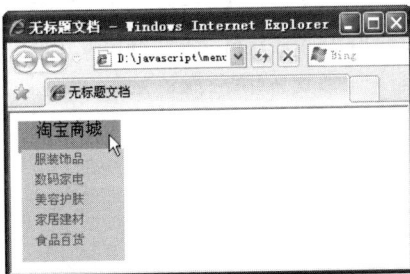

图4-12 二级菜单的显示与隐藏

页面代码如下。源文件 char4\javascript\menu.html：

```html
<html>
<head>
<title>二级菜单的显示与隐藏</title>
<style type="text/css">
<!--
#apDiv1 {
    position:absolute; width:100px; height:30px; z-index:1;
    background-color: #FF9900; font-family: "宋体"; text-align: center;
}
#apDiv2 {
    position:absolute; width:100px; height:105px; z-index:2;
    left: 10px; top: 45px; background-color: #FFCC99;
}
#apDiv2 table { font-size: 12px; }
a { text-decoration: none; color: #666; }
-->
</style>
<Script Language="JavaScript">
function show(id) {document.getElementById(id).style.display="block";}
function hidden(id) {document.getElementById(id).style.display="none";}
</Script>
</head>
<body>
<div id="apDiv1"  onmouseover="show('apDiv2')"
  onmouseout="hidden('apDiv2')">淘宝商城</div>
<div id="apDiv2" onmouseover="show('apDiv2')" style="display:none">
    <table width="80" border="0" align="center">
        <tr><td><a href="#">服装饰品</a></td></tr>
        <tr><td><a href="#">数码家电</a></td></tr>
        <tr><td><a href="#">美容护肤</a></td></tr>
        <tr><td><a href="#">家居建材</a></td></tr>
        <tr><td><a href="#">食品百货</a></td></tr>
    </table>
</div>
</body>
</html>
```

4.2 任务 2 - VBScript 脚本语言

VBScript 即 Microsoft Visual Basic Scripting Edition，是一种基于对象的脚本语言。所谓脚本，是指嵌入到 Web 页中的程序代码，利用这些代码，可以控制网页的控件和对象，增强网页的灵活性和多样性。因此，在 HTML 文件中可直接嵌入 VBScript 脚本，从而扩展 HTML，使其不仅仅是一种页面格式语言，而且还可以对用户的操作做出反应。

VBScript 是目前最流行的脚本语言之一，以其简单的语法、完善的功能，成为既可应用在客户端进行编程，也可应用在服务器端进行编程的脚本语言。

在 ASP 程序设计中，Web 服务器 IIS 默认使用 VBScript 作为脚本语言，服务器端编程通常采用 VBScript。

4.2.1 编写"在线智力问答"系统页面

【例 4-12】使用 VBScript 编写"在线智力问答"页面 test.html 的脚本，使页面能够实现用户检验登录、显示系统日期、趣味答题、自动评分、倒计时等功能页面，效果如图 4-13 所示。

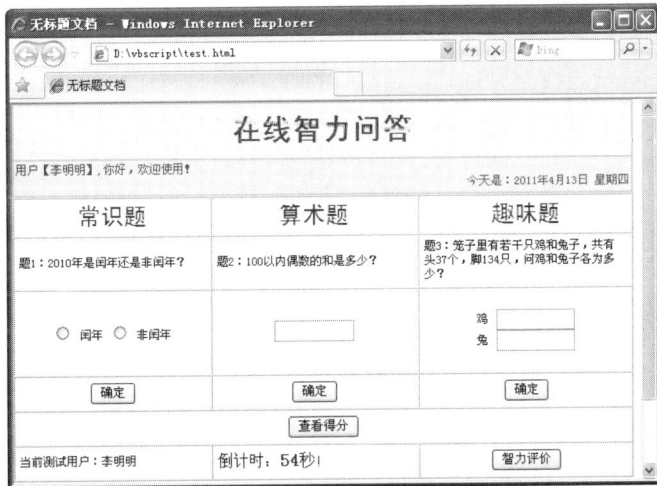

图4-13 "在线智力问答"页面

下面就通过对"在线智力问答"系统页面功能的分析与实现，逐步掌握 VBScript 的变量、函数与过程、控制语句、对象和事件的应用。

4.2.2 在网页中嵌入使用 VBScript 代码

VBScript 既可作为客户端编程语言，也可作为服务器端编程语言。客户端脚本由一个配备了解释器的 Web 浏览器处理，当一个浏览器的用户执行了一个操作时，不必通过网络对其做出响应,客户端程序就能完成任务。而服务器端脚本则是在 Web 服务器上执行生成代码,然后发送到浏览器,在浏览器上收到的只是执行后的标准 HTML 文件。

在编写 VBScript 脚本时不区分大小写,可使用任意文本编辑器,将其嵌入到 HTML 标记中,并保存为".htm"、".html"或".asp"等文件格式。

1. 在 HTML 网页中使用 VBScript

HTML 网页是在客户端的浏览器上执行的,在 HTML 网页中使用 VBScript,其脚本代码必须放入<script>...</script)标记中,其格式为:

```
<Script Language="VBScript">
    'VBScript 代码
</Script>
```

【例 4-13】利用 VBScript 在 HTML 网页中输出文本。页面代码如下。
源文件 char4\vbscript\welcome_1.html:

```
<html>
<head>
<script language="vbscript">
    document.write("用户【李明明】,你好,欢迎使用!")
</script>
</head>
<body>
</body>
</html>
```

2. 在 ASP 网页中使用 VBScript

VBScript 脚本构成了 ASP 程序的主体,运行于服务器端。在 ASP 程序中,VBScript 代码要放在<%...%>之间,或者放在<script>...</script>之间,但要在<script language="vbscript">中加入"runat=server"。语法格式为:

```
<%在服务器端运行的 VBScript 代码%>
```

或者:

```
<script language="vbscript" runat=server>
    在服务器端运行的 VBScript 代码
</script>
```

【例 4-14】在 ASP 页面中输出当前的日期。页面代码如下。
源文件 char4\vbscript\date.html:

```
<html>
<head>
```

高职高专立体化教材 计算机系列

```
<title>在 ASP 网页中使用 VBScript</title>
</head>
<body>
<%Response.write"今天是"&Date%>
</body>
</html>
```

或将代码<%Response.write"今天是"&Date%>改为如下形式：

```
<script language="VBScript" runat=server>
    Response.write"今天是"&Date
</script>
```

程序中使用了 ASP 提供的 Response 对象的 write 方法来实现服务器端向客户端输出内容。将文件保存为.asp 格式，页面效果如图 4-14 所示。

图4-14 在ASP网页中使用VBScript

4.2.3 使用 VBScript 变量与对象实现用户登录与显示

【例 4-15】编写 VBScript 程序，实现以下功能：打开页面 test.html 时，弹出用户名提示框和密码框，分别输入用户名和密码，若密码正确，则进入页面并在页面上显示用户名，否则进入错误页面 error.html。

页面效果如图 4-15~4-19 所示。

图4-15 用户名输入框

图4-16 密码输入框

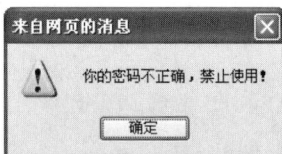

图4-17　密码错误提示

图4-18　错误信息页面

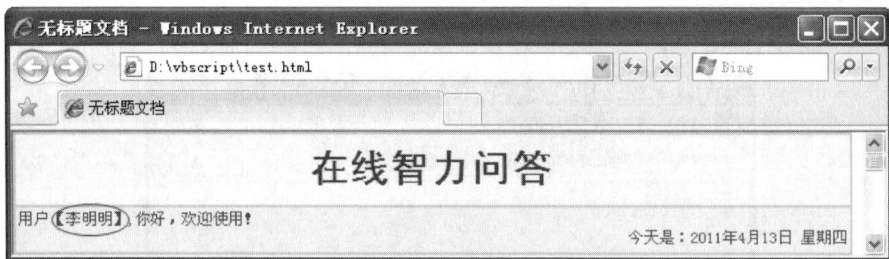

图4-19　在页面中显示用户名

源文件 char4\vbscript\test.html 中的 VBScript 脚本代码如下:

```vbscript
<script language="vbscript">
dim name
name = prompt("请输入你的姓名")
password = inputbox("请输入你的密码")
if(password <> "1234") then
    alert("你的密码不正确，禁止使用！")
    window.location.href = "error.html"
else
    document.write("用户【"&name&"】,你好，欢迎使用！")
end if
</script>
```

本例先利用 window 对象的 prompt()方法产生一个如图 4-15 所示的输入框，用户在输入框输入的字符串将赋给变量 name；又利用 inputbox 函数产生一个如图 4-16 所示的密码输入框，若输入的密码错误,将弹出如图 4-17 所示的提示框，并通过 window 对象的 location 属性跳转到错误信息页面 error.html，如图 4-18 所示；若输入的密码为 "1234"，将直接进入页面 test.html，并利用 document 对象的 write 方法将变量 name 的值写入到页面中，如图 4-19 所示。

1. 常量、变量和表达式

(1) 常量

常量是具有一定含义的名称，用于代替数字或字符串，其值在程序处理过程中是不变的，命名规则与变量的命名规则一样。在使用常量之前，须先定义常量。在 VBScript 中定义常量时使用 Const 语句，语法格式为：

```
Const 常量名 = 值
```

将值赋给常量名，例如：

```
Const Day = "星期三"        '字符串常量，必须用双引号" "括起来
Const Date = #15/8/2008#    '日期常量，必须用#括起来
Const PI = 3.1415926        '数值常量
Const T = true              '逻辑型常量，只有 true 或 false 值
```

(2) 变量

变量是指能够存储程序信息的计算机内存的符号化地址，程序可以通过对变量进行操作，读取或存储变量所引用的计算机内存地址中的数据。在程序运行过程中，变量的值是可以改变的。在 VBScript 程序中，变量的类型也都是 Variant 类型的。

① 变量的定义

VBScript 对变量的定义可以采用两种处理方式：默认情况下，变量在使用前不要求事先定义，可以直接使用；另一种方式是变量在使用前，必须事先定义。在进行 VBScript 程序设计时，尽量采用后一种方式，这样可减少出错的几率。VBScript 不区分变量名的大小写。在 VBScript 中使用关键字 Dim 声明变量，语法格式为：

```
Dim 变量名
```

在声明多个变量时，须使用","分隔变量名，例如：

```
dim x,y,z             '定义了 x、y 和 z 三个变量
```

② 变量的赋值

当变量定义好后，就可以将一个具体的值赋给变量，语法格式为：

```
变量名 = 值
```

(3) 运算符与表达式

VBScript 的运算符包括算术、连接、逻辑和比较 4 种运算符。

① 算术运算符

除了加(+)、减(−)、乘(*)、除(/)外，还有经常使用的取余(Mod)、求幂(^)及整除(\)等。例如，5Mod3 结果为 2；2^3 结果为 8；7\3 结果为 2。

② 连接运算符

VBScript 连接运算符有"&"或"+"两种，用于对两个字符串进行连接。

● 运算符"+"：将两个字符串连接生成一个新的字符串，其操作数必须为字符型。

- 运算符 "&"：用于强制性将两个表达式作为字符串进行连接生成一个新的字符串，其操作数必须为字符型。

在使用时，经常用 "&"，因为连接符 "+" 与算术运算符中的加号 "+" 类似，所以当表达式两边都是数值时，则根据运算符的优先级会将 "+" 默认为表示相加。

③ 逻辑运算符

最常用的有与(And)、或(Or)、非(Not)、异或(Xor)四种，用于判断表达式是否成立，其返回值为：真(True)或假(False)。

- And：只有两个值全为真时，结果才为真。如(3>2)And(4>5)，表达式的值为 False。
- Or：只要有一个值为真，结果就为真。如(3>2)Or(4>5)，表达式的值为 True。
- Not：非真则为假，非假则为真。如 Not(3>2)结果为 False；Not(4>5)结果为 True。
- Xor：两个值全为真或全为假时，结果都为假。如(3>1) Xor(3>2)结果为 False。

④ 比较运算符

最常用的有等于(=)、不等于(<>)、小于(<)、大于(>)、小于等于(<=)、大于等于(>=)，用于对表达式两边的值做出比较，其返回值为真(True)或假(False)。

当一个表达式中包含有多种运算符时，就必须遵守一个优先级的规则，即先算术、后比较、再逻辑。

2. 数组

所谓数组，就是指具有相同数据类型的变量集合。在这个集合中所有变量使用一个统一的名称，并通过下标来唯一确定数组中的元素。

数组的声明与变量一样，使用关键字 Dim，只是需要将元素的个数(即数组的长度)包含在数组名称之后的括号里。数组声明的语法格式为：

```
Dim 数组名(下标)
```

例如声明一个包含 8 个元素的一维数组：

```
Dim A(7)
```

注意数组的长度为 8，而不是 7，因为数组元素的下标是从 0 开始的。同样，二维数组的声明也是一样。例如要声明一个 3 行 4 列的二维数组：

```
Dim A(2,3)
```

对数组元素进行赋值时必须指明它的位置。例如为数组的第一个元素进行赋值：

```
Dim A(4)
A(0) = 20
```

3. VBScript 的对象

VBScript 采用的是面向对象、事件驱动编程机制。VBScript 中常用的对象与事件的使用基本上与 JavaScript 中的一样。

(1) window 对象

window 对象表示浏览器中一个打开的窗口。通过引用该对象的属性可以控制脚本中其他对象的属性，进而控制整个网页的外观以及对事件的响应。使用 window 对象可以获得当前窗口的状态信息、文档信息、浏览器的信息，还可以响应发生在 IE 中的事件。通常，浏览器在打开 HTML 文档时，创建 window 对象。

window 对象包括的属性、方法和事件如表 4-6 所示。

表4-6　window对象的属性、方法和事件

属　性	方　法	事　件
Name	Alert	OnLoad
Parent	Confirm	OnUnload
Self	Prompt	
Top	Open	
Location	Close	
DefaultStatus	SetTimeout	
Status	ClearTimeout	
Document		
Frames		
Navigator		
History		

window 对象常用的属性、方法和事件如下。

① Alert 方法：

```
alert("消息内容")
```

功能：用来产生一个弹出式的消息框，其图标为一个警告标识。

② Prompt 方法：

```
Prompt("提示信息")
```

功能：用来产生提示框。

例如，例 4-15 中使用了用于输入用户名的提示框。

③ Open、Close 方法。Open 方法用来打开一个页面，Close 方法用来关闭一个页面。例如：

```
<a href="vbscript:window.close()">关闭窗口</a>
```

④ Status 属性。更改浏览器状态栏的文字。例如：

```
window.Status = "欢迎访问本网站！"
```

⑤ OnLoad、OnUnload 事件。

OnLoad 事件是在页面完全传递到浏览器时发生的事件，OnUnload 事件是当离开页面时发生的事件。

例如：

```
<body onunload="alert('欢迎下次再访问本站！')">
```

（2） document 对象

document 对象代表了当前浏览器窗口中的 HTML 文档，它是脚本对象模型中最为重要的对象。可以通过该对象检测 HTML 文档中各元素的状态(比如颜色、字体、发生的事件等)，并且可以更改这些元素的状态。在 HTML 文档的任何位置都可以调用该对象。

document 对象包括的属性和方法如表 4-7 所示。

表4-7　document对象的属性和方法

属　　性	属性描述	方　　法	方法描述
Alinkcolor	激活的链接的颜色	Write	在 HTML 中写入新的代码
Anchors	书签	WriteLn	在 HTML 中写入新的代码(并换行)
Bgcolor	背景色	Close	关闭一个 HTML 文档
Cookie	在客户机存放的反映客户信息的数据	Clear	清除一个 HTML 文档的内容
Fgcolor	前景色	Open	打开一个 HTML 文档
Forms	文档中的表单		
lastModified	文档的最后修改日期		
LinkColor	链接的颜色		
Links	本页面中的链接，数组形式		
Location	本文档的 URL		
referref	返回前一个 URL		
title	本文档标题		
vlinkcolor	访问过的链接颜色		

下面简单说明 document 对象经常使用的一些属性、方法和事件。

（1） LastModified 属性

使用 LastModified 属性可以在页面上自动产生最后修改页面的日期。例如：

```
document.Write(document.lastmodified)
```

（2） Write 方法和 WriteLn 方法

使用 Write 方法可以动态地在 HTML 文档中写入新的 HTML 代码，例如：

```
document.Write("这是我做的网页")
```

也可以是：

```
document.Write("<font color='red'>这是我做的网页</font>")
```

Write 方法和 WriteLn 方法的区别在于 WriteLn 方法在输出字符串末尾添加了回车标志。

(3) document 对象的事件

document 对象常见的事件如表 4-8 所示。

表4-8 document对象的事件

事 件	描 述
onclick	单击鼠标时产生
ondblclick	双击鼠标时产生
onkeydown	按下某个键时产生
onkeypress	按下某个键后又松开时产生
onkeyup	松开某个键时产生
onmousedown	按下鼠标时产生
onmouseup	松开鼠标的键时产生
onmouseover	鼠标移到某个元素上时产生
onmouseout	鼠标从某个元素上移开时产生
onmousemove	移动鼠标时产生

通常情况下，在文档中与 document 对象相对应的 HTML 标记是<body>，所以，调用 document 对象的事件过程一般可以通过在<body>标记中添加相应代码来实现。

4.2.4 使用 VBScript 内置函数显示日期

【例 4-16】在页面中显示系统当前的日期和星期，效果如图 4-20 所示。

图4-20 在页面中显示系统当前日期

页面中 VBScript 脚本代码如下。源文件 char4\vbscript\date.html：

```
<script language="vbscript">
today = now()
document.write "今天是："&Year(today)&"年"&Month(today)&"月"&Day(today)&"日 "
week = weekday(now())
select case week
    case "1"
        document.write "星期一"
    case "2"
        document.write "星期二"
```

```
    case "3"
        document.write "星期三"
    case "4"
        document.write "星期四"
    case "5"
        document.write "星期五"
    case "6"
        document.write "星期六"
    case "7"
        document.write "星期日"
end select
</script>
```

在该例中，使用了 VBScript 常用的日期函数 Date()，以获取系统当前的日期。另外还使用了 select case 语句输出星期数。

下面介绍几种在 VBScript 中经常用到的内置函数。

(1) 日期函数

① 返回系统当前的日期及时间：Now()

② 返回系统当前的日期：Date()

返回系统当前日期中的年份：Year(date)

返回系统当前日期中的月份：Month(date)

返回系统当前日期中的日期：Day(date)

返回系统当前日期中的星期数：Weekday(date[,start])

③ 返回系统当前的时间：Time()

返回系统当前的时间中的小时数：Hour(time)

返回系统当前的时间中的分钟数：Minute(time)

返回系统当前的时间中的秒数：Second(time)

> **注意**：日期函数的返回值依据系统上的区域设置来决定日期的显示格式。

(2) 数学运算函数

① 取绝对值

格式：

```
Abs(x)
```

功能：返回 x 的绝对值。如果输入的数值大于等于零，返回的数值就会等于输入的数值；相反小于等于零，则会去掉负号输出。例如：

Abs(3)=3

Abs(−3)=3

② 取整

格式 1：

```
Int(x)
```

格式 2:

```
Fix(x)
```

功能：返回 x 的整数部分。若 x 为负数，则 Int 返回小于或等于 x 的第一个负整数，Fix 返回大于或等于 x 的第一个负整数。例如：

Int(4.8)=4　　　　Fix(4.8)=4

Int(-4.8)=-5　　　Fix(-4.8)=-4

③　四舍五入

格式：

```
Round(表达式[,小数位数])
```

功能：返回表达式按指定的小数位数进行四舍五入后的结果，若缺省小数位数，则四舍五入为整数。例如：

Round(3.14159, 2)=3.14

Round(3.14159)=3

④　开平方

格式：

```
Sqr(x)
```

功能：返回 x 的平方根。要求 x 大于或等于 0。例如：

Sqr(25)=5

Sqr(23)=4.79583152331272

⑤　计算数学表达式

格式：

```
Eval(数学表达式)
```

功能：计算并返回指定数学表达式的值。例如：

Eval(15+28/4)=22

⑥　随机数

格式：

```
Rnd[(x)]
```

功能：返回一个小于 1 但大于或等于 0 的随机数。若 x<0，则每次产生的随机数均相同；若 x>0 或缺省，则产生与上次不同的新随机数；若 x=0，则本次产生的随机数与上次产生的随机数相同。例如：

Rnd(-1)=.224007

Rnd(1)=3.584582E-02

(3)　字符串函数

①　字符串长度检测

格式：

Len(字符串)

功能：返回字符串中的字符的个数。例如：

Len("VBScript 函数")   '结果为 10

② 截取字符串

(a) 左截取：

Left(字符串，截取的个数)

(b) 右截取：

Right(字符串，截取的个数)

(c) 指定位置截取：

Mid(字符串，截取开始位置，截取个数)

例如：

Left("VBScript 函数有哪些", 3)   '结果为：VBS
Right("VBScript 函数有哪些", 3)   '结果为：有哪些
Mid("VBScript 函数有哪些", 5)   '结果为：ript 函数有哪些
Mid("VBScript 函数有哪些", 5, 5)   '结果为：ript 函

③ 删除空格

(a) 删左边空格：

Lrtim(字符串)

(b) 删右边空格：

Rtrim(字符串)

(c) 删两端空格：

Trim(字符串)

例如：

Lrtim(" VBScript 函数 ")   '结果为："VBScript 函数   "
Rtrim(" VBScript 函数 ")   '结果为：" VBScript 函数"
Trim(" VBScript 函数 ")   '结果为："VBScript 函数"

(4) 数据类型转换函数

① 数字转换成字符串

格式：

Cstr(数值表达式)

功能：将数值表达式表示的数字转换成字符串。例如：

```
Cstr(100)          '结果为："100"
```

② 字符串转换成数字

格式：

```
Cint(x)
```

功能：将 x 的值的小数部分四舍五入后，返回一个整数值。例如：

```
Cint("123.45 ")          '结果为：123
```

③ 字符转换成字符代码

格式：

```
Asc(字符串表达式)
```

功能：返回一个整型数，代表字符串表达式表示的字符串首字母的字符代码。例如：

```
Asc("a")          '结果为：97(即小写字符 a 的 ASCII 码)
```

④ 字符代码转换成字符

格式：

```
Chr(字符代码)
```

功能：返回指定的字符代码相关的字符。例如：

```
Chr(97)     '结果为：a     (即在 ASCII 码中的小写字符 a)
```

⑤ 大小写转换

(a) 小写转大写：

```
Ucase(字符串表达式)
```

(b) 大写转小写：

```
Lcase(字符串表达式)
```

例如：

```
Ucase("AbcdEfg")     '结果为：ABCDEFG
Lcase("AbcdEfg")     '结果为：abcdefg
```

(5) 其他函数

① InputBox 函数

格式：

```
Inputbox("提示信息")
```

功能：用于产生一个接收用户输入信息的输入框。

例如，例 4-15 中产生的用于输入密码的输入框。

（2）MsgBox 函数

格式：

```
MsgBox("提示信息", [数值])
```

功能：用来产生一个选择框，等待用户做出选择。不同的返回值表示用户按下不同的按钮。

其中"提示信息"参数为必选项，是作为消息显示在对话框中的字符串表达式。其最大长度大约是 1024 个字符，这取决于所使用的字符的宽度。

[数值]为数字，可选，表示指定显示按钮的数目和类型、使用的图标样式，默认按钮的标识及消息框样式的数值的总和。如果未指定，则默认值为 0，表示只显示一个"确定"按钮；指定 1，表示显示"确定"、"取消"两个按钮；指定 2，表示显示"终止"、"重试"、"忽略"3 个按钮；指定 3，表示显示"是"、"否"、"取消"3 个按钮；指定 4，表示显示"是"、"否"两个按钮；指定 5，表示显示"重试"、"取消"两个按钮。

MsgBox 函数的返回值见表 4-9。

表4-9　MsgBox函数的返回值

返 回 值	对应常数	对应按钮
1	VbOk	确定
2	VbCancel	取消
3	VbAbort	放弃
4	VbRetry	重试
5	VBIgnore	忽略
6	VbYes	是
7	VbNo	否

【例 4-17】判断 2010 年是否闰年。页面效果如图 4-21 所示。

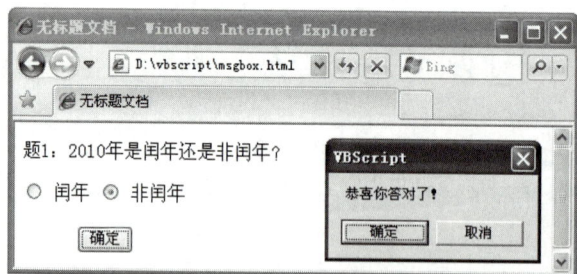

图4-21　判断是否闰年

页面代码如下。源文件 char4\vbscript\msgbox.html：

```
<html>

<head>
```

```
<script language="vbscript">
sub test_1()
dim a
if(form1.radiobutton2.checked) then
    a = msgbox("恭喜你答对了！", 1)          //显示"确定"按钮
else
    a = msgbox("对不起，你答错了！", 2)       //显示"取消"按钮
end if
end sub
</script>
</head>
<body>
<form id="form1" name="form1" method="post" action="">题1：2010 年是闰年还
是非闰年？
<input type="radio" name="radiobutton1" value="radiobutton" />闰年
<input type="radio" name="radiobutton2" value="radiobutton" />非闰年
<input type="submit" name="Submit" value="确定" onclick="test_1()"/>
</form>
</body>
</html>
```

4.2.5　使用 VBScript 过程与函数

在程序设计中，对于一个较大的应用程序，可以按照其功能需求将它的一些特殊操作划分为过程，当需要使用这些操作时，可以多次地调用这些过程，这样可以提高程序的简化程度，使程序的条理更加清晰。简单地说，过程就是一组用于实现一个特定功能的语句的集合。

在 VBScript 中，根据过程是否有返回值，过程被分为两类：Sub 过程(子过程)和 Function 过程(函数)。与 Sub 过程不同的是，函数可以有返回值，因此可以把函数赋值给一个变量。

1. Sub 过程

Sub 过程的格式为：

```
Sub 子过程名([形式参数])
[命令]
End Sub
```

调用过程：

```
Call 子过程名([实际参数])
```

【例 4-18】100 以内偶数的和是多少？页面效果如图 4-22 所示。

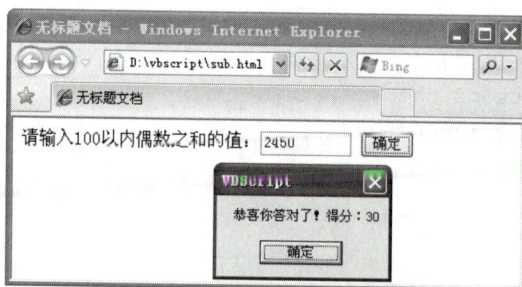

图4-22　计算100以内偶数之和

页面代码如下。源文件 char4\vbscript\sub.html：

```
<html>
<head>
<script language="vbscript">
sub test_2()
    dim score
    if(form1.textfield1.value="2450") then
        score = score + 30
        msgbox("恭喜你答对了！得分：" &score)
    else
        msgbox("对不起，你答错了！")
    end if
end sub
</script>
</head>
<body>
<form id="form1" name="form1" method="post" action="">
    请输入 100 以内偶数之和的值：<input name="textfield1" type="text" size="10" />
    <input type="button" name="Submit3" value="确定" onclick="test_2()"/>
</form>
</body>
</html>
```

2. 函数

Function 函数的格式为：

```
Function 函数名([形式参数])
[命令]
End Function
```

调用函数：

函数名[([实际参数])]

【例 4-19】使用 Function 函数实现倒计时功能。页面效果如图 4-23 所示。

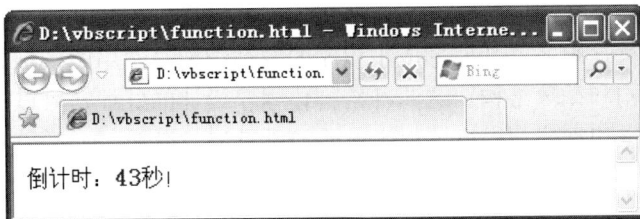

图4-23 Function函数的应用

页面代码如下。源文件 char4\vbscript\function.html：

```
<html>
<head>
<script language="VBScript">
count = 60    '倒计时的起始时间

sub countDown()
    writeNumber(count)
    count=count-1
    If count>=0 then
        window.settimeout"countDown()", 1000    '每隔 1 秒钟调用本函数
    else
        window.close()
    end If
end sub

function writeNumber(count)
    content.innerHTML =
        "倒计时: <font size=4 color=red><b>"&count&"</b></font>秒！"
end function

</script>
</head>
<body onload="countDown()">
<div id="content"></div>
</body>
</html>
```

4.2.6　VBScript 的常用控制结构

在 VBScript 中编写的脚本代码在运行时，一般总是按书写的顺序来执行的，程序的结构称为顺序结构。但在实际应用中，通常要根据需要来设置相关条件，并根据条件的成立与否来改变代码的执行顺序，从而形成了程序的控制结构。常用的控制结构除了顺序结构以外，还有选择结构和循环结构。这两种结构化程序设计的好处是可以使程序结构清晰、易读性强、便于调试和维护，提高了程序设计的质量和效率。

1．选择结构

选择结构是一种可以根据条件实现程序分支的控制结构。其特点是，根据所给定的选择条件为真或为假，而决定从各分支中执行某一分支的相应操作，并且在任何情况下均有"无论分支多寡，必择其一；纵然分支众多，仅选其一"的特性。

选择结构是通过条件语句来实现的，条件语句也即 if 语句。在 VBScript 中条件语句的主要形式如下。

(1) if ... elseif ... end if 语句

格式：

```
if 条件 1 then
    [语句 1]
[elseif 条件 2 then]
    [语句 2]
...
[else]
    [语句 n]
end if
```

【例 4-20】根据得分进行智力评价。

页面 VBScript 脚本代码如下。源文件 char4\vbscript\test.html：

```
<script language="vbscript">
score = inputbox("请输入得分")
if score < 30 then
    alert("无话可说！")
elseif score>=30 and score<60 then
    alert("继续努力！")
elseif score>=60 and score<100 then
    alert("大有前途！")
else
    alert("绝对天才！")
end if
```

```
</script>
```

在弹出的输入框中输入考试的成绩，例如"90"，结果如图 4-24 所示。

图4-24 if...else语句的应用

(2) select case ... end select 语句

在上面的例题中，所使用的 elseif 过多，尽管还可再添加，但多个 elseif 子句会使程序可读性差，在多个条件中进行选择的更好方法是使用 select case ... end select 语句。

格式：

```
select case 测试表达式
case 测试表达式 1
    语句 1
case 测试表达式 2
    语句 2
...
[case else
    语句 n]
end select
```

2. 循环结构

循环结构是一种可以根据条件实现程序循环执行的控制结构，它的作用是使一组语句体能够重复多次执行，直到在设定的条件满足后退出循环。利用循环结构可以实现多种复杂的应用，降低程序编写的复杂程度。

在 VBScript 中，常用的循环语句有如下几种。

(1) Do ... Loop 语句

Do ... Loop 语句当条件为 True 时或条件变为 True 之前重复执行某些语句块。根据循环条件出现的位置，Do ... Loop 语句语法格式分为如下两种形式。

格式 1：

```
Do while 条件
    语句 1
    [exit do]
    语句 2
Loop
```

格式2:

```
Do
    语句1
    [exit do]
    [语句2]
Loop while 条件
```

例如，例 4-18 中计算 100 以内偶数之和的程序脚本也可以编写如下:

```
<script language = "vbscript">
dim i, sum
i = 2
sum = 0
do while i<100
    sum = sum + i
    i = i + 2
loop
msgbox("100 以内偶数的和是"&sum)
</script>
```

(2) While ... Wend 语句

While ... Wend 语句是当指定条件为 True 时执行一系列的语句。该语句与 Do ... Loop 循环类似。其语法格式如下:

```
While 条件
    [语句]
Wend
```

【例 4-21】笼子里有若干只鸡和兔，共有头 37 个，脚 134 只，问鸡和兔各为多少?
页面 VBScript 脚本代码如下。源文件 char4\vbscript\test.html:

```
<script language = "vbscript">
dim cock, rabbit, foot
cook = 0
foot = 0
while foot <> 134
    cock = cock + 1
    rabbit = 37 - cock
    foot = cock * 2 + rabbit * 4
wend
msgbox("鸡有"& cock &"只；兔子有"& rabbit &"只")
</script>
```

(3)　For ... Next 语句

For ... Next 循环是一种强制型的循环，按指定次数重复执行一组语句，语法格式如下：

```
For 循环变量=初值 To 终值 [step 步长]
    语句 1
    [exit for]
    [语句 2]
Next
```

例如，例 4-18 中计算 100 以内偶数之和的程序脚本还可以这样编写：

```
<script language="vbscript">
dim i, sum
sum = 0
for i = 0 to 99 step 2
    sum = sum + i
next
msgbox("100 以内偶数之和为"&sum)
</script>
```

上 机 实 验

1. 实验目的

(1)　熟悉 JavaScript 的编程方法，掌握 JavaScript 的语法和在网页中的编程应用。

(2)　熟悉 VBScript 的编程方法，掌握 VBScript 的语法和在网页中的编程应用。

2. 实验内容

(1)　试用 JavaScript 编程实现：根据不同的时间段，在网页中显示不同的问候语，中午 12 时以前在网页上显示"早上好！"，12 时至 18 时在网页上显示"下午好！"，18 时以后在网页上显示"晚上好！"。

(2)　试用 JavaScript 编程实现：在网页中输出当前的日期和星期数，以及网页的更新日期。格式：××××年××月××日星期×，最后更新日期为：****。如果为星期六或星期天则用红色显示。

(3)　试用 VBScript 编程实现：为页面加上访问控制，只有输入正确的认证字符串"123456"才能访问本页面；否则，通过 Window 对象的 location 方法跳转到 default.htm 页面。

(4)　试用 JavaScript 编写如图 4-1 所示的"用户注册"页面，要求能够实现用户注册信息检验、显示系统日期、随机产生验证码、状态栏跑马灯等功能。

(5)　试用 VBScript 编写如图 4-13 所示的"在线智力问答"页面，要求能够实现用户检验登录、显示系统日期、趣味答题、自动评分、倒计时等功能。

习　题　4

一、单项选择题

(1) 在 JavaScript 脚本中，以下语句用法中，不正确的是(　　)。

　　A. varx=y=0;　　　　　　　　B. sum+=3;

　　C. var ==13; y+=x;　　　　　　D. var result=(ts>=10)?1:0;

(2) 在 JavaScript 中，逻辑与运算操作符是(　　)。

　　A. and　　　　　　B. ||　　　　　C. &&　　　　　D. !

(3) 在以下表达式中，不符合 JavaScript 语法的是(　　)。

　　A. y/=x+2　　　　　　　　　　B. y=++x

　　C. (x>10)?1:++x　　　　　　　D. 1<x<7

(4) 在 JavaScript 中，若要退出循环，则实现的语句为(　　)。

　　A. exit　　　B. exit For　　　C. continue　　　D. break

(5) 现有 JavaScript 脚本块：

```
<Script Language="JavaScript">
function test()
{
    var x=2;
    x+=x-=x*x+1;
    document.write(x);
}
</script>
```

　　执 test 函数后，其输出结果为(　　)。

　　A. -1　　　　　B. -2　　　　　C. -6　　　　　D. -3

(6) 在以下 JavaScript 脚本程序中，能正确运行，不会导致死循环的是(　　)。

　　A. Function test()

　　　　{

　　　　　　var x;

　　　　　　for(x=1; x<10; x--);

　　　　}

　　B. Function test()

　　　　{

　　　　　　var x;

　　　　　　for(x=1; x<10; x++);

　　　　}

　　C. Function test()

```
        {
            int x=1;
            do {
            } while(++x<10);
        }
    D.  Function test()
        {
            int x=1;
            do {
            } while(x++);
        }
```

(7) 现有 JavaScript 脚本块:

```
<Script Language="JavaScript">
function test2()
{
    var x=1l
    var y=0;
    switch(y)
    {
    case 0:
        switch(x++)
        {
        case 1: y+=x;
        case 2: y=x*x-1; break;
        }
    case 1: x++; y--; break;
    }
    document.write(x);
    document.write(y);
}
</script>
```

　　调用 test2 函数后, 其输出结果为(　　)。

A. 3 2　　　　　　B. 2 3　　　　　C. 3 3　　　　　D. 2 2

(8) 现有 JavaScript 脚本块:

```
<Script Language="JavaScript">
function test3()
{
    var c, i=1;
```

```
var na = new Array("A","P","I");
c = na[0];
while(c)
{
    switch(c)
    {
    case "A":
    case "P": c+=32; document.write(c); break;
    default: document.write(c);
    }
    c=na[==i];
}
}
</Script>
```

调用 test3 函数后，其输出结果为(   )。

A. a I   B. A I   C. A 32 I   D. a32

(9) 现有 JavaScript 脚本块:

```
<Script Language="JavaScript">
function test4()
{
    var n = new Array(3);
    var i;
    var j;
    for(i=0; i<2; i++) n[i] = 0;
    for(i=0; i<2; i++)
        for(j=0; j<2; j++)
            n[j] = n[i] + 2;
    document.write(n[0]);
    document.write(n[1]);
}
</Script>
```

调用 test4 函数后，其输出结果为(   )。

A. 5 6   B. 6 undefined   C. 6 5   D. 6 6

(10) 现有 JavaScript 脚本块:

```
<Script Language="JavaScript">
function test5()
{
    var n = 7;
```

```
do {
    n -= 6;
    document.write(n);
} while(!(--n));
}
</Script>
```

调用 test5 函数后，其输出结果为(　　　)。

A. 1　　　　　　　　B. 1 -6　　　　　　　　C. -12　　　　　　　　D. 1 -12

(11) 在 JavaScript 中，现有字符串变量 keyword，若要获得变量中所存储的字符串的长度，以下实现方法中，正确的是(　　　)。

A. len(keyword)　　　　　　　　　　B. math.len(keyword)

C. keyword.length　　　　　　　　　D. keyword.len

(12) 在 JavaScript 中，若要判断 E-mail 变量所存储的值是否含有@字符，以下各方法中正确的是(　　　)。

A. String.substring("@")　　　　　　B. Stringi.ndexOf("@")

C. Email.indexOf("@")　　　　　　　D. Email.indexOf("@")

(13) 在 JavaScript 中，以下不属于 window 对象的方法的是(　　　)。

A. Alert()　　　　B. open()　　　　C. clearTimeout()　　　D. val()

(14) 在 JavaScript 中，若要弹出一个输入窗口，应使用 window 对象的(　　　)方法实现。

A. alert()　　　　B. inputbox()　　　C. prompt()　　　　D. confim()

(15) 在 JavaScript 中，若要获得网页文档最近被修改的日期和时间，以下实现方法中正确的是(　　　)。

A. window.LastModify　　　　　　　B. window.lastModified

C. document.LastModified　　　　　　D. document.lastModify

(16) 在 JavaScript 中，若要让 frmlog 表单中名为 logname 的文本框获得输入焦点，则以下方法中正确有效的是(　　　)。

A. frmlog.logname.setfocus()

B. document.frmlog.logname.focus()

C. document.frmlog.logname.setfocus()

D.document.frmlog.logname.blur()

(17) 以下对 VBScript 描述错误的是(　　　)。

A. 是基于对象的脚本语言　　　　　　B. 不区分大小写

C. 通常用于 ASP 服务器端编程　　　　D. IE 浏览器不支持 VBScript

(18) 在 VBScript 中，声明变量使用(　　　)语句。

A. Option Explicit　　　B. int　　　　C. Dim　　　　D. ReDim

(19) 在 VBScript 中，可用于计算一个表达式的值的函数是(　　　)。

A. Fix()　　　　　　B. Eval()　　　　C. Cint()　　　　D. Round()

(20) 在 VBScript 中，若要获得一周后的日期，可使用(　　　)函数实现。

A. Time()　　　　　B. Day()　　　　C. Date()　　　　D. Now

(21) 在 VBScript 中，若要退出 DO 循环，应使用语句(   )。

    A. Exit   B. Exit Sub   C. Exit For   D. Exit Do

(22) 在 VBScript 中，若要定义一个有 4 个成员的数组 answer，以下定义方法中，正确的是(   )。

    A. Dim answer(5)   B. ReDim answer(5)

    C. Dim answer(4)   D. ReDim answer(4)

(23) 在 VBScript 中，可以用来产生一个接收用户输入信息的输入框的函数有(   )。

    A. prompt()   B. Inputbox ()   C. alert()   D. prompt()和 Inputbox ()

(24) 在 VBScript 中，使用(   )方法可以动态地在 HTML 文档中写入代码。

    A. alert()   B. write()   C. open()   D. close()

二、思考并回答

试比较 JavaScript 和 VBScript 的区别与联系。

项目五　ASP 内置对象

【学习目标】

- 掌握获取表单提交数据的方法
- 掌握 Web 服务器端向客户端输出数据的方法
- 掌握 Server 对象的应用
- 掌握 Session 对象的应用
- 理解 global.asa 文件的作用

【工作任务】

- 使用 Request 对象获取表单提交的数据
- 使用 Response 对象从 Web 服务器端将数据输出到客户端浏览器
- 使用 Server 对象实现对服务器端的控制和管理
- 使用 Session 和 Application 对象存储变量、记录用户会话状态和网站全局信息
- 使用 global.asa 文件

ASP 支持面向对象的程序设计方式，在其内部提供了几个常用的内置对象供网站开发者使用。网站开发者可以在 VBScript 脚本中嵌入这些对象，可以很容易地收集用户通过浏览器上传的信息，及时响应用户通过浏览器发送的 HTTP 请求并将客户所需要的信息传递给客户，还可以利用这些对象来灵活控制服务器、浏览器之间的状态信息，从而实现某些特殊场合的需求，如实现对用户状态的维持、控制浏览器对网页的显示方式等。这些常用的内置对象及其功能如表 5-1 所示。

表5-1　ASP内置对象及其功能描述

对 象 名	功能描述
Request	获取客户端表单提交的数据
Response	由 Web 服务器端向客户端浏览器输出数据
Server	提供服务器端的属性和方法，用于服务器端的控制和管理
Session	存储当前应用程序单个使用者专用的数据
Application	存储当前应用程序所有使用者共用的数据

5.1　任务 1 - 获取表单提交的数据

5.1.1　编写用户登录页面

用户登录功能一般是在客户端通过表单将用户名和密码信息提交给服务器，由服务器

端的相关处理程序判断获取的信息是否正确后进行下一步处理。

【**例 5-1**】编写一个如图 5-1 所示的用户登录页面 login.asp，要求实现如下功能。

(1) 将表单数据提交给页面 show.asp，在页面 show.asp 中显示用户名和密码信息。如图 5-2 所示。

图5-1　用户登录页面

图5-2　获取用户信息页面

(2) 将表单数据提交给页面 check.asp，在页面 check.asp 中验证获取的用户名和密码信息是否正确。若正确，验证通过，将自动跳转到网站后台管理主页 Default.asp，如图 5-3 所示；若错误，则验证失败，输出提示信息，如图 5-4 所示。

图5-3　验证通过

图5-4　验证失败

5.1.2　Request 对象

Request 对象主要用于获取客户端数据，其功能主要通过内置的集合和属性、方法来实现。Request 对象将客户端数据保存到内置的几个集合中，通过访问这些集合，便可获得表单所提交的数据、Cookie 以及服务器环境变量的值、客户端有关信息等。Request 对象的集合、属性和方法的如表 5-2、表 5-3 所示。

表5-2　Request对象的集合

集　　合	描　　述
Form	包含了用于从使用 POST 方法的表单取回表单元素的值
QueryString	包含了 HTTP 查询字符串中所有的变量值
Cookies	包含了 HTTP 请求中发送的所有 Cookie 值
ServerVariables	包含了所有的服务器变量值

表5-3　Request对象的属性和方法

属性/方法	描　　述
TotalBytes	取得客户端相应数据的字节大小
BinaryRead	以二进制代码读取客户端的 POST 数据

1．Form 集合

该集合用于获取 Post 方法所提交的表单数据，其用法为：

```
Retvalue = Request.Form("Obj_Name")
```

各个参数的意义如下。
- Form：指明是 Form 集合，其成员是表单所提交的界面对象。
- Obj_Name：表单控件的名称。

该语句参数的使用非常灵活，不同的组合形式具有不同的含义。
- Request.Form：代表整个集合对象。
- Request.Form("Obj_Name")：获取 Form 集合中对应成员的值。
- Request("Obj_Name")：整个 Request 集合中找到第一个匹配的成员。

例如，若表单中用于输入用户名的对象名为 username，表单提交后，要获得用户名，并将其保存到 name 变量中，则实现的语句为：

```
name = Request.Form("username")
```

由于 Form 集合获取的是 Post 方法所提交的表单数据，POST 方法是将表单中的数据打包后以文件的形式提交给服务器，所以对提交的数据是不限定其长度的。因此，对于大容量的表单数据，适合使用 Request 对象的 Form 集合来获取。

实现例 5.1 中的用户登录页面 login.asp 的代码如下。

源文件 char5\request\login.asp:

```
<html>
<head>
<meta http-equiv="Content-Type" content="text/html; charset=utf-8">
<title>用户登录</title>
</head>
<body>
<form action="show.asp" method="Post" name="login" id="login">
<table width="249" border="0" align="center" bordercolor="#FF0000" >
<tr><td height="50" colspan="2">用户登录</td></tr>
<tr><td width="87">用户名: </td><td width="203" height="30">
<input name="username" type="text" id="username" size="25" /></td></tr>
<tr><td>密码: </td><td height="30">
<input name="userpwd" type="password" id="userpwd" size="27"></td></tr>
<tr><td height="30" colspan="2"><div align="center">
<input type="submit" name="Submit" value="登录"></div></td></tr>
</table>
</form>
</body>
</html>
```

(1)　使用 Request 对象的 Form 集合获取表单提交的数据并显示的页面的代码如下。
源文件 char5\request\show.asp:

```
<html>
<head>
<meta http-equiv="Content-Type" content="text/html; charset=utf-8">
<title>form 集合应用</title>
</head>
<body>
'获取表单提交的数据
用户名: <%=Request.Form("username")%><br>
密码: <%=Request.Form("userpwd")%><br>
</body>
</html>
```

说明: 通常情况下，用户登录页面的功能不是简单地将获取的用户名和密码信息显示出来，而是结合 Response 对象的 Redirect 和 Write 方法，来判断用户是否可以通过验证登录到网站后台管理的主页。

(2) 将页面 login.asp 代码中的 action="show.asp"改为 action="check.asp"，验证页面 check.asp 将会获取的用户名和密码信息，并验证是否正确。页面 check.asp 代码如下。

源文件 char5\request\check.asp：

```
<%
dim name,pwd
'获取表单提交的数据
name = Request.Form("username")
pwd = Request.Form("userpwd")
'判断用户名和密码是否正确
if name="admin" and pwd="123456" then
    '验证通过，跳转到后台管理主页面
    Response.Redirect("Default.asp")
else
    '验证失败，输出提示信息
    Response.Write("用户名或密码错误!</br>")
    Response.Write("<a href='login.asp'>返回重新登录</a>")
end if
%>
```

2．QueryString 集合

该集合用于获得 Get 方法所提交的表单数据，其用法与 Form 集合相同，格式为：

```
Retdata = Request.QueryString("Obj_Name")
```

表单在用 Get 方法提交数据时，会将表单数据附加在 URL 地址后面显示出来，因此只能使用在安全性要求不高的场合，同时也限定了数据的长度，只适合较少量的数据提交。

例如，若将上例用户登录页面 login.asp 中的 method 方法的值改为"Get"，并将页面 show.asp 中的"Request.Form"改为"Request.Querystring"，若在表单中输入用户名为"admin"，密码为"123456"，则在提交表单数据到 show.asp 时，在浏览器的地址栏中将会显示：

```
http://localhost.show.asp?username=admin&userpwd=123456
```

从以上构成的网址格式可以看出，使用 Get 方法提交，会在接受数据的网页地址后面添加了一些参数，网页与这些参数之间用"?"分隔，各参数间用"&"连接。这种用法说明网页可以接收参数，在网页中利用传递的参数变量和 Request 对象的 QueryString 集合，来获得这些参数变量的值，从而实现网页的一些特殊应用。

比如，在新闻发布系统中，不可能每条新闻内容的显示都要使用独立的页面，一般是在一个显示新闻内容的页面中根据新闻记录的 id 值动态显示, 而 id 的值就是通过参数变量传递过来的。

例如，在一个显示新闻内容的页面 shownews.asp 中显示数据表中 id 值为 35 的这条新闻记录，则网页访问格式为：

```
http://loaclhost/shownews.asp?id=35
```

使用 Request 对象的 QueryString 集合获取新闻记录 id 的值的语句如下：

```
newsid = Request.QueryString("id")
```

3. Cookies 集合

Cookies 是一种标记，由 Web 服务器嵌入用户浏览器中来标识用户。使用 Cookies 方法，服务器可以在每次访问的客户机上留下一个"印记"，当下次该客户机再次访问服务器时，服务器就可以通过读取客户机上的 Cookie，达到"记忆"的效果。另外，使用 Cookies 方法，也减轻了服务器的许多负担，本来需要在服务器上数据库中或文件中保留的数据，此时只要存储在客户机上。Cookies 被存为简单的文本文件，其名称标识用户和站点，可以用任何文本编辑器打开。

Request 对象的 Cookies 集合用于获取指定 Cookie 的值，其用法为：

```
Variable name = Request.Cookies(cookiename)
```

例如，利用 Request 对象的 Cookies 集合实现简单网页计数器的程序代码如下。
源文件 char5\request\cookies.asp：

```
<html>

<head>
<meta http-equiv="Content-Type" content="text/html; charset=utf-8" />
<title>cookies 应用</title>
</head>

<body>
<%
response.buffer = true        '打开缓冲
dim count
count = request.cookies("vcount")        '获取用户在 HTTP 请求中发送的 cookie 值，
                                         '并付给 count 变量
if count > 0 then
    count = count + 1
    response.write("欢迎你第"&count&"次访问本站")
else
    count = 1
    response.write("欢迎你首次访问本站")
end if
```

```
response.cookies("vcount") = count        '将 count 的值写入到 cookie 中
response.flush          '立即发送缓冲区中的内容到客户端
%>


</body>
</html>
```

4．ServerVariables 集合

Request.ServerVariables 集合中记录了服务器与客户端的环境信息，如浏览器信息、客户端的 IP 地址等。利用这些信息可以控制浏览器对服务器的访问以及服务器对浏览器的响应。它主要是通过 HTTP 头信息来进行传输。其用法是：

```
Retvalue = Request.ServerVariables("环境变量名")
```

常用的环境变量和所返回的信息如表 5-4 所示。

表5-4　常用的环境变量

变　　量	描　　述
APPL_PHYSICAL_PATH	返回当前文件所在的物理路径
AUTH_PASSWORD	返回在客户端身份验证对话框中输入的密码
AUTH_TYPE	返回身份验证的类型。基本身份验证返回值为 Basic
AUTH_USER	返回在客户端身份验证对话框中输入的用户名
CONTENT_LENGTH	返回客户端发送内容的长度，即提交内容的长度
CONTENT_TYPE	返回客户端发送内容的数据类型
HTTP_ACCEPT_LANGUAGE	返回客户端的语言环境。英文返回值为 en，简体中文为 zh-cn
HTTP_USER_AGENT	返回客户端浏览器的类型。对于 IE，其返回中包含有 MSIE，对于 Netscape 浏览器，则包含有 Mozilla，据此，可判断浏览器类型
LOCAL_ADDR	返回接受请求的服务器的 IP 地址
LOGON_USER	返回用户登录 Windows NT 的账号
PATH_INFO	返回网页文件的虚拟路径
PATH_TRANSLATED	返回网页文件的真实路径
QUERY_STRING	返回 HTTP 请求之后的字符串信息
REMOTE_ADDR	返回发出请求的客户端 IP 地址
REMOTE_HOST	返回发出请求的客户端主机名
REQUEST_METHOD	返回 HTTP 请求的方法(POST/GET)
SCRIPT_NAME	返回正在执行的脚本的虚拟路径
SERVER_NAME	返回服务器的域名，对于本机返回 Localhost
SERVER_PORT	返回服务器的 HTTP 端口号。通常为 80
SERVER_SOFTWARE	返回 HTTP 的服务器软件名称与版本

例如，若要获得客户端的 IP 地址信息，则实现的代码为：

```
<%ClientIP=Request.ServerVariables("RREMOTE_ADDR")%>
```

若要获得当前页面的虚拟路径，则实现的代码为：

```
<%vPath=Request.ServerVariables("SCRIPT_NAME")%>
```

5. Request 对象的属性

Request 对象只提供了一种属性，即 TotalBytes 属性，用来取得客户端相应数据的字节大小。

其引用格式为：

```
Variable picsize = Request.TotalBytes
```

该属性很少在 ASP 页面中应用，仅是对某些特定的值使用，如图片数据的字节大小。

6. Request 对象的方法

Request 对象只提供了一种方法，即 BinaryRead 方法。该方法用来取得 HTML 表单的源内容，利用它可以以二进制代码读取客户端的 Post 数据。它的返回值是一个数组。该方法需要一个参数，即每次读取的字节的大小。其引用格式为：

```
Variable getdata[] = Request.BinaryRead(count)
```

但是，由于该方法与 Form 集合抵触，所以若程序中参考了 Form 集合，则不能再使用 BinaryRead 方法；若程序中调用了 BinaryRead 方法，则不能再使用 Form 集合。

5.2 任务 2 - 向客户端动态输出信息

5.2.1 编写网页实现动态输出表格

【例 5-2】编写一个如图 5-5 所示的动态输出表格页面 response_table.asp，要求在如图 5-6 所示的页面 table.asp 的表单中输入行和列的值，动态输出相应行数和列数的表格。

图5-5 动态输出表格页面

图5-6　定义表格页面

5.2.2　Response 对象

Response 对象用于控制和管理由服务器发送到浏览器的信息(HTML 普通文本、控制信息、Cookies)，其功能主要是通过该对象的属性、方法和 Cookies 集合来实现的。

1. Response 对象的属性

Response 对象提供了一系列的属性，通过对这些属性的设置，可以使服务器端的响应能够适应客户端的请求。

(1) Buffer 属性

Buffer 属性用于指定 ASP 创建的输出是否缓存在 IIS 的缓冲区中。若该属性设置为 True，将产生的输出存放在 IIS 缓冲区中，在整个页面的服务脚本执行完毕或调用 Flush、End 方法之后，才一次性将其发送给客户端浏览器。若该属性设置为 False，则服务器在处理过程中不缓存输出而是直接将输出发送到客户端浏览器。

例如，若将下面程序中的 Buffer 属性分别设置为 True 和 False，可以明显观察到网页中数据显示方式的差别：

```
<%Response.Buffer=false%>
<html>
<head>
<meta http-equiv="Content-Type" content="text/html; CharSet=gb2312" />
<title>测试 Buffer 属性 </title>
</head>
<body>
<%
for i = 1 to 100
    for j = 1 to 500000          '用于延迟
        next
    Response.Write(i&"</br>")
next
```

```
%>
</body>
</html>
```

(2) ContentType 属性

ContentType 属性用于指定服务器响应的 HTTP 内容类型,告知客户端将要传输的文件类型,默认值为 "text/html",经常设置的文件类型如表 5-5 所示。

表5-5　常用多媒体文件类型

属 性 值	多媒体类型	文件扩展名
text/html	HTML 文档	.html 或.htm
image/gif	GIF 格式图形文件	.gif
image/jpeg	JPEG 格式图形文件	.jpeg 或.jpg
audio/x-wav	WAV 音频格式文件	.wav
audio/x-pn-realaudio	RAM 音频格式文件	.ram
application/x-shockwave-flash	Flash 文件	.swf
application/vnd.ms-excel	Excel 文件格式	.xls
video/mpeg	MPEG 视频格式文件	.mpeg 或.mpg
video/avi	AVI 视频格式文件	.avi

使用格式如下:

```
<% Response.ContentType = "text/HTML" %>
<% Response.ContentType = "image/GIF" %>
```

(3) CharSet 属性

CharSet 属性用于指定网页所采用的字符集。设置该属性后,字符集名称将附加到 HTTP Content-Type 的后面,如简体中文为 "gb2312"。其设置方法为:

```
<%Response.CharSet="gb2312"%>
```

该语句相当于:

```
<Meta http-equiv="Content-Type" Content="text/html; CharSet=gb2312">
```

(4) Expires 属性

Expires 属性用于指明页面有效的时间长度,以分钟为单位。在有效期内用户请求相同的页面,将直接读取缓冲区中的内容;超过有效期的页面,即网页过期,缓冲区失效,网页会自动从服务器重新读取该页面的内容并显示。对于要求信息即时传递的网页,或安全性要求较高的页面,可设置该属性的值为 0,让其立即过期,使网页每次都必须从服务器上重新读取,以保证所得到的是最新的网页。其设置方法为:

```
Response.Expires = 页面存活时间
```

例如,若要设置当前页面的存活时间为 10 分钟,则设置的语句为:

```
<%Response.Expires=10%>
```

当第一次访问该网址时,显示的是当前的系统时间,若在 10 分钟内再次访问该网站时,网页中显示的时间为上次的时间而不是最新的当前时间,所以当前页面为上次存放在缓冲区中的页面,若将程序中的 Response.Expires 设置为 0,则每次访问该网址时都是显示当前的最新系统时间,所以每次显示的页面都是最新生成的。

同样限制网页有效期的还有 Response.ExpiresAbsolute 属性,用于指明当一个页面过期和不再有效时的绝对时间。其设置方法为:

```
Response.ExpireAbsolute = #日期和时间#
```

例如,若要设置网页在当天 22:00:00 到期,则设置语句为:

```
<%Response.ExpireAbsolute=#22:00:00#%>
```

(5) IsClientConnected 属性

IsClientConnected 属性用于返回客户是否仍然连接和下载页面的状态标志。如果用户断开连接或停止下载,我们就不用再浪费服务器的资源创建网页,因为缓冲区内容将被 IIS 丢弃。所以,对那些需要大量时间计算或资源使用较多的网页来说,值得在每一阶段都检查浏览者是否已离线。

(6) Status 属性

Status 属性用于传递服务器状态,客户端浏览器使用该信息确定服务器是如何处理请求的,通常由服务器自动设置,用户也可主动设置,以模拟错误的发生来限定一个 HTTP 响应的状态码。该属性的设置必须在其他任何输出页面内容之前,否则将出错。

常用的 HTTP 响应状态码如表 5-6 所示。

表5-6　常用的HTTP响应状态码

状 态 码	状 态	说 明
200	OK	页面请求被接受
302	Object Moved	网页已经转移到其他地址
400	Bad Request	错误请求
401	Unauthorized	未授权访问
403	Forbidden	禁止访问
404	Not Found	文件未找到
500	Internet Server Error	内部服务器错误
503	Service unavailable	服务器无效

例如,下列程序将限制用户访问特定的网页内容,并返回状态信息:

```
<%
ip = request.ServerVariables("REMOTE_ADDR")
if ip <> "194.248.333.500" then
    response.Status = "401 Unauthorized"
```

```
    response.Write(response.Status)
    response.End
end if
%>
<body>
    <h1>特定 IP 地址用户访问网页！<h1>
</body>
```

2. Response 对象的方法

(1) Write 方法

Write 方法用于将指定的数据写入到当前的 HTTP 响应流中。常用该方法实现由服务器端向客户端浏览器输出内容，其输出的内容可以包括文本、HTML 标记符和脚本。具体用法为：

```
Response.Write("要输出的内容")
```

也可以将 Write 方法后的括号省略：

```
Response.Write "要输出的内容"
```

例如：

```
<%  Response.Write "<a href='index.asp'>返回主页</a>"  %>
```

实现例 5.2 中的定义表格行数和列数的页面 table.asp 的代码如下。
源文件 char5\response\table.asp：

```
<html>
<head>
<meta http-equiv="Content-Type" content="text/html; charset=utf-8">
<title>定义表格行数和列数</title>
</head>
<body>
<form action="response_table.asp" method="Get" name="login" id="login">
<table width="249" border="0" align="center" bordercolor="#FF0000" >
<tr><td height="50" colspan="2">动态输出表格</td></tr>
<tr>
<td width="87">行数：</td>
<td width="203" height="30">
<input name="row" type="text" id="row" size="20" /></td>
</tr>
<tr>
<td>列数：</td>
```

```
<td height="30"><input name="col" type="text" id="col" size="20"></td>
</tr>
<tr>
<td height="30" colspan="2"><div align="center">
<input type="submit" name="Submit" value="提交"></div></td>
</tr>
</table>
</form>
</body>
</html>
```

使用 Response 对象的 Write 方法动态输出表格的页面 response_table.asp 的代码如下。
源文件 char5\response\response_table.asp：

```
<%
'获取要产生的表格的行数和列数
rownum = Request.QueryString("row")
colnum = Request.QueryString("col")
'输出表格
Response.Write("<table width=500 border=1 bordercolor='#FF0000'>")
'循环输出表格的行
for i=1 to rownum
    Response.Write("<tr align=center>")
    '循环输出这一行的单元格
    for j=1 to colnum
        Response.Write("<td>第"&i&"行第"&j&"列</td>")
    next
    Response.Write("</tr>")
next
%>
```

(2) BinaryWrite 方法

该方法用于将指定的数据写入到当前的 HTTP 响应流中，而不进行字符转换。常用于
从数据库中向客户端输出二进制数据，如图像或声音文件等。其用法为：

```
Response.BinaryWrite 要输出的数据
```

例如：

```
<%
RS.Open fhsql,connstr,1,1
Response.contenttype = "image/*"
PicSize = RS.Fields("产品外观").ActualSize
```

```
Response.BinaryWrite RS("产品外观").GetChunk(picsize)
RS.close
%>
```

(3) Redirect 方法

该方法使用户能够从一个 ASP 页面转到另一个页面。当调用 Response.Redirect 方法来重新定向新的页面时，实际上发送了一个特殊的 HTTP 报头，客户端浏览器读到此报头信息后，将按指定的 URL 载入一个新的页面。例如上节例 5-1 的 check.asp 页面中，若用户名和密码正确，就自动跳转到网站后台管理主页 Default.asp：

```
Response.Redirect("Default.asp")
```

(4) Flush 方法

该方法用于立即发送缓存区中的输出，若 Response.Buffer 不为 true，会导致输出错误。例如：

```
<% Response.Buffer=true %>
<html>
<body>
<p>This text will be sent to your browser when my response buffer is flushed.
</p>
<% Response.Flush %>
</body>
</html>
```

(5) End 方法

该方法可使 Web 服务器停止处理脚本并返回当前的处理结果，如果此时 Response.Buffer 为 true，可调用 Response.End 可将缓存输出，而 Response.End 语句后面的内容将不再输出，例如：

```
<html>
<body>
<p>I am writing some text. This text will never be<br>
<% Response.End %>
finished! It's too late to write more!</p>
</body>
</html>
```

运行的结果只显示：

```
I am writing some text. This text will never be
```

(6) clear 方法

该方法清除缓冲区中的所用的 HTML 输出的正文，但不清除标题，当 Response.Buffer

设为 true 时，clear 方法使用时才不会出错。该方法可处理错误情况。例如：

```
<% Response.Buffer=true %>
<html>
<body>
<p>This is some text I want to send to the user.</p>
<p>No, I changed my mind. I want to clear the text.</p>
<% Response.Clear %>
</body>
</html>
```

运行的结果是页面显示为空。

3. Response 对象的 Cookies 集合

Cookie 作为一种标记，由 Web 服务器嵌入客户端浏览器，以便标识用户或存储与用户相关的信息。下次同一浏览器请求网页时，将自动向 Web 服务器发送收到的 Cookie。Web 服务器接收到 Cookie 后，对其进行修改后可重新写回到客户端的浏览器。利用 Response 和 Request 对象的 Cookies 集合可实现设置或获取 Cookie 的值。其中使用 Response.Cookies 的语法格式如下：

```
Response.Cookies(Cookies_Name)[(Key)|Attribute]=Cookies_Value
```

各个参数的意义如下。

- 参数 Cookies_Name：表示 Cookie 的名称。
- 可选参数 Key：为 Cookie 指定关键字。通过给 Cookie 指定关键字，可以使 Cookie 拥有多个值，这种 Cookie 称为带索引的 Cookie，相当于数组元素的下标。
- 可选参数 Attribute：代表 Cookie 集合对象的属性，相关参数如表 5-7 所示。

表5-7　Attribute参数列表

名　称	说　明
Domain	只写，字符型。若被指定，则 Cookie 将被发送到该域的请求中。 默认值为创建它的域
Expires	只写，日期时间型，用于设置 Cookie 的有效期。若该值缺省，Cookie 则只暂存在客户端的内存中，在浏览器关闭之前有效，浏览器关闭之后，该 Cookie 将自动清除。若指定该值，则 Cookie 将以文本文件的形式存储在用户的硬盘上，在指定的有效期内有效
HasKeys	只读，布尔型。用于检测当前 Cookie 是否包含子键。值为 True 表示有子键；值为 False 表示无子键
Path	只写，字符型。若被指定，则 Cookie 只发送到对该路径下所有页面的请求中；默认值为该域的根目录路径，即 "/"
Secure	只写，布尔型。指定 Cookies 能否被用户读取。默认值为 True

例如，网站可以通过 Cookie 记录某用户访问的次数和最后的日期时间，并指定该记录的有效期为一周。程序代码如下：

```
<%
VisitNum = Request.Cookies("UserVisit")("Num")
if VisitNum = "" then
    response.Cookies("UserVisit")("Num") = 1
else
    response.cookies("UserVisit")("Num") = VisitNum + 1
end if
response.Cookies("UserVisit")("lastvisit") = Now
response.Cookies("UserVisit").expires = dateadd("ww", 1, Date)
%>
<html>
<head>
<meta http-equiv="Content-Type" content="text/html; charset=gb2312">
<title>测试 Response.Cookies 集合</title>
</head>
<body>
<table width="400" border="0" cellspacing="0" cellpadding="0">
<tr>
<td><% response.Write "访问次数为: " & VisitNum +1 & "<br>" %></td>
<td><% response.write "最近访问时间: " & Now %></td>
</tr>
</table>
</body>
</html>
```

假设服务器将所有的 cookie 都传给了某个用户，可以使用 Haskeys 属性遍历完整的 Request.Cookies 集合，从而获得所有 cookie 的列表及其值。例如：

```
<html>
<body>
<%
dim x, y
for each x in Request.Cookies
    if Request.Cookies(x).HasKeys then
        for each y in Request.Cookies(x)
            response.write(x & ":" & y & "=" & Request.Cookies(x)(y))
            response.write("<br />")
        next
```

```
    else
        Response.Write(x & "=" & Request.Cookies(x) & "<br />")
    end if
    response.write "</p>"
next
%>
</body>
</html>
```

5.3　任务 3 - Server 对象

5.3.1　利用 Server 对象连接数据库

【例 5-3】统计网站访问流量。利用 Server 对象创建链接数据库的对象实例，以获取存放在数据库 webdata.mdb 的 counters 表中的访问流量统计数据 webcounter。

页面代码如下。源文件 char5\server\count.asp：

```
<html>
<head>
</head>
<body>
网站访问量:
<%
sqlstr = "select * from counters where counter_id=1"
'将虚拟路径转换为真实的物理路径，构造连接字符串
dbpath = Server.MapPath("/data/webdata.mdb")
connstr = "Provider=Microsoft.Jet.OLEDB.4.0;Data Source="&dbpath
'创建连接对象和记录集对象实例
Set conn = Server.CreateObject("ADODB.Connection")
conn.open connstr
Set rs = Server.CreateObject("ADODB.RecordSet")
rs.open sqlstr, connstr, 1, 1
'获得原来的计数值，增加 1 并保存
new_webcounter = rs("webcounter") + 1
sqlstr = "update counters set [webcounter]="&new_webcounter&" where
counter_id=1"
'执行 SQL 语句，输出从数据库中获取的当前计数值
conn.execute sqlstr
```

```
response.write new_webcounter
rs.close
conn.close
set conn = nothing
%>
</body>
</html>
```

从代码中可以看出，连接访问数据库时，必须使用 Server 对象的相关属性和方法。

5.3.2　Server 对象

ASP Server 对象的作用是访问有关服务器的属性和方法，可用于服务器端的控制和管理。利用 Server 对象提供的 CreateObject 方法，可实现在服务器上创建对象的实例，从而大大增强和扩充 ASP 的功能。

1．Server 对象的属性

Server 对象只有一个 ScriptTimeOut 属性，用于设置或返回在一段脚本终止前它所能运行时间的最大值。可在 IIS 服务器中设置，其默认值为 90 秒，也可在 ASP 页面中通过该属性来设置或更改，其设置方法为：

```
Server.ScriptTimeOut = 时间值
```

设置的时间以秒为单位，该语句应放在页面的最开头部分。例如，若要设置 ASP 页面的最大执行时间为 120 秒，则设置语句为：

```
<% Server.ScriptTimeOut=120 %>
```

通过设置脚本运行的最长时间，可有效防止当页面脚本陷入死循环时耗费系统大量资源。如果在规定的时间内脚本还未执行完，将触发 ScriptTimeOut 事件，同时会报告相应的错误信息。

若想查看当前页面设置的脚本运行时间，可使用以下语句：

```
<% =Server.ScriptTimeOut%>
```

2．Server 对象的方法

(1)　CreateObject 方法

该方法用于在服务器上创建一个已注册对象的实例，其用法为：

```
Set obj = Server.CreateObject(ProgID)
```

该语句创建指定对象的实例，然后利用 Set 语句，将实例对象保存到 obj 变量中，以后 obj 就可代表该实例对象。在 VBScript 中，要将一个对象赋给一个变量，必须用 Set 语句来实现。

ProgID 代表要实例化的对象的类或类型。ProgID 具有"appname.objecttype"格式特点，例如，文件系统对象的 ProgID 为 Scripting.FileSytemObject；数据库的链接对象的 ProgID 为 ADODB.Connection。

例如，若要创建文件系统对象的实例，并将实例命名为 FSO，则创建方法为：

```
<% Set FSO=Server.CreateObject("Scripting.FileSytemObject")%>
```

若要创建数据库链接对象的实例，并命名为 conn，则创建方法为：

```
<% Set conn=Server.CreateObject("ADODB.Connection")%>
```

使用此方法创建的对象是有页面作用域的。这就是说，在当前 ASP 页处理完成之后，服务器将自动破坏这些对象。要创建有 session 或 application 作用域的对象，可以在 Global.asa 文件中使用<object>标记并设置 session 或 application 的 SCOPE 属性，也可以在 session 或者 application 变量中存储该对象，其创建方法为：

```
<% Set Session("conn")=Server.CreateObject("ADODB.Connection")%>
```

以后就可将 Session("conn")作为链接对象来使用，它在该用户所请求的各个页面均有效，这样就可避免频繁地创建和删除对象了。

(2) MapPath 方法

该方法用于将虚拟路径转换为真实的物理路径。其用法为：

```
truepath = Server.MapPath(virtualPath)
```

将 virtualPath 映射为物理路径的相对路径或绝对路径。如果该参数以/或\开头，则 truepath 返回完整的虚拟路径。如果该参数不以/或\开头，则 truepath 返回相对于正在被处理的.asp 文件的路径。

例如，若在站点根目录下的 data 子目录下有一个名为 webdata.mdb 的数据库文件，现在要获取该数据库文件的真实物理路径，则实现的语句为：

```
dbpath = Server.MapPath("/data/webdata.mdb")
```

若要获得当前正在运行的 ASP 页面的真实路径，则实现的代码为：

```
<%=Server.MapPath(Request.ServerVariables("PATH_INFO"))%>
```

(3) Execute 方法

该方法用于从一个 ASP 文件中调用执行一个指定的新的 ASP 文件。在被调用的.asp 文件执行完毕后，控制权会返回原 ASP 文件，并继续执行原 ASP 文件中 Execute 方法之后的语句。

例如，原 ASP 文件 File1.asp：

```
<%
response.write("I am in File 1!<br />")
Server.Execute("file2.asp")
response.write("I am back in File 1!")
```

```
%>
```

新的 ASP 文件 File2.asp:

```
<%
response.write("I am in File 2!<hr />")
%>
```

运行 File1.asp 显示:

```
I am in File 1!
I am in File 2!
I am back in File 1!
```

在 ASP 中,还可通过#Include 语句将一个 ASP 文件包含到网页中,其语句用法为:

```
#Include File="被包含的文件"
```

一般可将通用的程序段或脚本独立出来,单独存为一个文件,需要时,再将其包含到网页中。被包含的文件扩展名是任意的,为安全起见,尽可能不用.asp,而用.inc 或用其他自定义的扩展名。

例如,若要将站点根目录下 inc 子目录中的 Upload.inc 文件包含到当前页面,则实现的语句为:

```
#Include File="/inc/Upload.inc"
```

(4) Transfer 方法

该方法将一个 ASP 文件中创建的所有状态信息(所有 application/session 变量以及所有 request 集合中的项目)发送到另一个 ASP 文件中。与 Execute 方法不同的是当第二个 ASP 文件执行完成后,并不返回到第一个 ASP 文件。

Transfer 方法是 Response.Redirect 的一个高效的替代方案。重定向强制 Web 服务器处理额外的请求,而 Server.Transfer 在服务器上向另外的 ASP 页面传输执行,避免了额外的周折。利用 Transfer 重定向到新页面后,在浏览器地地址栏中,显示的仍然是原来页面的地址,利用这一点,可在用户不知的情况下,将网页重定向到另一个页面。

例如 File1.asp:

```
<%
response.write("Line 1 in File 1<br />")
Server.Transfer("File2.asp")
response.write("Line 2 in File 1<br />")
%>
```

File2.asp:

```
<%
response.write("Line 1 in File 2<br />")
```

```
response.write("Line 2 in File 2<br />")
%>
```

运行 File1.asp 显示：

```
Line 1 in File 1
Line 1 in File 2
Line 2 in File 2
```

5.4　任务 4 - 利用 Session 对象实现页面授权

HTTP 协议是无状态的协议，用户连接一个 Web 服务器，请求一个页面，接受一个页面然后脱离，所有请求被看作是唯一和独立的连接，与在它之前的连接无任何关系。当用户从一个页面跳转到另一个页面时，系统无法跟踪其会话状态，变量的最大作用域就是页面范围。这就造成在一个页面中生成的状态值，当转到另一个页面时将会消失。例如，在网站后台管理系统中，用户在登录页面进行完身份验证可以进入主管理控制页面，但主管理控制页面却无法判断该用户是否是经过登录验证的合法用户，因为身份验证页面无法将验证通过与否的标识传递给主管理控制页面。用户在知道主管理控制页面的网址后，就可以绕过身份验证页面而直接输入网址访问主管理控制页面。这样，网站的后台管理系统也就失去了安全性。

为此，ASP 提供了 Session 对象，可以很好地解决这种变量作用域跨网页的问题。

5.4.1　利用 Session 对象存储变量

利用 Session 对象存储变量，可创建出具有会话级作用域的变量，这种变量在当前的会话生命期内，对于当前用户所请求的每个页面均有效，对于其他用户则无效，相当于用户级的变量，其创建方法为：

```
Session("变量名")
```

例如，若要创建一个用户级的 Session 变量 passflag，并赋值为 1，则语句为：

```
Session("passflag")=1
```

【例 5-4】改写例 5-1 中的用户登录验证页面 check.asp，防止非授权用户直接访问网站后台主管理控制页面 Default.asp。如果用户没有通过正常登录，而直接输入网址访问 Default.asp，将打开登录页面 login.asp 要求用户登录。

用户登录验证页面 check.asp 的代码如下。源文件 char5\session\check.asp：

```
<%
dim name, pwd
'获取表单提交的数据
```

```
name = Request.Form("username")
pwd = Request.Form("userpwd")
'判断用户名和密码是否正确
if name="admin" and pwd="123456" then
    '设置身份验证通过的标识变量
    Session("Passflag") = 1
    '验证通过,跳转到后台管理主页面
    Response.Redirect("Default.asp")
else
    '设置身份验证未通过的标识变量
    Session("Passflag") = 0
    '验证失败,输出提示信息
    Response.Write("用户名或密码错误!</br>")
    Response.Write(" <a href='login.asp'>返回重新登录</a>")
end if
%>
```

还必须在网站后台主管理控制页面 Default.asp 代码的开头添加以下安全检查代码:

```
<%
if session("passflag")=0 then response.Redirect("login.asp")
%>
```

5.4.2 Session 对象的属性

1. SessionID 属性

该属性用于返回当前会话的会话标识符,创建会话时,为每个用户返回一个唯一的 SessionID。此 SessionID 是由服务器通过复杂运算产生的一组随机数值,与当前服务器内的其他会话 SessionID 不会重复。新会话开始时,服务器将产生的 SessionID 作为 Cookie 存储到用户的浏览器中作为会话标记,以后用户请求页面时,浏览器会发送 SessionID 给服务器,用来识别会话。

Session 对象在其集合中可以存储关于某个用户会话的信息,这些信息通常是 name、id 以及参数等。存储在 Session 对象中的变量掌握着单一用户在某次会话中的信息,同时这些信息在会话生命期内对于该站点下的所有页面都是可用的,而不会随着页面的跳转而消失。

若要输出当前会话的标识符,实现的语句是:

```
<%
Response.Write(Session.SessionID)
%>
```

2．Timeout 属性

该属性以分钟为单位定义 Session 会话过期的时间期限。若用户在该时间内没有刷新或请求页面，则结束当前会话。

会话超时的时限可在 IIS 服务器中设置，其默认值为 20 分钟。也可在页面中根据需要，利用该属性来设置。

会话过期的时间设置太长，可能会导致打开的会话太多，从而增大服务器内存资源的开销，对于高访问率的站点，应设置较短的时间期限较好。

例如，若要设置会话超时的时间为 10 分钟，则设置语句为：

```
<% Session.Timeout=10 %>
```

5.4.3　Session 对象的方法

Session 对象常用的方法是 Abandon，它用于结束当前会话。其用法为：

```
<% Session.Abandon %>
```

在会话过期之前，可以调用该方法来主动结束当前会话。

5.4.4　Session 对象的事件

Session 对象有两个非常重要的事件，它们是 OnStart 和 OnEnd。

(1) Session_OnStart：该事件在服务器创建新会话时发生，可用于在 Session 对象启动时执行事先设定好的事件代码。

(2) Session_OnEnd：该事件在会话结束时发生(会话被放弃或超时的时候)，可用于在 Session 对象释放时执行事先设定好的事件代码。

这两个事件的程序代码都位于网站根目录下特定的 Global.asa 文件中，语法格式如下：

```
<script language="vbscript" runat="server">
Sub Session_OnStart
    '处理会话启动时的代码
End Sub

Sub Session_OnEnd
    '处理会话结束时的代码
End Sub
</script>
```

利用 Session 对象的 OnStart 和 OnEnd 事件过程，可实现网站在线人数的实时记录和统计功能。

5.5 任务 5 - Application 对象

ASP 提供了一个 Application 对象，它可以在 Web 应用程序的所有用户之间共享信息，并在服务器运行期间持久保存数据。Application 对象掌握的信息会被应用程序中的很多页面使用(比如数据库连接信息)。这就意味着用户可以从任意页面访问这些信息，并且可以在一个页面上改变这些信息，随后这些改变会自动地反映到所有的页面中。

5.5.1 利用 Application 对象存储变量

Application 对象的用法与 Session 基本相同，利用 Application 对象所创建的变量，可以在整个应用中被所有用户共享和访问。一个用户修改或设置了该类变量的值后，对于其他所有用户也是可见的。所以利用 Application 对象所创建的变量，具有最大的作用域，有时也称为 Application(应用程序)级变量，该类变量的创建方法为：

```
Application("变量名")
```

例如，若要创建一个具有 Application 作用域的，用于记录网站访问人数的变量 Visited，创建的方法为：

```
Application("Visited")
```

创建具有该作用域的变量后，就可采用如下用法，实现对访问人数的累加：

```
Application("Visited") = Application("Visited") + 1
```

由于具有 Application 作用域的变量对于访问网站的所有用户均有效，利用这一特性，可用 Application 变量来实现统计网站访问人数、创建多用户聊天室、显示公告信息、记录广告点击的次数等。

5.5.2 Application 对象的方法

Application 对象常用的方法如表 5-8 所示。

表5-8　Application对象的方法

方　法	描　述
Lock	加锁，防止其余的用户修改 Application 对象中的变量
Unlock	解锁，使其他的用户可以修改 Application 对象中的变量(在被 Lock 方法锁定之后)

Application 变量对所有用户均有效，每个用户均可设置或修改其值，在这种多用户环境中，为防止修改时出现共享冲突，Application 对象为此提供了加锁和解锁方法，即 Lock 和 Unlock 方法。在修改或设置 Application 变量值前应先加锁，以防止其他用户对其操作，

修改完毕后，应及时解锁，以便其他用户能修改或设置该变量的值，其用法如下：

```
Application.Lock
Application.Unlock
```

下面的例子用 Lock 方法来防止一个以上的用户在同一时间访问变量 visited，用 Unlock 方法来对已锁定的对象进行解锁，这样下一个用户就可以增加变量 visited 的值：

```
<%
Application.Lock
Application("visited") = Application("visited") + 1
Application.Unlock
%>
```

5.5.3　Application 对象的事件

Application 对象有两个非常重要的事件，它们是 OnStart 和 OnEnd。

(1) Application_OnStart 事件：该事件只触发一次，发生在创建第一个会话，也就是在网站的第一个用户发出第一次应用请求时。例如，在记录网站访问人数的应用中，常利用该事件过程初始化计数变量，并创建用于保存计数值的文本文件。

(2) Application_OnEnd 事件：该事件发生在应用程序结束时(即当 Web 服务器停止运行时)。

这两个事件的程序代码都位于网站根目录下特定的 Global.asa 文件中，语法格式如下：

```
<script language="vbscript" runat="server">
Sub Application_OnStart
    '处理应用程序开始时的代码
End Sub

Sub Application_OnEnd
    '处理应用程序结束时的代码
End Sub
</script>
```

5.5.4　使用 Global.asa 文件

Global.asa 对于 ASP 应用程序是一个可选文件，若选用，则该文件必须位于站点的根目录，该文件主要用于追踪 Session 和 Application 对象的 OnStart、OnEnd 事件，并实现对事件的响应。每当一个应用程序或者会话启动或者结束时，ASP 触发一个事件。可以通过在 Global.asa 文件中编写脚本代码来检测和应答这些事件。

该文件内容格式为：

```
<script language="vbscript" runat="server">
    Sub Application_OnStart
        '处理应用程序启动时的代码
    End Sub
    Sub Application_OnEnd
        '处理应用程序结束时的代码
    End Sub
    Sub Session_OnStart
        '处理会话启动时的代码
    End Sub
    Sub Session_OnEnd
        '处理会话结束时的代码
    End Sub
</script>
```

通常，当服务器启动后，第一个用户链接到该站点，会启动 Application_OnStart 事件，随后会启动针对该用户的 Session_OnStart 事件。当该用户断开与此站点的连接时，会启动 Session_OnEnd 事件。Application_OnEnd 事件一般会在服务器关闭时触发。

【例5-5】编写网站计数器，统计和显示网站的访问次数和当前在线人数。

实现 Global.asa 文件代码如下：

```
<script language="vbscript" runat="server">
Sub Application_OnStart
    Application("online") = 0     '初始化在线人数
    Application("count") = 0      '初始化网站计数器
End Sub
Sub Session_OnStart
    Session.Timeout = 1                '设置会话时限为1分钟
    Application.Lock
    Application("online") = Application("online") + 1     '在线人数增1
    Application("count") = Application("count") + 1        '网站计数器递增1
    Application.UnLock
End Sub
Sub Session_OnEnd
    Application.Lock
    Application("online") = Application("online") - 1     '在线人数减1
    Application.UnLock
End Sub
Sub Application_OnEnd()
```

```
End Sub
</script>
```

在页面 webcounter.asp 中显示当前在线人数和网站访问量：

```
<html>
<body>
当前在线人数为：<%=application("online")%>人</br>
网站被访问<%=application("count")%>次
</body>
</html>
```

当然，在实际的网站开发过程中，网站访问量的计数值是需要永久保存的，所以通常将计数器的值保存在数据库中。从数据库中读取网站访问量的计数值的程序可参考例 5-3。

上 机 实 验

1. 实验目的

熟练掌握和运用 ASP 内建对象(包括 Response、Request、Session、Application 对象等)实现交互功能。

2. 实验内容

(1) 运用 Response、Request、Session 对象实现页面的授权访问。
设计下列网页。

- login.htm：用户登录页面。
- guest.asp：普通用户页面。
- manager.asp：后台管理页面。
- dispose.asp：用于判断用户名和密码的页面程序。
- alert.asp：当用户名和密码错误时的提示页面。

导航规则：首先用户进入 login.htm，如图 5-7 所示。输入用户名和口令均为 guest，则导航到 guest.asp 页面；若用户名为 administrator，口令为 haweofw，则导航到 manager.asp 页面。若口令错误，则进入 alert.asp 显示"口令错误！单击此处返回"的提示信息，"单击此处返回"为超链接，用户单击后，重新返回到登录页面。当浏览客户未经过登录页面而直接访问 manager.asp 页面时，页面会自动转到 login.htm，要求必须登录。

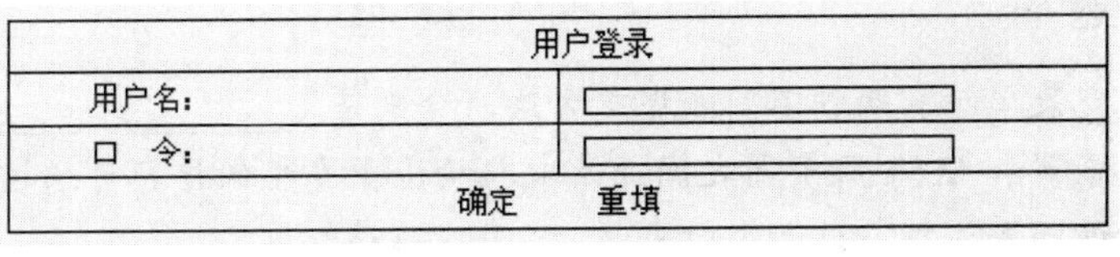

用户登录	
用户名：	
口　令：	
确定　　　重填	

图5-7　用户登录界面

参考代码如下：

① login.htm：

```
<form name="form1" method="post" action="dispose.asp">
    ...
    表单 HTML
</form>
```

② dispose.asp：

```
<body>
<%
username = request.Form("username")
psword = request.Form("psword")
...
代码实现
%>
</body>
```

(2) 在完成上题的基础上，利用 Cookies 集合进行改进，实现用户名和密码的维持，一次登录 guest.asp 页面后，用户名和密码可以维持，可不再输入用户名和密码直接登录；维持期限由用户自己确定，分别为 1 天、1 周、1 月，界面如图 5-8 所示。

图5-8 用户登录界面

(3) 编写网站计数器，统计和显示网站的访问次数。

习 题 5

一、填空题

(1) 在提交表单时有两种不同的提交方法，分别是_____和_____。

(2) 在浏览器和 Web 服务器之间。请求与响应中发生的信息可通过 ASP 中的两个内置对象来进行访问和管理，这两个对象是_____和_____。

(3) 若要禁止浏览器缓存页面，应该使用 Response._____。

(4) 当客户端第一次与服务器建立连接时，可以利用 Response 对象的_____数据集合将一个"标记"存放在客户端。

(5) 当浏览器以_____方式发送数据时，服务器端通过 Request 对象的_____集合获取数据；而以_____方式发送数据时，则相应地使用 QueryString 集合获取。

(6) 服务器与客户端的会话是通过_____实现的。

(7) 当服务器启动时，将触发 Application 对象的_____事件，当用户与服务器连接时，将触发 Session 对象的_____事件，用户断开服务器连接时，将触发 Session 对象的_____事件，服务器关闭时，将触发 Application 对象的_____事件。

(8) 当用户第一次请求应用程序中的 ASP 页面时，ASP 生成一个_____。它是由一个复杂算法生成的号码，唯一地标识每个用户会话。

(9) 在运行期间不能从 Session._____集合中删除变量。

(10) Session 对象的_____方法用于创建已经注册到服务器上的 ActiveX 组件实例。

二、选择题

(1) 在 ASP 中，服务器响应用户浏览器输出信息，要使用(　　)对象来实现。
A．Request　　　B．Response　　　C．Server　　D．Session

(2) 服务器端要获得客户端所提交的表单数据，应使用(　　)对象来实现。
A．Request　　　B．Response　　　C．Server　　D．Session

(3) 若表单提交的数据中包含着图形，或大数量的文本，此时表单的提交方法应该采用(　　)。
A．Get　　　　　B．Submit　　　　C．Post　　　D．Resct

(4) 若表单提交时采用的是 Get 方法，则服务器端要获得表单所提交的数据，应采用(　　)语句来实现。
A．Request.Form("表单域名")　　　　B．Request.QueryString("表单域名")
C．Response.Form("表单域名")　　　D．Response.QueryString("表单域名")

(5) 若表单提交时采用的是 Post 方法，则服务器端要获得表单所提交的数据，应采用(　　)语句来实现。
A．Request.Form("表单域名")　　　　B．Request.QueryString("表单域名")
C．Response.Form("表单域名")　　　D．Response.QueryString("表单域名")

(6) 服务器端向客户端输出"注册成功！"，以下语句中，能实现该操作要求的是(　　)。
A．Request.write "注册成功！"　　　B．Request.write("注册成功！")
C．Response.write "注册成功！"　　　D．Response.write("注册成功！")

(7) 设置服务器响应的 HTTP 内容类型，应使用 Response 对象的(　　)属性来实现。
A．ContentType　B．Expires　　　C．Buffer　　D．Status

(8) 设置页面过期的时间为 2 分钟，以下语句用法中，正确的说法是(　　)。
A．Request.Expires=2　　　　　　B．Response.Expires=2
C．Request.ExpireAbslute=2　　　　D．Response.ExpireAbslute=2

(9) 在服务器端，若要将页面导航到 index.asp，应使用 Response 对象的(　　)方法来实现。

A. href B. Transfer C. Redirect D. Flush

(10) 若要获得名为 username 的 Cookie 值，以下语句正确的是( )。

A. Requst.Cookie("username") B. Requst.Cookies("username")

C. Response.Cookie("username") D. Response.Cookies("username")

(11) 若要获得客户端的 IP 地址，应使用 ServerVariables 方法查询( )环境变量。

A. REMOTE_ADDR B. REMOTE_HOST

C. LOCAL_ADDR D. PATH_U\INFO

(12) 若要设置服务器执行 ASP 页面的最长时间为 70 秒，以下语句中，正确的是( )。

A. Server.Timecout=70 B. Server.ScriptTimOut=70000

C. Server.ScriptTimOut=70 D. Server.Timecout=70000

(13) 在执行 A 页面时，若要调用执行 B 页面，B 页面执行完后，继续执行 A 页面，则应通过 Server 对象的( )方法来实现。

A. Transfer B. Redirect C. Execute D. href

(14) 若要创建一个对于访问网站的所有用户均有效的变量 passflag，以下方法中，正确的是( )。

A. Session("passflag")=0 B. Application("passflag")=0

C. Set Session("passflag")=0 D. Public passflag

(15) 以下对 Global.asa 的说法中错误的是( )。

A. 该文件对于一个 ASP 应用程序而言是可选的

B. 该文件可放在站点的任何位置

C. Session 和 Application 对象的事件处理过程必须放在该文件中，以便实现对相应事件的捕获

D. 在该文件中也可用<Object>来创建对象

三、简答题

(1) 论述 GET 方法与 POST 方法的不同。

(2) 简述什么是 Cookies。

(3) 简述 Session 对象的工作原理。

(4) 简述 Global.asa 文件在制作网站计数器中的应用。

(5) 简述 Sever 的 Execute 方法与 Transfer 方法的区别。

项目六 SQL 语 句

【学习目标】

- 了解 SQL 语言的特点
- 理解 SQL 语句在对数据库的存取访问中的作用
- 掌握 SQL 语句和运算符的使用
- 掌握 SQL 的数据操纵语句的功能和用法

【工作任务】

- 理解 SQL 语句在对数据库的存取访问中的作用
- 使用 SQL 来操作数据库

数据库是 Web 应用系统中信息的载体，大多数 Web 应用程序都需要后台数据库的支持。SQL 是一种通用的数据库查询语言。

本章主要讲述如何使用 SQL 来操作数据库。包括使用 SQL 的数据操纵语句实现数据的查询、插入、更新或删除，使用 SQL 的数据定义语句实现数据表、字段或索引的创建/修改/删除等。

6.1 任务 1 - 利用 SQL 语句访问数据库

结构化查询语言(Structured Query Language，SQL)是关系型数据库的操纵语言，绝大多数流行的关系型数据库管理系统，如 Oracle、Microsoft SQL Server、Access、MySQL、Sybase 等都采用了 SQL 语言标准。

使用 ASP 开发动态网站时，通常需要在后台数据库中存取数据，一般都使用 SQL 语句来实现。因此，掌握好 SQL 语句操作对 ASP 编程是非常重要的。

【例 6-1】设计一个数据库 webdata.mdb，利用 SQL 语句查询表 news 的记录，并在页面中显示前 5 条记录。

页面代码如下：

```
<html>
<head>
<title>查询数据库中新闻信息并在页面中显示</title>
</head>
<body>
<%
'定义查询新闻记录的语句，连接数据库，并将查询结果赋给变量 sqlstr
```

```
sqlstr = "select top 5 news_id,news_title,news_class,sender,
  send_time,visited_num from news where news_class='公司新闻' or
  '通知公告' order by news_id desc"
dbpath = Server.MapPath("/data/webdata.mdb")
connstr = "Provider=Microsoft.Jet.OLEDB.4.0;Data Source="&dbpath
Set rs = Server.CreateObject("ADODB.RecordSet")
rs.open sqlstr, connstr, 1, 1
response.write "<table width=700 border=0 align=center
  cellpadding=0 cellspacing=0 style='line-height:12pt'
  valign=top>"
Do While not rs.eof
    response.write "<tr>"
    response.write "<td width=100 height=30>"
    response.write "["&rs("news_class")&"]"     '输出新闻类别
    response.write "</td><td width=500 height=30>"
    response.write rs("news_title")             '输出新闻标题
    response.write "</td>"
    response.write "<td width=100>["&left(rs("send_time"),10)&"]"
        '输出新闻发布时间
    response.write "</td></tr>"
    outnewsnum = outnewsnum + 1
    rs.movenext
Loop
response.write "</table>"
rs.close
set rs = nothing
%>
</body>
</html>
```

高职高专立体化教材 计算机系列

6.1.1 SQL 语句

要实现对数据的查询、插入、修改、删除等操作，以及创建、删除数据库对象等功能，必须使用相关的 SQL 语句。

SQL 语句一般由 SQL 命令、子句及函数构成。

SQL 命令用于描述语句将要执行的动作。

从功能上划分，常用的 SQL 命令主要包括数据查询、数据操纵、数据定义和数据控制等命令，如表 6-1 所示。

表6-1　常用的SQL命令

分　类	关　键　字	功　　能
数据查询(DQL)	SELECT	用于查询(检索)记录数据
数据操纵(DML)	INSERT	用于向数据表添加(插入)记录数据
	UPDATE	用于更新(修改)指定记录中指定字段的数据
	DELETE	用于从数据表中删除指定记录的数据
数据定义(DDL)	CREATE	用于建立新的数据库、表或索引
	DROP	用于删除数据库、表或索引
	ALTER	用于添加字段或改变对字段的定义
数据控制(DCL)	GRANT	授予用户访问权限
	REVOKE	解除用户访问权限

　　一般情况下，数据定义和数据控制都是在数据库管理系统下进行的，作为嵌入在 ASP 中的语言，更多的是使用数据查询和数据操纵命令实现相关操作。

　　SQL 子句常用来指定查询条件、指定数据来源或数据组织排列方式。

　　常用的子句如表 6-2 所示。

表6-2　常用的SQL子句

关　键　字	功　　能
FROM	用于指定需要从其中选择记录的数据表名
WHERE	用于指定查询条件
GROUP BY	用于指定所选择的记录按什么进行分组
ORDER BY	用于指定所选记录按哪个字段进行排序以及排序的方式(升序或降序)

　　SQL 还提供了大量的函数，利用这些函数，可以进一步增强 SQL 的功能。一些常用的聚集类函数如表 6-3 所示。

表6-3　SQL常用函数

函　　数	功　　能
COUNT	统计所选记录的个数
SUM	计算所选记录中指定字段的值的总和
AVG	计算所选记录中指定字段的值的平均值
MAX	计算所选记录中指定字段的值的最大值
MIN	计算所选记录中指定字段的值的最小值

　　在 SQL 语句中，并不区分大小写。一般来说，SQL 语句中的关键字(如 SELECT、FROM 等)使用大写字母，表名的第一个字母采用大写，而表名的其他字母都采用小写，使用的表中列的名称都采用小写字母。

　　需要注意的是，在 ASP 中，SQL 语句并不能直接执行，需要通过 ADO 的链接对象所提供的 Execute 方法来执行。

6.1.2　SQL 运算符

SQL 的运算符用来执行数据间的数学运算或比较操作。通常有以下几种运算符。

1．算术运算符

SQL 的算术运算符有加(+)、减(-)、乘(*)、除(/)和取模(%)。

2．逻辑运算符

SQL 的逻辑运算符有 AND、OR 和 NOT 三种，分别代表逻辑与、逻辑或、逻辑非运算，常用于构造复合条件表达式。

3．位运算符

位运算符用于对数据进行按位与(&)、或(|)、异或(^)、求反(~)等运算。

4．比较运算符

比较运算符用来比较两个表达式的值是否相同。SQL 比较运算符如表 6-4 所示。

表6-4　SQL的比较运算符

运 算 符	功　　能	运 算 符	功　　能
<	小于	<>或!=	不等于
<=	小于或等于	BETWEEN	用于指定字段值的范围
>	大于	LIKE	在模式匹配中使用，实现模式查询
>=	大于或等于	IN	指定字段的可能取值
=	等于		

5．连接运算符

连接运算符(+)用于两个字符串数据的连接，通常也称为字符串运算符。

6．运算符优先级

不同运算符具有不同的优先级，运算符的优先级决定了在同一表达式中不同运算符的运算顺序。SQL 中各种运算符的优先顺序如下。

- 括号运算符：()
- 求反运算符：~
- 异或运算符：^
- 与运算符：&
- 或运算符：|
- 乘、除、求模运算符：*、/、%
- 加减运算符：+、-

- 逻辑非运算符：NOT
- 逻辑与运算符：AND
- 逻辑或运算符：OR

以上排在前面的运算符的优先级高于其后的运算符，在同一表达式中，先计算优先级较高的运算符，后计算优先级较低的运算符，对于处在相同优先级的运算符，按照自左向右的次序进行运算。

【例 6-2】在一个学生信息记录的 Student 数据表中，查询 Name 字段的值中含有"Tom"的记录：

```
SELECT * FROM Student WHERE Name LIKE '%Tom%'
```

说明：%是 SQL 的通配符，代表任意的多个字符，在 SQL 中单字符的通配符为"_"。

【例 6-3】在 Student 数据表中，查询 Age 字段值在 18 至 20 之间的记录，查询 ID 字段为 03、13、21、31 或 47 的记录：

```
SELECT * FROM Student WHERE Age BETWEEN 18 AND 20
SELECT * FROM Student WHERE ID IN(03,13,21,31,47)
```

6.2　任务 2 - 使用 SQL 数据操纵语句

设计一个学生选课系统数据库，并使用 SQL 数据操纵语句对其进行各种查询、插入、修改和删除操作。数据库中包含如下 3 个表。

- 学生表 Student：由学号(Sno)、姓名(Sname)、性别(Ssex)、年龄(Sage)、系部(Sdept)这 5 个字段组成，其中主键为 Sno。
- 课程表 Course：由课程号(Cno)、课程名(Cname)、选修课号(Cpno)、学分(Ccredit)这 4 个字段组成，其中主键为 Cno。
- 学生选课表 SC：由学号(Sno)、课程号(Cno)、成绩(Grade)这 3 个字段组成，其中主键为 Sno 和 Cno。

6.2.1　Select 语句

数据查询是数据库中最常用的操作，Select 语句用于从指定的表中查询出符合条件的记录，这些记录形成一个集合，简称为记录集。

该语句具有灵活的使用方法和强大的功能，其用法为：

```
SELECT 字段列表
FROM 表名
[WHERE 条件表达式]
[GROUP BY 字段列表][Having 条件表达式]
[ORDER BY 字段名][ ASC | DESC]
```

说明:

- SELECT 的"字段列表"指要查询的数据字段,若是多个字段,可用逗号隔开,若是*,则代表当前数据表中的所有字段。
- Having 的"条件表达式"指对分组统计后的数据再按一定条件进行筛选。
- 中括号[]中的部分可以根据需要选择使用,相关的关键字功能见表 6-2。

1. 查询表中全部列、若干列和经过函数计算的列的记录

【例 6-4】查询全体学生的详细信息:

```
SELECT * FROM STUDENT
```

【例 6-5】查询全体学生的姓名和年龄:

```
SELECT Sname, Sage FROM STUDENT
```

【例 6-6】若当前是 2008 年,查询全体学生的出生年份:

```
SELECT 2008-Sage FROM STUDENT
```

【例 6-7】查询学生的平均年龄:

```
SELECT AVG(Sage) FROM STUDENT
```

【例 6-8】查询已经选修了课程的学生人数:

```
SELECT COUNT(DISTINCT Sno) FROM SC
```

在表中两条不同的记录可能有某些字段是相同的,那么查询的结果就有可能重复。可以通过指定 DISTINCT 短语来消除重复的数据。如上例中若一个学生同时选修了多门课程,则其 Sno 只出现一次记录。

2. 查询表中满足条件的记录

查询满足指定条件的记录通常通过 WHERE 子句来实现。

【例 6-9】比较大小查询。

① 查询信息系(IS)全体学生的名单:

```
SELECT Sname FROM STUDENT WHERE Sdept='IS'
```

② 查询考试成绩不及格的学生的学号和姓名:

```
SELECT DISTINCT Sno, Sname FROM Course WHERE Grade<60
```

【例 6-10】确定范围查询。查询年龄在 18~20 岁之间的学生的姓名、年龄和所在系部:

```
SELECT Sname, Sage,Sdept FROM STUDENT WHERE Sage BETWEEN 18 AND 20
```

【例 6-11】确定集合查询。查询信息系(IS)、机电系(JD)、管理系(GL)选修了课程的学生的学号和姓名:

```
SELECT DISTINCT Sno, Sname FROM SC WHERE Sdept IN('IS', 'JD', 'GL')
```

若要查询的信息是一个模糊的值，可以使用关键字 Like 进行字符匹配。通常对不完整的部分使用通配符%和_。

【例 6-12】模糊查询(字符匹配查询)。

① 查询课程名中含有"网页"的课程号、课程名和选修课号：

```
SELECT Cno, Cname, Cpno FROM Course WHERE Cname Like '%网页%'
```

② 查询姓"李"的学生的所有信息：

```
SELECT * FROM STUDENT WHERE Sname Like '李%'
```

③ 查询姓"李"且全名为两个汉字的学生姓名：

```
SELECT Sname FROM STUDENT WHERE Sname Like '李_ _'
```

说明：因为一个汉字需要占用两个字符的位置，所以需要使用两个通配符"_"表示一个汉字。通配符"%"可以表示任意长度的字符串。

有时候需要查询的值为空值。如有些学生选修课程后没有参加考试，因此有选课记录，但没有成绩，Grade 为空值。查询这类值的条件用 Is Null 表示。

【例 6-13】空值查询。查询缺少成绩的学生的学号和相应的课程：

```
SELECT Sno, Cno FROM SC WHERE Grade Is Null
```

当条件不止一个的时候，可以用 AND 和 OR 连接不同的条件，实现多重条件查询。

【例 6-14】多重条件查询。查询信息系年龄在 20 岁以下的学生姓名：

```
SELECT Sname FROM STUDENT WHERE Sdept='IS' AND Sage<20
```

3．对查询结果排序

使用 ORDER BY 子句可以对查询的结果按照升序(ASC)或降序(DESC)排序，默认为升序，ASC 可以省略。

【例 6-15】查询选修课程号为 1 的学生的学号与成绩，并按分数降序排列：

```
SELECT Sno, Grade FROM SC WHERE Cno='1' ORDER BY Grade DESC
```

4．对查询结果分组

GROUP BY 子句将查询结果按某一列或多列值分组，值相等的为一组。对查询结果分组的目的是为了细化聚集类函数的作用对象。如果未对查询结果分组，函数将作用于整个查询结果。

【例 6-16】查询各选修课程的课程号及相应的选课人数：

```
SELECT Cno, COUNT(Sno) FROM SC GROUP BY Cno
```

上例中对查询结果按 Cno 的值分组，所有具有相同 Cno 值的记录为一组，然后对每一组使用函数 COUNT 计算出该组学生人数。

分组以后，若要按一定要求对这些组进行筛选，最终只输出满足指定条件的组，则可以使用 Having 短语。

【例 6-17】查询选修了 3 门以上课程的学生的学号:

```
SELECT Sno FROM SC GROUP BY Sno Having COUNT(*)>3
```

Having 短语与 WHERE 子句的区别在于作用对象不同。WHERE 子句作用于基本表和视图,Having 短语作用于组,从中选择满足条件的组。

6.2.2 Insert 语句

插入操作通常有两种形式,一种是向指定的表中插入单条记录,另一种是插入子查询的结果,即将一个表中符合条件的记录插入到另一个表中,可以是一次插入多条记录。其用法为:

```
INSERT
INTO 表名(字段名列表)
VALUES(字段值列表)
```

说明:

- 这里"表名"指要插入记录的表。
- 这里"字段名列表"为可选项,指要插入数据的字段。具体的数据为 VALUES 后面的字段值。若缺省字段名列表,则对新添加记录的每个字段,均要填写数据,填入顺序为数据字段的建立顺序。
- 添加记录时,表中的主键字段必须添加不重复的值。
- 添加记录时,若某个字段没有明确的值,且该字段的值允许为空,则可为其指定一个空值,在 VALUES 后面的值列表中,用 NULL 来表示。若字段不允许为空,则可指定零长度的空格,对于数据型,要指定为 0。

【例 6-18】向 STUDENT 表中插入一条新学生的记录(学号为 200801102,姓名为李阳,性别为男,年龄为 19,系部为 IS):

```
INSERT INTO STUDENT VALUES('200801102', '李阳', '男', '19', 'IS')
```

【例 6-19】向 SC 表中插入一条选课记录(学号为 200801103,课程号为 3):

```
INSERT INTO SC(Sno, Cno) VALUES('200801103', '3')
```

【例 6-20】计算每门选修课程学生的平均成绩,并将结果保存到学生选课表中:

```
INSERT INTO SC(AvgGrade)
SELECT AVG(Grade) FROM SC GROUP BY Cno
```

6.2.3 Update 语句

UPDATE 语句用于更新或修改指定记录的数据,其用法为:

```
UPDATE 表名
SET 字段名 1=值 1[, 字段名 2=值 2, ...]
[WHERE 条件表达式]
```

其功能是对表中满足 WHERE 子句条件的记录，通过 SET 子句更新或修改指定字段的值。若省略 WHERE 子句，则对所有记录进行更新或修改。

【例 6-21】修改一条记录。将 STUDENT 表中学号为 200801104 的学生的年龄更改为 20 岁：

```
UPDATE STUDENT SET Sage=20 WHERE Sno='200801104'
```

【例 6-22】修改多条记录。将 STUDENT 表中所有学生的年龄加 1 岁：

```
UPDATE STUDENT SET Sage=Sage+1
```

6.2.4　Delete 语句

DELETE 语句用于删除指定的记录，其用法为：

```
DELETE
FROM 表名
[WHERE 条件表达式]
```

其功能是从指定表中删除满足 WHERE 子句条件的记录。如果省略 WHERE 子句，表示删除表中全部记录，但表的结构定义仍存在于数据库中。

【例 6-23】删除全部记录。将表 SC 中所有学生的选课记录删除：

```
DELETE FROM SC
```

【例 6-24】删除符合条件的记录。将表 STUDENT 中学号为 200801105 的学生的记录删除：

```
DELETE FROM STUDENT WHERE Sno='200801105'
```

上 机 实 验

1. 实验目的

熟悉并掌握用 Access 建立数据库、数据表并添加数据记录的方法，并进行 SQL 查询操作。

2. 实验内容

(1) 使用 Access 2000 创建一个名为 MyStore.mdb 的数据库，并将其保存或复制到站点根目录下的 DataBase 目录中。

(2) 在数据库中创建一个名为 UserData 的数据表，其字段和类型如表 6-5 所示。

表6-5　UserData数据表的字段和类型

字 段 名	字段类型	字段宽度	说　明
TrueName	Text	15	
UserName	Text	20	不允许为空
PassWord	Text	12	允许为空
Email	Text	50	允许为空
StopFlag	Text	1	允许为空

(3) 向 UserData 数据表添加两条记录，内容如表 6-6 所示。

表6-6　向UserData数据表添加的记录

TrueName	UserName	PassWord	StopFlag
张鹏	ZhangPeng2008	1985abc	0
王林	Wanglin2007	Wang1986	0

(4) 在 MyStore.mdb 数据库中添加名为 shopping 的数据表，其字段如表 6-7 所示。

表6-7　shopping数据表的字段

字 段 名	字段类型	字段宽度	说　明
ID	自动递增		
商品编码	文本	20	不允许为空
商品名称	文本	40	允许为空
功能说明	备注		允许为空
定价	货币		
优惠价	货币		
库存量	数字	整型	

(5) 向该数据表添加若干数据记录。

习　题　6

一、选择题

(1) 若要在 STUDENT 表中选出年龄(Sage)在 16~18 岁的记录，则实现的 SQL 语句为
(　　)。

  A. SELECT FROM STUDENT Sage BETWEEN 16, 18

  B. SELECT FROM STUDENT Sage BETWEEN 16 AND 18

  C. SELECT * FROM STUDENT Sage BETWEEN 16 OR 18

D. SELECT * FROM STUDENT Sage BETWEEN 16 And 18

(2) 在 GZ 表中选出职称为 "工程师" 的记录, 并按年龄的降序排列, 则实现的 SQL 语句为(   )。

    A. SELECT FROM GZ for 职称=工程师 ORDER BY 年龄/D

    B. SELECT FROM GZ 年龄 WHERE 职称=工程师 ORDER BY 年龄 DESC

    C. SELECT * FROM GZ 年龄 WHERE 职称='工程师' ORDER BY 年龄 DESC

    D. SELECT * FROM GZ 年龄 WHERE 职称='工程师' Order On 年龄 DESC

(3) 在 logdat 表中有 UserID、Name、KeyWord 三个字段, 现要求向该表中插入一新记录, 该新记录的数据分别为 Sgo003、李明、Jw9317, 则实现该操作的 SQL 语句为(   )。

    A. INSERT INTO logdat VALUE Sgo003, 李明, Jw931

    B. INSERT INTO logdat VALUES('Sgo003'、'李明'、'Jw931')

    C. INSERT INTO logdat(UserID、Name、KeyWord) VALUES 'Sgo003', '李明', 'Jw931'

    D. INSERT INTO logdat VALUES('Sgo003', '李明', 'Jw931')

(4) 若要获得 GZ 表中前 10 条记录的数据, 则实现的 SQL 语句为(   )。

    A. SELECT TOP 10 FROM GZ

    B. SELECT next 10 FROM GZ

    C. SELECT * FROM GZ WHERE rownum<=10

    D. SELECT * FROM GZ WHERE Recno()<=10

(5) 在 logdat 表中, 将当前记录的 KeyWord 字段的值更改为 uk72hJ, 则实现的 SQL 语句为(   )。

    A. UPDATE logdat SET KeyWord=uk72hJ

    B. UPDATE SET KeyWord='uk72hJ'

    C. UPDATE logdat SET KeyWord='uk72hJ'

    D. Edit logdat SET KeyWord=uk72h

(6) 若要删除 logdat 表中 UserID 号为 Sgo012 的记录, 则实现的 SQL 语句为(   )。

    A. Drop FROM logdat WHERE UserID='Sgo012'

    B. Drop FROM logdat WHERE UserID=Sgo012

    C. Dele FROM logdat WHERE UserID=Sgo012

    D. Delete FROM logdat WHERE UserID='Sgo012'

(7) 现要统计 gz 表中职称为 "工程师" 的人数, 实现的 SQL 语句为(   )。

    A. Count * FROM gz WHERE 职称='工程师'

    B. SELECT Count(*) FROM gz WHERE 职称=工程师

    C. SELECT * FROM gz WHERE 职称='工程师'

    D. SELECT Count(*) FROM gz WHERE 职称='工程师'

(8) 若要在 student 表中查找所有姓 "李", 且年龄在 30~40 之间的记录, 以下语句正确的是(   )。

    A. SELECT * FROM student WHERE 姓名 LIKE '李%' AND (年龄 BETWEEN 30 AND 40)

B. SELECT * FROM student WHERE 姓名 LIKE '李' AND (年龄 BETWEEN 30 AND 40)

C. SELECT * FROM student WHERE 姓名 LIKE '李%' AND (年龄 BETWEEN 30, 40)

D. SELECT * FROM student WHERE 姓名 LIKE '%李%' AND (年龄 BETWEEN 30, 40)

二、判断题

(1) 在 SQL 中，表中记录没有固定的顺序，因此不能按记录号来读取记录数据。(　　)

(2) 利用 SQL 的 Drop 命令，可删除表中的指定记录。　　　　　　　　　(　　)

(3) SQL 语句不区分大小写。　　　　　　　　　　　　　　　　　　　(　　)

(4) 在 SQL 中，利用 INSERT INTO 语句一次可插入多条记录。　　　　　(　　)

(5) 利用 DELETE 语句可删除一个表或索引。　　　　　　　　　　　　(　　)

(6) 在 SQL 中，实现模糊查询可利用 SELECT 语句和 Like 运算符来实现。 (　　)

(7) 在 SQL 中，计算某字段的平均值可利用 Average 函数来实现。　　　(　　)

(8) 利用 SQL 的 Create 语句，可创建新的数据库或数据表。　　　　　　(　　)

(9) SQL 语句可在 ASP 中被直接执行。　　　　　　　　　　　　　　(　　)

(10) SQL 创建数据表时，字段的具体类型由所创建数据库的类型决定。　　(　　)

项目七　利用 ADO 实现对数据库的存取

【学习目标】

- 熟练掌握 ADO 对象的结构组成及基本工作原理
- 熟练掌握 Connection 对象实现对数据库连接和存取的基本方法
- 熟练掌握 RecordSet 对象实现对数据库存取的基本方法

【工作任务】

- 运用 Connection 对象实现对网站用户的管理
- 运用 RecordSet 对象实现对新闻网页内容的显示与编辑
- 运用 Response、Request 和 ADO 对象编程实现对新闻网页中图像的显示与编辑

　　ADO(ActiveX Data Object)是微软公司提供的新一代数据库存取访问技术，是 ASP 的核心技术之一。ADO 通过 ODBC(Open Database Connection)驱动程序或者 OLE DB(Object Linking and Embedding Database)连接字符串访问数据库，这些数据库可以是关系型数据库、文本数据库、层次数据库或者任何支持 ODBC 或者 OLE DB 的数据库。无论是采用 Access、SQL Server、Oracle、Informix 还是采用其他流行的数据库系统，只要该数据库系统具有与之对应的 ODBC 或 OLE DB 驱动程序，就可以通过 ADO 组件对象方便地对该数据库进行各种存取访问。

　　ADO 组件由 ADODB 对象库构成，ADODB 对象库包含 7 个对象和 4 个数据集合。它们分别是 Connection 对象、Recordset 对象、Command 对象、Field 对象、Parameter 对象、Property 对象和 Error 对象，以及 Fields 集合、Parameter 集合、Properties 集合和 Errors 集合。ADO 将绝大部分的数据库操作封装在这 7 个对象中，在 ASP 网页中通过编程调用这些对象以执行相应的数据库操作。ADO 对象与集合如表 7-1 所示。

表7-1　ADO对象与集合

对象与集合	描　　述
Connection 对象	负责创建一个 ASP 脚本与指定数据库的连接。在对一个数据库进行操作之前，首先需要与该数据库建立连接
Command 对象	负责对数据库提出操作请求，通常是传递和执行指定的 SQL 命令。该对象的执行结果将返回一个 Recordset 记录集
Recordset 对象	用来保存和表示从数据库中取得的记录集合，并允许访问者进一步对其中的记录和字段进行各种操作
Field 对象	表示 Recordset 对象中指定的某个数据字段，每个 Field 对象对应于 Recordset 对象中的一列
Parameter 对象	负责提供 Command 对象在执行时所需的 SQL 命令参数

对象与集合	描　述
Property 对象	提供有关的特性值，供 Connection 对象、Command 对象、Recordset 对象或 Field 对象使用
Parameter 对象	负责提供 Command 对象在执行时所需的 SQL 命令参数
Fields 集合	一个 Recordset 对象所包含的所有 Field 对象
Parameter 集合	负责提供 Command 对象在执行时所需的 SQL 命令参数
Properties 集合	一个 Connection、Command、Recordset 或 Field 对象包含的所有 Property 对象
Errors 集合	每当发生错误时，产生的所有 Error 对象

ADO 的主要优点是易用、高速、占用内存和磁盘空间较少，所以非常适合作为服务器端的数据库访问技术。相对于访问数据库的 CGI 程序而言，ADO 方式是多线程的，在出现大量并发请求时，也可以较好地保持服务器的运行效率，并可通过连接池(Connection Pool)技术及对数据源的控制，实现与远程数据库的高效连接和访问。

利用 ASP 与 ADO 访问 Web 数据库的过程如图 7-1 所示。首先由客户端浏览器向 Web 服务器请求某个 ASP 页面(该页面中含有访问数据库的语句)，Web 服务器随后启动该页面中的 ASP 脚本程序，然后通过调用 ADO 对象和 ODBC 或 OLE DB 接口实现对 Web 数据库的访问，最后再由 Web 服务器将访问的结果返回到客户端浏览器。

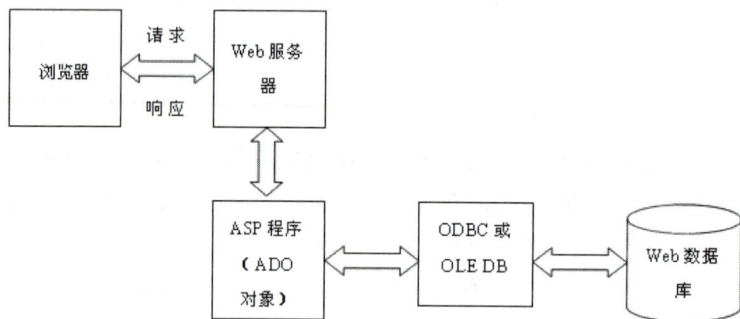

图7-1　访问Web数据库的过程

7.1　任务 1 - 运用 Connection 实现用户管理

7.1.1　ADO 连接对象

1. 创建 Connection 对象

Connection 对象用来建立数据源与 ASP 程序之间的连接，它代表 ASP 程序与数据源的唯一对话。建立到数据源的连接后，可以在此基础上用 RecordSet 对象或 Command 对象对数据库进行查询、更新、插入、删除等操作。

由于 Connection 对象和 Command 对象以及 Recordset 对象都是属于 ADO 组件的对象，

因而它们都需要首先用 Server 对象的 CreateObject 方法创建一个对应的实例之后才可使用。

创建 Connection 对象实例的语法格式为：

```
Set 实例名 = Server.CreateObject("ADODB.Connection")
```

例如，若要创建一个名为 conn 的连接对象，则实现创建的语句为：

```
<% Set 实例名=Server.CreateObject("ADODB.Connection") %>
```

2．Connection 对象的方法

Connection 对象的方法如表 7-2 所示。

表7-2　Connection对象的方法

方　法	描　述
Open	打开一个数据库的链接
Execute	该方法可以执行 SQL 语句，并且返回一个 RecordSet 对象
Close	关闭一个已经打开的链接
BeginTrans	开始一个新事务
CommitTrans	保存任何更改并结束当前事务
RollbackTrans	取消当前事务中所做的任何更改并结束事务

（1）Open 方法

该方法用于创建与数据的连接。只有调用了 Connection 对象的 Open 方法后，Connection 对象才会真正存在，然后才能发命令对数据库产生作用。

其语法格式为：

```
connection.Open connectionstring,userID,password
```

- connectionstring：可选。一个包含有关连接信息的字符串值。该字符串由一系列被分号隔开的 parameter=value 语句组成。
- userID：可选。一个字符串值，包含建立连接时要使用的用户名称。
- password：可选。一个字符串值，包含建立连接时要使用的密码。

> 注意：userid 和 password 为可选项，分别用于设置访问数据库的用户名和密码。对于 Access 数据库则不需要，对于 SQL Server 或 Oracle 等数据库，在访问时需要指定用户名和密码。

对于 Access 数据库，connectionstring 可采用 ODBC 或 OLE DB 连接字符串的方式，可直接将字符串传递给 Open 方法。

① ODBC 链接字符串方式：

```
<%
dbpath = server.MapPath("Database 相对路径")
connstr = "DBQ=" + dbpath + ";DRIVER={Microsoft Access Driver (*.mdb)};"
```

```
set conn = server.CreateObject("adodb.connection")
conn.Open connstr
%>
```

② OLE DB 链接字符串方式：

```
<%
dbpath = server.MapPath("Database 相对路径")
connstr = "provider=microsoft.jet.oledb.4.0;data source=" & dbpath
set conn = server.CreateObject("adodb.connection")
conn.Open connstr
%>
```

(2) Execute 方法

此方法可用于执行指定的 SQL 语句，以实现对数据库表的修改、插入、删除和查询等操作。其一般格式有以下两种。

① 执行 SQL 查询语句时，将返回查询得到的记录数。语法为：

```
Set 对象变量名 = Connection.Execute("SQL 查询语句")
```

对象变量名可任意命名。调用 Execute 方法后，会自动创建记录集对象，并将查询结果存储在该记录集对象中，然后通过 Set 方法，将记录集赋给指定的对象变量保存。

其应用语法如下：

```
<%
Set Conn = Server.CreateObject("ADODB.Connection")
Conn.open "provider=microsoft.jet.oledb.4.0;data source = " &
  server.mappath("Database 相对路径")
Set rs = Conn.Execute ("SQL 语句")
%>
```

② 执行操作性语句时，没有记录集的返回。语法为：

```
Connection.Execute CommandText, RecordsAffected, Options
```

● CommandText 参数是字符串类型，可以是要执行的 SQL 语句、表名、存储过程或特定提供器的文本。

● RecordsAffected 为可选项，长整型变量，数据提供器将让它返回此次操作所影响的记录数。比如在执行 Update 语句时，通过该参数，就可知道有多少条记录被修改了。

● Options 为可选项，表示请求类型，它可以告诉数据源 CommandText 所代表的是一个 SQL 命令、存储过程还是一个表名。该参数的值及相应的含义如表 7-3 所示。

VBScript 所用到的所有常量全部定义在 adovbs.inc 文件中，该文件位于 C:\Program Files\Common Files\System\ado 目录中。

表7-3 Options参数的值及含义

常 量	值	说 明
adCmdText	&H0001	指示将执行的是一个 SQL 命令
adCmdTable	&H0002	指示 CommandText 所代表的是一个表名
adCmdStoreProc	&H0004	此参数表明 Execute 方法将要执行的是一个数据源知道的存储过程
adCmdUnknown	&H0008	此参数表明 CommandText 中的命令类型不清楚

若要在 ASP 页面中使用这些符号常量，则必须将该文件包含到 ASP 页面中。若用到的符号常量较少，可直接将符号常量的定义语句加入到 ASP 页面中。adCmdText 的定义语句为：

```
Const adCmdText = &H0001
```

(3) Close 方法

该方法用于关闭连接对象，以释放所占用的系统资源。其用法为：

连接对象.Close

例如：

```
<%
conn.close
Set conn = nothing
%>
```

注意：Connection 对象的 Close 方法只能在 Open 方法执行之后被调用，否则程序运行时会出现错误。

(4) BeginTrans、CommitTrans 和 RollbackTrans 方法

ADO 的一个主要功能是控制并执行数据源的事务操作。事务机制的工作原理是：当一个事务开始时，先将所有对数据库的修改缓存在本地，如果全部操作都能成功，则一次性提交到数据库执行；否则只要其中一个步骤操作失败，就会发生回滚事件，撤消所有写操作。采用这种机制，既提高了工作效率，又保证了数据一致性。

例如，在进行资金转账时，必须从源账户中减去转账数额，并将同样数额的资金划拨到目标账户，无论其中哪个更新失败，都将导致账户收支不平衡。在打开的事务中使用这些方法可确保要么全部进行更新，要么不做任何更新。

在 ADO 中，事务机制是通过 Connection 对象的如下几个方法来具体实现的。

● BeginTrans：负责开始一个事务。

● CommitTrans：负责提交一个事务。

● RollbackTrans：负责回滚一个事务。

7.1.2 网站用户管理功能的实现

针对网站的授权访问，用户的管理是必不可少的，只有在系统中已注册的用户才能被允许进入相应的系统程序以完成相关的操作。用户账户和密码等信息保存在数据表中，用户登录信息提交后，将用户的登录信息与数据表中保存的信息进行对比，若一致，则为合法用户，允许进入系统的主控界面，否则，被拒绝进入。下面通过一个具体的网站用户管理的实例来说明如何利用 Connection 对象来实现用户的显示、注册、修改、删除等操作。

1. 用户表的创建

(1) 在站点的根文件夹下创建一个 Database 子文件夹，并在其中运用 Access 数据库管理系统创建一个名为 Data.mdb 的数据库文件。

(2) 在 Data.mdb 数据库中创建一个表，取名为"UserData"，用于存放网站用户的相关信息，建立包含 ID(自动编号)、UserName(文本型，20)、PassWord(文本型，20)、Email(文本型，50)的表结构并输入若干条记录，如图 7-2 所示。

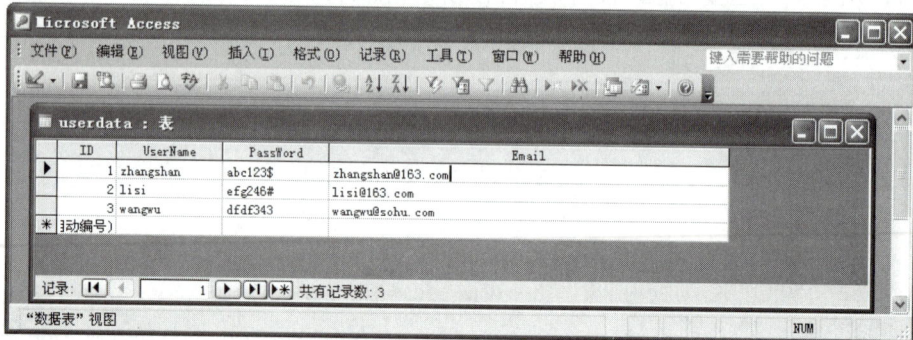

图7-2　用户表UserData

2. 用户信息的显示

实现网站用户信息显示的网页程序 user_show.asp 的代码为：

```
<%@LANGUAGE="VBSCRIPT" CODEPAGE="936"%>
<html>
<head>
<meta http-equiv="Content-Type" content="text/html; charset=gb2312">
<title>用户信息的显示</title>
<Script Language="JavaScript">
function mOvr(src,clrOver) {
    src.style.cursor = 'hand';
    src.bgColor = clrOver;
}
function mOut(src,clrIn) {
```

```
        src.style.cursor = 'default';
        src.bgColor = clrIn;
}
</Script>
</head>
<body>
<%
dsnpath = server.MapPath("../database/Data.mdb")
connstr = "provider=microsoft.jet.oledb.4.0;data source=" & dsnpath
set conn = server.CreateObject("adodb.connection")
conn.Open connstr
fhsql = "select * from userdata"
set rs = conn.execute(fhsql)
response.write
  "<table width='600' border='1' align='center' cellspacing='0'>"
response.Write("<tr>")
for num=0 to rs.fields.count-1
    response.write "<td>"&rs.fields(num).name&"</td>"
next
response.Write("</tr>")
do while not rs.eof
    response.Write("<tr onMouseOver=mOvr(this,'#E7E9CF');
      onMouseOut=mOut(this,'#FFFFFF');>")
    for num=0 to rs.fields.count-1
        response.write "<td>"&rs(num)&"</td>"
    next
    rs.movenext
loop
response.Write("</tr>")
response.Write("</table>")
rs.close
conn.close
set conn = nothing
%>

</body>
</html>
```

显示的运行效果如图 7-3 所示。

图7-3　显示用户信息的页面

> **注意**：光亮条可利用表行对象<tr>的 onMouseOver 和 onMouseOut 事件，并结合定义的样式表来实现。当鼠标指针进入某一表行时，将触发 onMouseOver 事件，可指定该事件过程，然后在该事件过程中通过样式表来改变该表行的背景颜色，从而显示出一个光亮条。

3．用户信息的添加

实现向用户表中添加一条 UserName 为 zhaoliu 的用户信息，网页程序 user_add.asp 的代码如下：

```
<%@LANGUAGE="VBSCRIPT" CODEPAGE="936"%>
<html>
<head>
<meta http-equiv="Content-Type" content="text/html; charset=gb2312">
<title>网站用户信息的添加</title>
</head>
<body>
<%
dsnpath = server.MapPath("../database/Data.mdb")
connstr = "provider=microsoft.jet.oledb.4.0;data source=" & dsnpath
set conn = server.CreateObject("adodb.connection")
conn.Open connstr
fhsql = "insert into userdata(UserName,UserPassword,Email)
  values('zhaoliu','yyu4323','zhaoliu@yahoo.cn')"
conn.execute(fhsql), num
response.write "有"&num&"个用户添加到表中"
fhsql = "select * from userdata order by ID"
set rs = conn.execute(fhsql)
response.write
  "<table width='600' border='1' align='center' cellspacing='0'>"
response.Write("<tr>")
```

```
for num=0 to rs.fields.count-1
    response.write "<td>"&rs.fields(num).name&"</td>"
next
response.Write("</tr>")
do while not rs.eof
    response.Write("<tr onMouseOver=mOvr(this,'#E7E9CF');
      onMouseOut=mOut(this,'#FFFFFF');>")
    for num=0 to rs.fields.count-1
        response.write "<td>"&rs(num)&"</td>"
    next
    rs.movenext
loop
response.Write("</tr>")
response.Write("</table>")
rs.close
conn.close
set conn = nothing
%>
</body>
</html>
```

显示的运行效果如图 7-4 所示。

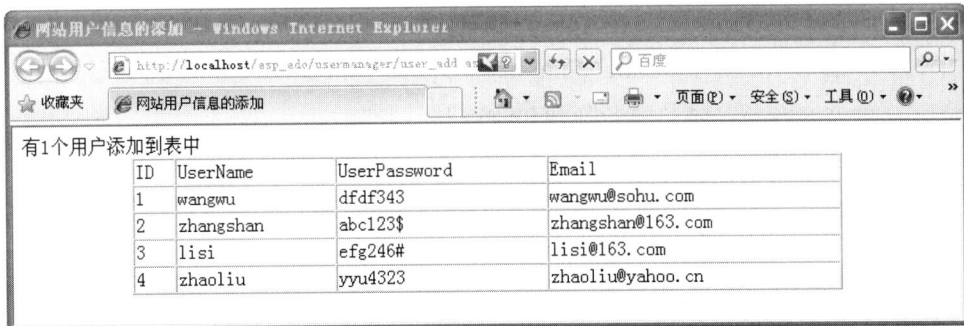

图7-4 添加用户信息的页面

4．用户信息的删除

实现在用户表中删除 UserName 为 zhaoliu 的用户信息，网页程序 user_del.asp 的代码如下：

```
<%@LANGUAGE="VBSCRIPT" CODEPAGE="936"%>
<html>
<head>
<meta http-equiv="Content-Type" content="text/html; charset=gb2312">
```

```
<title>网站用户信息的删除</title>
</head>
<body>
<%
dsnpath = server.MapPath("../database/Data.mdb")
connstr = "provider=microsoft.jet.oledb.4.0;data source=" & dsnpath
set conn = server.CreateObject("adodb.connection")
conn.Open connstr
fhsql = "delete from userdata where username='zhaoliu'"
conn.execute(fhsql), num
response.write "有"&num&"条用户信息被删除"
fhsql = "select * from userdata order by ID"
set rs = conn.execute(fhsql)
response.write
   "<table width='600' border='1' align='center' cellspacing='0'>"
response.Write("<tr>")
for num=0 to rs.fields.count-1
    response.write "<td>"&rs.fields(num).name&"</td>"
next
response.Write("</tr>")
do while not rs.eof
    response.Write("<tr onMouseOver=mOvr(this,'#E7E9CF');
      onMouseOut=mOut(this,'#FFFFFF');>")
    for num=0 to rs.fields.count-1
       response.write "<td>"&rs(num)&"</td>"
    next
    rs.movenext
loop
response.Write("</tr>")
response.Write("</table>")
rs.close
conn.close
set conn = nothing
%>
</body>
</html>
```

显示的运行效果如图 7-5 所示。

图7-5 删除用户信息的页面

5．用户信息的更新

实现将用户表中 UserName 为"wangwu"的 UserPassword 更新为"abcdefg"，网页程序 user_update.asp 的代码为：

```
<%@LANGUAGE="VBSCRIPT" CODEPAGE="936"%>
<html>
<head>
<meta http-equiv="Content-Type" content="text/html; charset=gb2312">
<title>网站用户信息的更新</title>
</head>
<body>
<%
dsnpath = server.MapPath("../database/Data.mdb")
connstr = "provider=microsoft.jet.oledb.4.0;data source=" & dsnpath
set conn = server.CreateObject("adodb.connection")
conn.Open connstr
fhsql =
  "update userdata set userpassword='abcdefg' where username='wangwu'"
conn.execute(fhsql), num
response.write "有"&num&"条用户信息被更新"
fhsql = "select * from userdata order by ID"
set rs = conn.execute(fhsql)
response.write
  "<table width='600' border='1' align='center' cellspacing='0'>"
response.Write("<tr>")
for num=0 to rs.fields.count-1
    response.write "<td>"&rs.fields(num).name&"</td>"
next
response.Write("</tr>")
do while not rs.eof
```

```
response.Write("<tr onMouseOver=mOvr(this,'#E7E9CF');
    onMouseOut=mOut(this,'#FFFFFF');>")
for num=0 to rs.fields.count-1
    response.write "<td>"&rs(num)&"</td>"
next
rs.movenext
loop
response.Write("</tr>")
response.Write("</table>")
rs.close
conn.close
set conn = nothing
%>
</body>
</html>
```

显示的运行效果如图 7-6 所示。

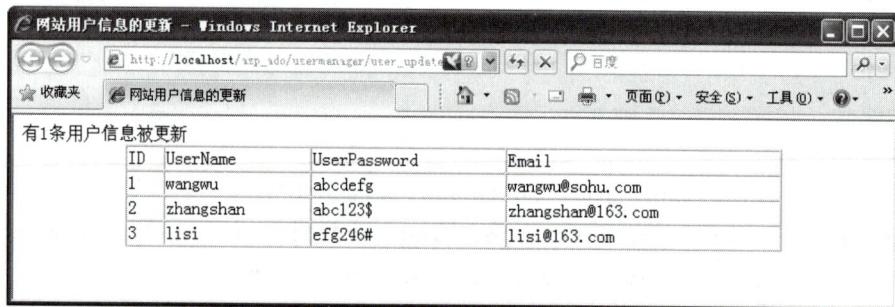

图7-6 更新用户信息的页面

6. 完整的用户管理界面

(1) 以上针对用户信息的所有操作在实际应用中需要有一个统一完整的界面,以满足方便用户操作的需要。网页程序 user_manager.asp 代码为:

```
<%curpagename=request.ServerVariables("SCRIPT_NAME")%>
<html>
<head>
<meta http-equiv="Content-Type" content="text/html; charset=gb2312">
<title>用户管理界面</title>
<Script Language="JavaScript">
function mOvr(src, clrOver) {
    if (!src.contains(event.fromElement)) {
        src.style.cursor = 'hand';
```

```
            src.bgColor = clrOver;
        }
    }
function mOut(src, clrIn) {
    if (!src.contains(event.toElement)) {
        src.style.cursor = 'default';
        src.bgColor = clrIn;
    }
}
function del(nid) {
    answer = window.confirm("是否确定删除？");
    if (answer) {
        window.location.href = "stud_del.asp?userid=" + nid;
    }
}
function bianji(nid) {
    window.location.href = "stud_edit.asp?userid=" + nid;
}
function tianjia(nid) {
    window.location.href = "stud_add.html";
}
</script>
</head>
<body>
<%
dsnpath = server.MapPath("../database/Data.mdb")
connstr = "provider=microsoft.jet.oledb.4.0;data source=" & dsnpath
set conn = server.CreateObject("adodb.connection")
conn.Open connstr
fhsql = "select * from userdata order by ID"
set rs = conn.execute(fhsql)
response.write
    "<table border='1' align='center' width='800'><tr bgcolor='#000080'>"
for num=0 to rs.fields.count-1
    response.write
        "<td><font color='#ffffff'>"+rs.fields(num).name+"</font></td>"
next
response.write "<td><font color='#ffffff'>操作选择</font></td>"
response.write "</font></tr>"
```

```
do while not rs.eof
    response.write "<tr onMouseOver=mOvr(this,'#E7E9CF');
      onMouseOut=mOut(this,'#FFFFFF');>"
    for num=0 to rs.fields.count-1
        fdvalue = rs(num)
        if isnull(fdvalue) then
            response.Write "<td> </td>"
        else
            response.write
              "<td><font color='#0000000'>"& fdvalue & "</font></td>"
        end if
    next
    response.write "<td><input type='button' name='bianji' value='编辑'
      onClick=bianji(" & rs(0)  & ")>"
    response.write "<input type='button' name='shanchu' value='删除'
      onClick=del(" & rs(0)  & ")>"
    response.Write "</td><tr>"
    rs.movenext
    lineno = lineno + 1
loop
response.Write("<tr><td colspan='5' align='center'><input type='button'
  name='shanchu' value='添加' onClick=tianjia()></td></tr>")
response.Write "</table>"
rs.close
%>
</body>
</html>
```

显示的运行效果如图 7-7 所示。

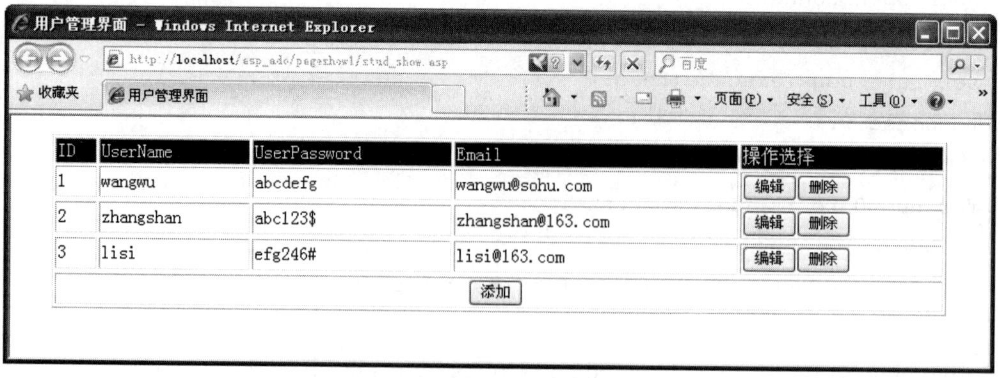

图7-7 用户信息的管理界面

（2） 单击"添加"按钮，网页转到页面 user_add.html，代码为：

```html
<head>
<meta http-equiv="Content-Type" content="text/html; charset=gb2312" />
<title>用户注册</title>
<style type="text/css">
<!--
form {
    padding: 0px;
    margin: 30px;
}
.tatitle {
    margin-bottom: 10px;
    font-size: 18px;
    font-weight: bold;
    margin-top: 10px;
}
#form1 div {
    font-size: 14px;
}
.lefttext {
    margin-right: 0px;
    margin-top: 0px;
    margin-bottom: 0px;
    margin-left: 20px;
}
-->
</style>
</head>
<body>
<form id="form1" name="form1" method="post" action="user_ins.asp">
<div align="center" class="tatitle">用户注册</div>
<table width="503" height="116" border="1" align="center" cellpadding="0"
  cellspacing="1">
<tr>
<td width="133" height="38"><div align="center">用 户 名:</div></td>
<td width="361"><label>
<input name="username" type="text"
  class="lefttext" id="username" size="20" />
</label></td>
```

```
</tr>
<tr>
<td height="37"><div align="center">密    码:</div></td>
<td><input name="userpassword" type="text" class="lefttext"
   id="userpassword" size="20" /></td>
</tr>
<tr>
<td height="35"><div align="center">邮    箱:</div></td>
<td class="lefttext"><label></label>
<input name="email" type="text" class="lefttext"
   id="email" size="30" /></td>
</tr>
</table>
<div align="center" class="tatitle">
    <input type="submit" name="Submit" value="注册" />
    <input type="reset" name="Submit2" value="重置" />
</div>
<p> </p>
</form>
</body>
</html>
```

显示的运行效果如图 7-8 所示。

图7-8 用户注册界面

填写用户信息后，单击"注册"按钮后，网页转到页面 user_ins.asp，代码为：

```
<%@LANGUAGE="VBSCRIPT" CODEPAGE="936"%>
<%
username = request.form("UserName")
userpassword = request.form("UserPassword")
email = request.form("Email")
dsnpath = server.MapPath("../database/Data.mdb")
connstr = "provider=microsoft.jet.oledb.4.0;data source=" & dsnpath
```

```
set conn = server.CreateObject("adodb.connection")
conn.Open connstr
fhsql = "insert into userdata(username,userpassword,email) values('"&
username&"','"&userpassword&"','"&email&"')"
conn.execute(fhsql), num
response.write "<div align='center'>有"&num&"条记录插入表中,注册成功! </div>"
fhsql = "select * from userdata order by ID"
set rs = conn.execute(fhsql)
response.write
  "<table width='600' border='1' align='center' cellspacing='0'>"
response.Write("<tr>")
for num=0 to rs.fields.count-1
    response.write "<td>"&rs.fields(num).name&"</td>"
next
response.Write("</tr>")
do while not rs.eof
    response.Write("<tr onMouseOver=mOvr(this,'#E7E9CF');
      onMouseOut=mOut(this,'#FFFFFF');>")
    for num=0 to rs.fields.count-1
        response.write "<td>"&rs(num)&"</td>"
    next
    rs.movenext
loop
response.Write("</tr>")
response.Write("</table>")
rs.close
conn.close
set conn = nothing
%>
```

显示的运行效果如图7-9所示。

图7-9　用户注册成功

(3) 单击 user_manager.asp 页面中用户名为"zhaoliu"的"编辑"按钮，网页转到 user_edit.asp 页面，代码如下：

```
<%@LANGUAGE="VBSCRIPT" CODEPAGE="936"%>
<html>
<head>
<meta http-equiv="Content-Type" content="text/html; charset=qb2312" />
<title>用户资料修改</title>
<style type="text/css">
<!--
form {
    padding: 0px;
    margin: 30px;
}
.tatitle {
    margin-bottom: 10px;
    font-size: 18px;
    font-weight: bold;
    margin-top: 10px;
}
#form1 div {
    font-size: 14px;
}
.lefttext {
    margin-right: 0px;
    margin-top: 0px;
    margin-bottom: 0px;
    margin-left: 20px;
}
-->
</style>
</head>
<body>
<%
operid = request.querystring("userid")
dsnpath = server.MapPath("../database/Data.mdb")
connstr = "provider=microsoft.jet.oledb.4.0;data source=" & dsnpath
set conn = server.CreateObject("adodb.connection")
conn.Open connstr
fhsql = "select * from userdata where ID=" & operid
```

高职高专立体化教材 计算机系列

```
set rs = conn.execute(fhsql)
tusername = rs("username")
tuserpassword = rs("userpassword")
temail = rs("email")
rs.close
conn.close
set conn = nothing
%>
<form id="form1" name="form1" method="post" action="user_ins.asp">
<div align="center" class="tatitle">用户资料修改</div>
<table width="503" height="116" border="1" align="center" cellpadding="0"
  cellspacing="1">
<tr>
<td width="133" height="38"><div align="center">用 户 名:</div></td>
<td width="361">
<input name="username" type="text" class="lefttext" id="username" size="20"
  value=<%=tusername%>>
</td>
</tr>
<tr>
<td height="37"><div align="center">密    码:</div></td>
<td><input name="userpassword" type="password" class="lefttext"
  id="userpassword" size="20"  value=<%=tuserpassword%>></td>
</tr>
<tr>
<td height="35"><div align="center">邮    箱:</div></td>
<td class="lefttext"><label></label>
<input name="email" type="text" class="lefttext" id="email" size="30"
  value=<%=temail%> ></td>
</tr>
</table>
<div align="center" class="tatitle">
    <input type="submit" name="Submit" value="确定" />
    <input type="reset" name="Submit2" value="重置" />
</div>
<p> </p>
</form>
</body>
</html>
```

显示的运行效果如图 7-10 所示。

图7-10　修改用户信息

将密码修改为 abcdefg#，单击"确定"按钮，网页转到 user_update.asp 页面，代码为：

```
<%@LANGUAGE="VBSCRIPT" CODEPAGE="936"%>
<html>
<head>
<meta http-equiv="Content-Type" content="text/html; charset=gb2312">
<title>用户信息更新</title>
</head>
<body>
<%
operid = request.Form("userid")
tusername = request.Form("username")
tuserpassword = request.Form("userpassword")
temail = request.Form("email")
dsnpath = server.MapPath("../database/Data.mdb")
connstr = "provider=microsoft.jet.oledb.4.0;data source=" & dsnpath
set conn = server.CreateObject("adodb.connection")
conn.Open connstr
fhsql = "update  userdata set username='"& tusername & "',userpassword='"
& tuserpassword & "',email='" & temail & "' where ID=" & operid
conn.execute(fhsql), num
response.write "有"&num&"条用户信息被更新"
fhsql = "select * from userdata order by ID"
set rs = conn.execute(fhsql)
response.write
  "<table width='600' border='1' align='center' cellspacing='0'>"
response.Write("<tr>")
for num=0 to rs.fields.count-1
    response.write "<td>"&rs.fields(num).name&"</td>"
next
response.Write("</tr>")
```

```
do while not rs.eof
    response.Write("<tr onMouseOver=mOvr(this,'#E7E9CF');
      onMouseOut=mOut(this,'#FFFFFF');>")
    for num=0 to rs.fields.count-1
        response.write "<td>"&rs(num)&"</td>"
    next
    rs.movenext
loop
response.Write("</tr>")
response.Write("</table>")
rs.close
conn.close
set conn = nothing
%>
</body>
</html>
```

显示的运行效果如图 7-11 所示，用户名为"zhaoliu"的密码更新为"abcdefg#"。

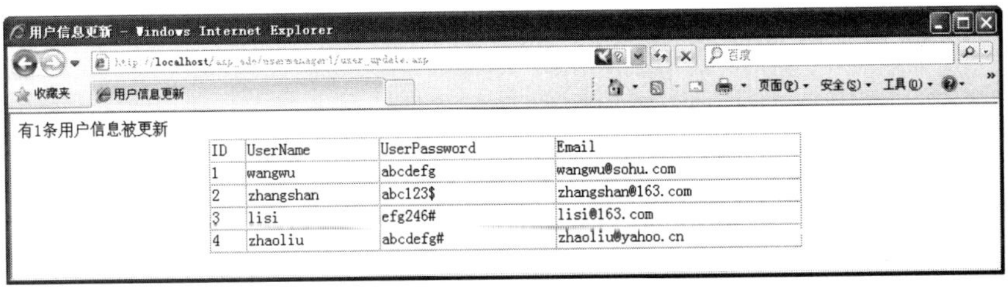

图7-11　用户信息被更新后的页面

(4) 单击 user_manager.asp 页面中用户名为"zhaoliu"的"删除"按钮，网页转到 user_del.asp 页面，代码为：

```
<%@LANGUAGE="VBSCRIPT" CODEPAGE="52936"%>
<html>
<head>
<meta http-equiv="Content-Type" content="text/html; charset=hz-gb-2312">
<title>用户信息删除</title>
</head>
<body>
<%
dim operid, operflag, opersql
operid = request.QueryString("userid")
opersql = "delete from userdata where ID=" & operid
dsnpath = server.MapPath("../database/Data.mdb")
```

```
connstr = "provider=microsoft.jet.oledb.4.0;data source=" & dsnpath
set conn = server.CreateObject("adodb.connection")
conn.Open connstr
conn.execute opensql, num
response.Write(num&"条用户信息被删除！")
fhsql = "select * from userdata order by ID"
set rs = conn.execute(fhsql)
response.write
  "<table width='600' border='1' align='center' cellspacing='0'>"
response.Write("<tr>")
for num=0 to rs.fields.count-1
    response.write "<td>"&rs.fields(num).name&"</td>"
next
response.Write("</tr>")
do while not rs.eof
    response.Write("<tr onMouseOver=mOvr(this,'#E7E9CF');
      onMouseOut=mOut(this,'#FFFFFF');>")
    for num=0 to rs.fields.count-1
        response.write "<td>"&rs(num)&"</td>"
    next
    rs.movenext
loop
response.Write("</tr>")
response.Write("</table>")
rs.close
conn.close
set conn = nothing
%>
</body>
</html>
```

显示的运行效果如图 7-12 所示，用户名为"zhaoliu"的用户被删除。

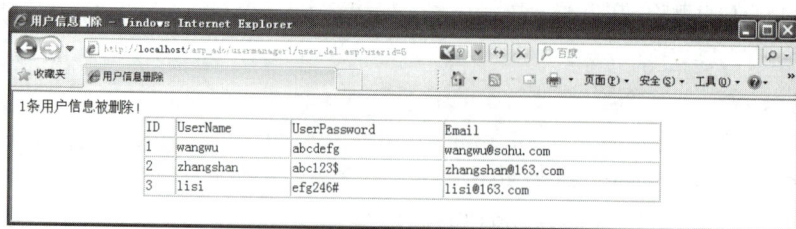

图7-12　用户信息被删除后的页面

7.2　任务 2 - 运用 RecordSet 实现对数据库的存取

7.2.1　RecordSet 对象

1．创建 RecordSet 对象

除了利用 Connection 的 Execute 方法可获得记录集外，利用 ADO 的 RecordSet 对象，也可获得记录集，且该方法所获得的记录集具有更灵活的控制性和更强的功能。在打开记录集之前，可以详细设置记录集的游标和锁定类型，以决定对一个记录集进行怎样的操作。创建一个 RecordSet 对象实例，语法如下：

```
Set 记录集对象实例变量 = Server.CreateObject("ADODB.RecordSet")
```

例如，若要创建一个名为 RS 的记录集对象，则创建方法为：

```
Set RS = Server.CreateObject("ADODB.RecordSet")
```

2．RecordSet 对象的方法

(1) Open 方法：记录集对象实例创建后，必须用 Open 方法打开它，才能变为有效。该方法的调用格式为：

```
记录集对象实例变量.Open Source,ActiveConnection,CursorType,LockType,Options
```

其中，各参数的含义如下。

- Source：该参数可以是含有一个 SQL 字符串、表格、视图名称或者存储过程调用的字符串，也可以是 Command 对象。
- ActiveConnection：该参数可以是 Connection 对象实例名或数据库的连接字符串。
- CursorType：用来确定服务器打开 Recordset 时应该使用的游标类型。游标类型控制从服务器数据库取回数据的方式，从而决定可以对记录集进行怎样的操作，其取值及对应的含义如表 7-4 所示。所用到的符号常量均是在 ADOVBS.INC 文件中定义的，在 ASP 页面中，若要使用这些常量，必须将该文件包含到页面中，包含方法为：<!--#INCLUDE FILE="ADOVBS.INC">。如果所用到的符号常量并不多，建议将要用到的符号常量的定义，直接复制到页面中，而不必将所有符号常量的定义都包含到页面中，定义符号常量使用 Const 语句。另外，也可在语句中直接使用这些符号常量所对应的值。
- LockType：用来确定服务器打开 Recordset 时应该使用的锁定类型，锁定类型决定了当不止一个用户同时试图修改一个记录时，数据库应如何处理。其选项如表 7-5 所示。
- Options：该参数用于指定 Source 参数项的命令字符串的类型，其选项如表 7-6 所示。通过设定命令类型，可使执行更高效。

表7-4　记录集的游标类型

符号常量	值	含　义
adOpenForwardOnly	0	前向游标，默认值。在记录集中只能向前移动记录游标，即只能使用 MoveNext 或 GetRows 方法检索数据。此外，由其他用户所做的添加、更改和删除，记录集将不反映出这个变化
adOpenKeyset	1	键集游标，在记录集中可向前或向后移动指针。允许用户看到其他用户所做的数据更改，但不能看到其他用户添加和删除的记录
adOpenDynamic	2	动态游标，在记录集中可向前或向后移动指针。由其他用户所做的添加、更改和删除，都将在记录集里面立即反映出来
adOpenStatic	3	静态游标，在记录集中可向前或向后移动指针。由其他用户所做的添加、更改和删除，都不会在记录集中反映出来。服务器所响应的数据已经与数据库完全断开

表7-5　记录集的锁定类型

符号常量	值	含　义
adLockReadOnly	0	默认值。以只读模式打开，故不能更新、插入或删除记录集中的记录
adLockPessimistic	1	保守式记录锁定。在编辑修改一个记录时，立即锁定它，以防止其他用户对其进行操作，最安全的锁定机制
adLockOptimistic	2	开放式记录锁定。在编辑修改记录时，并未加锁，只有在调用记录集的 Update 方法更新记录时才锁定记录
adLockBatchOptimistic	3	开放式批更新，用于立即更新模式相反的批更新模式

表7-6　命令字符串类型

符号常量	值	含　义
adCmdText	&H0001	被执行的字符串是一个命令文本
adCmdTable	&H0002	被执行的字符串是一个表
adCmdStoreedProc	&H0004	被执行的字符串是一个存储过程
adCmdUnknown	&H0008	不指定字符串的类型，即未知类型。此为默认值

(2) RecordSet 对象的其他方法。

RecordSet 对象还提供了如表 7-7 所示的非常丰富的记录集方法，通过这些方法可实现对记录集的添加、删除、修改等各种操作。

表7-7 RecordSet对象的相关方法

方 法	描 述
AddNew	创建一条新记录
Cancel	撤消一次执行
CancelUpdate	撤消对 Recordset 对象的一条记录所做的更改
Close	关闭一个 Recordset
Delete	删除一条记录或一组记录
Find	搜索一个 Recordset 中满足指定某个条件的一条记录
GetRows	把多条记录从一个 Recordset 对象中复制到一个二维数组中
GetString	将 Recordset 作为字符串返回
Move	在 Recordset 对象中移动记录指针
MoveFirst	把记录指针移动到第一条记录
MoveLast	把记录指针移动到最后一条记录
MoveNext	把记录指针移动到下一条记录
MovePrevious	把记录指针移动到上一条记录
Seek	搜索 Recordset 的索引以快速定位与指定的值相匹配的行，并使其成为当前行
Update	保存所有对 Recordset 对象中的一条单一记录所做的更改
UpdateBatch	把所有 Recordset 中的更改存入数据库。应在批更新模式中使用

3．RecordSet 对象的属性

在显示记录集内容时，将要用到有关记录集的相关属性。通过设置和访问这些属性可得到非常灵活的页面显示，具体见表 7-8。

表7-8 RecordSet对象的相关属性

属 性	描 述
RecordCount	可返回一个 Recordset 对象中的记录数目
BOF	如果当前的记录位置在第一条记录之前，则返回 true；否则返回 false
EOF	如果当前记录的位置在最后的记录之后，则返回 true；否则返回 false。利用该属性，可防止指针越界而发生错误。通常用来作为循环访问记录集结束的标志
PageSize	利用该属性可设置或返回 Recordset 对象的一个单一页面上所允许的最大记录数
PageCount	利用该属性可返回一个 Recordset 对象中的数据页数
AbsolutePage	利用该属性可设置或返回一个可指定 Recordset 对象页码的值
AbsolutePosition	利用该属性可设置或返回一个值,此值可指定 Recordset 对象中当前记录的顺序位置(序号位置)，该属性一般是介于 1 和 RecordCount 属性值之间的整数

4. Fields 集合

Fields 集合代表了一条记录的所有字段，集合中的每一个成员均为一个 Field 对象，代表着一个字段。利用 Field 对象提供的 Value、Name、Type 和 Size 属性，可获得该字段的当前值、字段的名称、字段的类型和字段的宽度等信息，利用 Fields 对象的 Count 属性，可获得字段的个数。

要显示一条记录的内容，只需依次显示每一个字段的值即可，这可通过字段对象的 Value 属性来实现，因此，要输出当前记录某个字段的值，其方法应为：

```
RS.Fields(字段名|字段顺序号).Value
```

由于 Value 是 Field 对象的默认属性，使用时可以省略，因此，以上用法也可表达为：

```
RS.Fields(字段名|字段顺序号)
```

或者：

```
RS(字段名|字段顺序号)
```

若访问的是 Field 对象的 Name 或其他属性，则表示为：

```
RS.Fields(字段名|字段顺序号).Name
```

或者：

```
RS(字段名|字段顺序号).Name
```

> **注意：** 字段名和字段顺序号任选其一，二者等效，字段顺序号是指该字段在数据表中的顺序号，第一个字段的顺序号为 0，依次增 1。

7.2.2 新闻发布系统功能的实现

新闻发布系统主要实现将需要发布的新闻数据及相关附属信息(比如发布者、发布时间等)保存到数据表中，并能实现对这些数据信息进行统一管理。

新闻发布到数据表保存后，网站的首页或其他网页从数据表中将新闻数据读出，并在网页内按指定的格式进行显示。

新闻发布系统由系统的主控界面、新闻的发布、新闻的编辑修改、新闻的删除等模块组成。下面通过一个具体实例来详细介绍如何利用 RecordSet 对象来实现新闻发布系统的相关功能。

1. 创建新闻表

在 Data.mdb 数据库中创建一个取名为 "News" 的表，用于存放网站需要发布的信息，建立包含 ID(自动编号)、Title(文本型，50)、Content(备注型)、Author(文本型，20)、Date(日期时间型)等 5 个字段的表结构，并输入若干条记录，如图 7-13 所示。

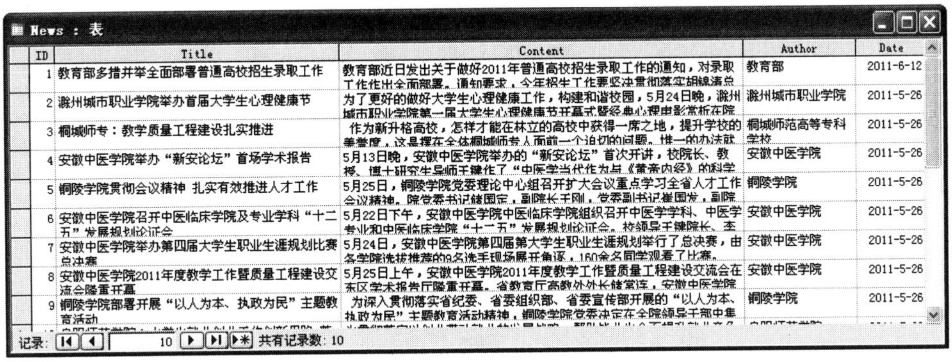

News : 表

ID	Title	Content	Author	Date
1	教育部多措并举全面部署普通高校招生录取工作	教育部近日发出关于做好2011年普通高校招生录取工作的通知，对录取	教育部	2011-6-12
2	滁州城市职业学院举办首届大学生心理健康节	为了更好的做好大学生心理健康工作，构建和谐校园，5月24日晚，滁州	滁州城市职业学院	2011-5-26
3	桐城师专：教学质量工程建设扎实推进	作为新升格高校，怎样才能在林立的高校中获得一席之地，提升学校的	桐城师范高等专科学校	2011-5-26
4	安徽中医学院举办“新安论坛”首场学术报告	5月13日晚，安徽中医学院举办的“新安论坛”首次开讲，校院长、教	安徽中医学院	2011-5-26
5	铜陵学院贯彻会议精神 扎实有效推进人才工作	5月25日，铜陵学院党委理论中心组召开扩大会议重点学习全省人才工作	铜陵学院	2011-5-26
6	安徽中医学院召开中医临床学院及专业学科“十二五”发展规划论证会	5月22日下午，安徽中医学院中医临床学院组织召开中医学学科、中医学	安徽中医学院	2011-5-26
7	安徽中医学院举办第四届大学生职业生涯规划比赛总决赛	5月24日，安徽中医学院第四届第大学生职业生涯规划举行了总决赛，由	安徽中医学院	2011-5-26
8	安徽中医学院2011年度教学工作暨质量工程建设交流会隆重开幕	5月25日上午，安徽中医学院2011年度教学工作暨质量工程建设交流会在	安徽中医学院	2011-5-26
9	铜陵学院部署开展“以人为本、执政为民”主题教育活动	为深入贯彻落实省纪委、省委组织部、省委宣传部开展的“以人为本、	铜陵学院	2011-5-26

记录: 10 共有记录数: 10

图7-13 新闻表News

2. 新闻栏目的显示

网页 news_show.asp 的代码如下：

```
<%@LANGUAGE="VBSCRIPT" CODEPAGE="936"%>
<%curpagename=request.ServerVariables("SCRIPT_NAME")%>
<html>
<head>
<title>新闻</title>
<meta http-equiv="Content-Type" content="text/html; charset=gb2312">
<link rel=stylesheet type=text/css href="inc/mycss.css">
<script language="VBScript">
sub gopage1()
    if  window.event.keycode=13 then
       pno = pageno.value
       window.location.href="<%=curpagename%>?pageno=" & pno
    end if
end sub
sub gopage2()
    pno = pageno.value
    window.location.href = "<%=curpagename%>?pageno=" & pno
end sub
</script>
</head>
<body>
<center><div class=biankuang>
<table border=0 width=980 align=center>
<tr>
<td>
<table border=0 cellSpacing=0 cellPadding=0 width="100%">
```

```
<tr>
<td height=47 background=inc/fenye_nav_01.jpg width=205>
<table border=0 cellSpacing=0 cellPadding=0 width="100%">
<tr>
<td width="25%"> </td>
<td height=45 vAlign=top width="75%" align=middle>
<table border=0 cellSpacing=0 cellPadding=0 width="100%">
<tr><td height=14></td></tr>
<tr><td class=navbt align=middle>新闻中心</td></tr>
</table>
</td>
</tr>
</table>
</td>
<td height=47 background=inc/fenye_nav_02.jpg width=626 align=middle>
<span class=font12-18>
<a href="">首页</a> | <a href="">教育要闻</a> | <a href="">高等教育新闻</a>
  | <a href="">基础教育新闻</a> | <a href="">职业教育新闻</a>
  | <a href="">图片新闻</a> | <a href="" target=_blank>视频新闻</a>
</span>
</td>
<td height=47 width=149><IMG src="inc/biaoshi.gif" width=149  height=47>
</td>
</tr>
</table>
</td>
</tr>
<tr>
<td class=font12-18 vAlign=top width="74%">
<%
const adcmdtext = &H0001
const adopendynamic = 1
const adlockpessimistic = 2
dsnpath = server.MapPath("../database/Data.mdb")
fhsql = "select * from news"
connstr = "provider=microsoft.jet.oledb.4.0;data source=" & dsnpath
set rs = server.createobject("adodb.recordset")
rs.open fhsql,connstr,adopendynamic,adlockpessimistic,adcmdtext
rs.pagesize = 7
```

```
if request.QueryString("pageno") = "" then
    rs.absolutepage = 1
else
    rs.absolutepage = request.QueryString("pageno")
end if
page_contr = "每页<input size=2 value=" & rs.pagesize & ">条记录 | 共" &
  rs.pagecount & "页/" & rs.recordcount & "条记录 | "
page_contr = page_contr& "当前第" & rs.absolutepage &"页"
page_contr = page_contr&"<a href=" & curpagename & "?pageno=1>首 页</a> "
if rs.absolutepage > 1 then
    page_contr = page_contr + "<a href=" & curpagename & "?pageno="
      & rs.absolutepage-1 & ">|上一页</a>"
else
    page_contr = page_contr + "|上一页"
end if
if rs.absolutepage < rs.pagecount then
    page_contr = page_contr & "<a href=" & curpagename & "?pageno="
      & rs.absolutepage + 1 & ">|下一页</a>"
else
    page_contr = page_contr & "|下一页"
end if
page_contr = page_contr&"<a href=" & curpagename & "?pageno="& rs.pagecount
  & ">|最后一页</a>"
page_contr = page_contr& "|第<input type='text' name='pageno'
  onKeyPress='gopage1()'size=2>页<input  value=go type='button'
  onClick=gopage2()> "
response.Write("<table border=0 cellSpacing=1 cellPadding=2 width='100%'
  bgColor=#f7f7f7 align=center>")
response.Write("<tbody>")
lineno = 1
do while not rs.eof and lineno <= rs.pagesize
    response.Write("<tr bgColor=#ffffff>")
    response.Write("<td class=font12-24 bgColor=#f7f7f7 width='35%'>")
    response.Write(
      "["&rs("Date")&"]"&"<A href='news_content.asp?news_id="&rs("ID")&"'
      target=_blank>"&rs("Title")&"</A> 作者: "&rs("Author"))
    response.Write("</td>")
    response.Write("</tr>")
    rs.movenext
```

```
        lineno = lineno + 1
    loop
    rs.close
    response.Write("<tr bgColor=#e8eaea><td class=data bgColor=#f7f7f7
      vAlign=center colSpan=8 align=right><div align='center'>")
    response.Write(page_contr)
    response.write("</div></td></tr></tbody></table>")
    %>
</td></tr>
</table>
</body>
</html>
```

其中包含在 inc 文件夹中的层叠样式表文件 mycss.css 的代码为:

```
body {
    margin: 2px 0px 0px
}
.biankuang {
    border-botton: #e0e0e0 1px solid;
    border-left: #e0e0e0 1px solid;
    width: 984px;
    border-top: #e0e0e0 1px solid;
    border-right: #e0e0e0 1px solid
}
.navbt {
    font-family: "黑体";
    color: #000000;
    font-size: 20px;
    font-weight: bold
}
a:link {
    color: #000000;
    text-decoration: none
}
a:visited {
    color: #000000;
    text-decoration: none
}
a:hover {
```

```
      color: #ff0000;
      text-decoration: none
}
a:active {
      color: #ff0000;
      text-decoration: none
}
.font12-18 {
      line-height: 18px;
      font-family: "宋体";
      color: #000000;
      font-size: 12px;
      font-weight: normal
}
.font12-24 {
      line-height: 24px;
      font-family: "宋体";
      color: #000000;
      font-size: 12px;
      font-weight: normal
}
.data {
      color: #999999;
      font-size: 12px;
      font-weight: normal
}
.data a:link {
      color: #999999;
      text-decoration: none
}
.data a:visited {
      color: #999999;
      text-decoration: none
}
.data a:hover {
      color: #ff0000;
      text-decoration: none
}
.data a:active {
```

```
        color: #999999;
        text-decoration: none
}
li {
        list-style-type: disc;
        text-indent: 5px
}
.biaoti {
        color: #000000;
        font-size: 18px;
        font-weight: bold
}
.neirong {
        line-height: 25px;
        font-size: 14px
}
.newslist1 {
        line-height: 25px;
        color: #000000;
        font-size: 12px;
        font-weight: normal
}
```

显示的运行效果如图 7-14 所示。

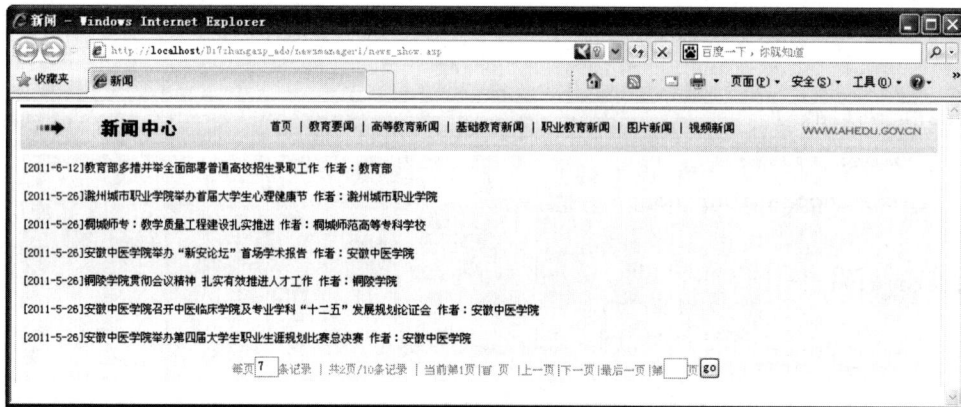

图7-14　新闻栏目的显示效果

单击第一条新闻后，网页跳转到页面 news_content.asp，显示该条新闻的具体内容，代码如下：

```
<%@LANGUAGE="VBSCRIPT" CODEPAGE="936"%>
```

```
<html xmlns="http://www.w3.org/1999/xhtml">
<head>
<title></title>
<meta content="text/html; charset=gb2312" http-equiv=Content-Type>
<link rel=stylesheet type=text/css href="inc/css.css">
</head>
<body>
<%
news_id = request.QueryString("news_id")
const adcmdtext = &H0001
const adopendynamic = 1
const adlockpessimistic = 2
dsnpath = server.MapPath("../database/Data.mdb")
fhsql = "select * from news where ID=" & news_id
connstr = "provider=microsoft.jet.oledb.4.0;data source=" & dsnpath
set rs = server.createobject("adodb.recordset")
rs.open fhsql, connstr, adopendynamic, adlockpessimistic, adcmdtext
%>
<center><div>
<table border=1 cellSpacing=0 borderColor=#cccccc
  cellPadding=0 width="780">
<tbody>
<tr borderColor=#ffffff>
<td class=font12-30 bgColor=#e1e1e1 height=25 align=left>
<span class=newslist1>您的位置: 首 页 &gt; 正文</span></td>
</tr>
<tr borderColor=#ffffff>
<td class=newslist vAlign=top align=left>
<table border=0 cellSpacing=0 cellPadding=0 width=680 align=center>
<tbody>
<tr><td class=biaoti height=51 align=middle>
<font color=#000000><%=rs("Title")%></font>
</td></tr>
<tr><td align=middle><hr size=1 width=600> </td></tr>
<tr><td class=data align=middle>作者: <%=rs("Author")%> 发布日期:
<%=rs("Date")%></td></tr>
<tr><td valign=top><p>
<span class=neirong><p><%=rs("Content")%></p></span>
</td></tr></tbody>
```

```
</table>
</td></tr>
</tbody>
</table>
</div>
</center>
<%
rs.close
%>
</body>
</html>
```

显示的运行效果如图 7-15 所示。

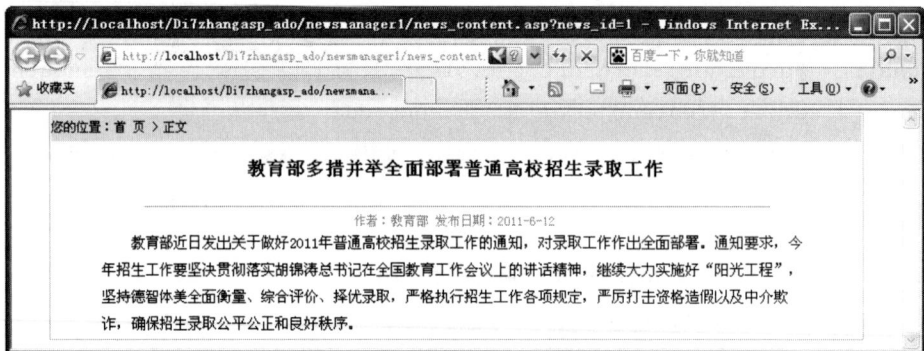

图7-15 新闻内容的显示界面

3. 新闻发布系统的主控界面

在新闻栏目显示的基础上,增加"编辑"、"删除"、"添加"等按钮以及相应的 JavaScript 代码,以实现对新闻栏目的管理,网页程序 news_manager.asp 的代码如下:

```
<%@LANGUAGE="VBSCRIPT" CODEPAGE="936"%>
<%curpagename=request.ServerVariables("SCRIPT_NAME")%>
<html>
<head>
<title>新闻</title>
<meta http-equiv="Content-Type" content="text/html; charset=gb2312">
<link rel=stylesheet type=text/css href="inc/css.css">
<Script Language="JavaScript">
function del(nid) {
    answer = window.confirm("是否确定删除?");
    if (answer) {
        window.location.href = "news_del.asp?userid=" + nid;
```

```
        }
}
function bianji(nid) {
    window.location.href = "news_edit.asp?userid=" + nid;
}
function tianjia(nid) {
    window.location.href = "news_add.htm";
}
</Script>
<script language="VBScript">
sub gopage1()
    if  window.event.keycode = 13 then
        pno = pageno.value
        window.location.href = "<%=curpagename%>?pageno=" & pno
    end if
end sub
sub gopage2()
    pno = pageno.value
    window.location.href = "<%=curpagename%>?pageno=" & pno
end sub
</script>
</head>
<body>
<center><div class=biankuang>
<table border=0 width=980 align=center>
<tr>
<td>
<table border=0 cellSpacing=0 cellPadding=0 width="100%">
<tr>
<td height=47 background=inc/fenye_nav_01.jpg width=205>
<table border=0 cellSpacing=0 cellPadding=0 width="100%">
<tr>
<td width="25%"> </td>
<td height=45 vAlign=top width="75%" align=middle>
<table border=0 cellSpacing=0 cellPadding=0 width="100%">
<tr><td height=14></td></tr>
<tr><td class=navbt align=middle>新闻中心</td></tr>
</table>
</td>
```

```
</tr>
</table>
</td>
<td height=47 background=inc/fenye_nav_02.jpg width=626 align=middle>
<span class=font12-18><a href="">首页</a> | <a href="">教育要闻</a>
| <a href="">高等教育新闻</a> | <a href="">基础教育新闻</a>
| <a href="">职业教育新闻</a> | <a href="">图片新闻</a>
| <a href="" target=_blank>视频新闻</a>
</span>
</td>
<td height=47 width=149><IMG src="inc/biaoshi.gif" width=149 height=47>
</td></tr>
</table>
</td>
</tr>
<tr>
<td class=font12-18 vAlign=top width="74%">
<%
const adcmdtext = &H0001
const adopendynamic = 1
const adlockpessimistic = 2
dsnpath = server.MapPath("../database/Data.mdb")
fhsql = "select * from news"
connstr = "provider=microsoft.jet.oledb.4.0;data source=" & dsnpath
set rs = server.createobject("adodb.recordset")
rs.open fhsql,connstr,adopendynamic,adlockpessimistic,adcmdtext
rs.pagesize = 7
if request.QueryString("pageno") = "" then
    rs.absolutepage = 1
else
    rs.absolutepage = request.QueryString("pageno")
end if
page_contr = "每页<input size=2 value=" & rs.pagesize & ">条记录 | 共"
  & rs.pagecount & "页/" & rs.recordcount & "条记录 | "
page_contr = page_contr& "当前第" & rs.absolutepage &"页"
page_contr = page_contr&"<a href=" & curpagename & "?pageno=1|首 页</a>"
if rs.absolutepage > 1 then
    page_contr = page_contr + "<a href=" & curpagename & "?pageno="
        & rs.absolutepage-1 & ">|上一页</a>"
```

```
else
    page_contr = page_contr + "|上一页"
end if
if rs.absolutepage < rs.pagecount then
    page_contr = page_contr & "<a href=" & curpagename & "?pageno="
        & rs.absolutepage+1 & ">|下一页</a>"
else
    page_contr = page_contr & "|下一页"
end if
page_contr = page_contr&"<a href=" & curpagename & "?pageno="
  & rs.pagecount & ">|最后一页</a>"
page_contr = page_contr& "|第<input type='text' name='pageno'
  onKeyPress='gopage1()'size=2>页<input  value=go type='button'
  onClick=gopage2()> "
response.Write("<table border=0 cellSpacing=1 cellPadding=2 width='100%'
  bgColor=#f7f7f7 align=center>")
response.Write("<tbody>")
lineno = 1
do while not rs.eof and lineno <= rs.pagesize
    response.Write("<tr bgColor=#ffffff>")
    response.Write("<td class=font12-24 bgColor=#f7f7f7 width='80%'>")
    response.Write(
      "["&rs("Date")&"]"&"<A href-'news_content.asp?news_id="&rs("ID")&"'
      target=_blank>"&rs("Title")&"</A> 作者: "&rs("Author"))
    response.Write("</td>")
    response.write "<td bgColor=#f7f7f7 align=center><input type='button'
      name='bianji' value='编辑' onClick=bianji(" & rs("ID")  & ")>"
    response.write "<input type='button' name='shanchu' value='删除'
      onClick=del(" & rs("ID")  & ")>"
    response.Write("</td>")
    response.Write("</tr> ")
    rs.movenext
    lineno = lineno + 1
loop
rs.close
response.Write("<tr><td class=data bgColor='#f7f7f7' align=center>")
response.Write(page_contr)
response.write("</td>")
response.Write("<td align=center bgColor='#f7f7f7' >")
```

```
    <input type='button' name='shanchu' value='添加'
    onClick=tianjia()></td>")
response.write("</tr></tbody></table>")
%>
</td></tr>
</table>
</body>
</html>
```

显示的运行效果如图 7-16 所示。

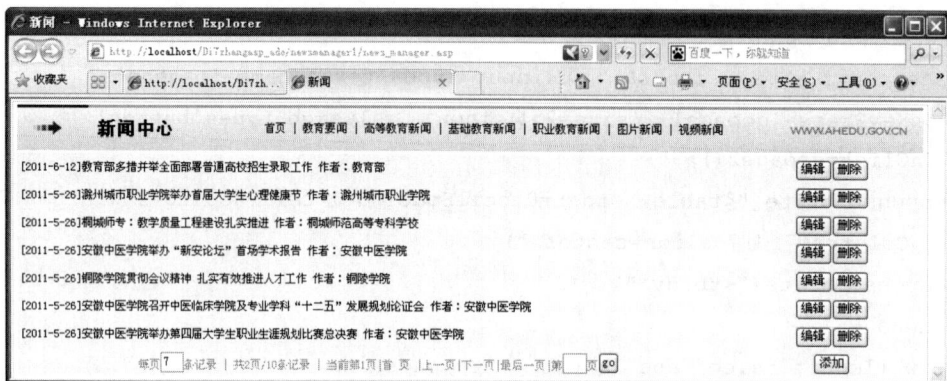

图7-16　新闻发布系统的主控界面

4．添加新闻

单击主控界面中的"添加"按钮，转到网页 news_add.asp，实现表中数据的添加，代码如下：

```
<html>
<head>
<meta http-equiv="Content-Type" content="text/html; charset=gb2312">
<title>新闻添加</title>
<style type="text/css">
<!--
.font12-18 {
    line-height: 18px; font-family: "宋体"; color: #000000;
    font-size: 12px; font-weight: normal
}
-->
</style>
</head>
<body>
<form action="write_news.asp" method="post"  name="form1"
```

```
 class="font12-18">
<table width='700' border='1' align='center' cellspacing='1'
  bordercolor='#999999'>
<tr>
<td colspan="2"  bgcolor=#d6d6d6 align="center" class="font12-18">
  新  闻  添  加</td>
</tr>
<tr>
<td width="160" align="center" class="font12-18">标题: </td>
<td width="430"><input name="title" type="text" id="title" size="50"></td>
</tr>
<tr>
<td align="center" class="font12-18">作者: </td>
<td><input name="editor" type="text" id="editor" size="50"></td>
</tr>
<tr><td height="68" align="center" class="font12-18">内容: </td>
<td><textarea name="content" cols="80" rows="15" id="content"></textarea>
</td></tr>
<tr><td colspan="2" align="center" class="font12-18" >
    <input type="submit" name="Submit" value="提交">
    <input type="reset" name="Submit2" value="重置"></td></tr>
</table>
</form>
</body>
</html>
```

显示的运行效果如图 7-17 所示。

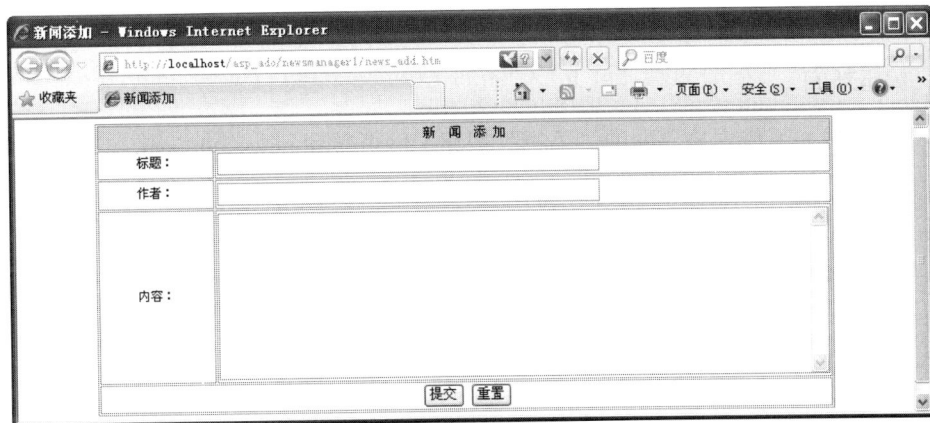

图7-17 添加新闻的表单网页

填写好表单的各个栏目，单击"提交"按钮将数据提交给 white_news.asp 处理，代码如下：

```
<%
title = request.form("title")
editor = request.form("editor")
content = request.form("content")
const adcmdtext = &H0001
const adopenkeyset = 1
const adlockoptimistic = 2
dsnpath = server.MapPath("../database/Data.mdb")
connstr = "provider=microsoft.jet.oledb.4.0;data source=" & dsnpath
fhsql = "select * from news"
set rs = server.createobject("adodb.recordset")
rs.open fhsql,connstr,adopenkeyset,adlockoptimistic,adcmdtext
rs.addnew
rs.fields("Title") = title
rs.fields("Author") = editor
rs.fields("Content") = content
rs.fields("Date") = date
rs.update
response.write "新闻添加成功!"
rs.close
%>
</body>
</html>
```

利用 RecordSet 对象实现将新闻信息写入到 Data.mdb 数据库的"News"表中，并在网页中显示"新闻添加成功!"。

5．编辑新闻

单击新闻发布系统主控界面的"编辑"按钮，网页转到 news_edit.asp，代码如下：

```
<%@LANGUAGE="VBSCRIPT" CODEPAGE="936"%>
<html>
<head>
<meta http-equiv="Content-Type" content="text/html; charset=gb2312" />
<title>新闻更新</title>
<style type="text/css">
<!--
.font12-18 {
```

```
        line-height: 18px; font-family: "宋体"; color: #000000;
        font-size: 12px; font-weight: normal
}
-->
</style>
</head>
<body>
<%
operid = request.querystring("userid")
const adcmdtext = &H0001
const adopenkeyset=1
const adlockoptimistic = 2
dsnpath = server.MapPath("../database/Data.mdb")
connstr = "provider=microsoft.jet.oledb.4.0;data source=" & dsnpath
fhsql = "select * from news where ID=" & operid
set rs = server.createobject("adodb.recordset")
rs.open fhsql,connstr,adopenkeyset,adlockoptimistic,adcmdtext
title = rs("Title")
author = rs("Author")
content = rs("Content")
rs.close
%>
<form action="write_news.asp" method="post"
  name="form1" class="font12-18">
<input type="hidden" name="userid" value=<%=operid%>>
<table width='700' border='1' align='center' cellspacing='1'
  bordercolor='#999999'>
<tr>
<td colspan="2" bgcolor=#d6d6d6 align="center" class="font12-18">
  新 闻 更 新</td>
</tr>
<tr>
<td width="160" align="center" class="font12-18">标题: </td>
<td width="430"><input name="title" type="text" id="title" size="50"
  value=<%=title%>></td>
</tr>
<tr>
<td align="center" class="font12-18">作者: </td>
<td>
```

```
<input name="author" type="text" id="editor" size="50"
  value=<%=author%>></td>
</tr>
<tr>
<td height="68" align="center" class="font12-18">内容：</td>
<td><textarea name="content" cols="80" rows="15" id="content">
<%=content%></textarea></td>
</tr>
<tr>
<td colspan="2" align="center" class="font12-18" >
    <input type="submit" name="Submit" value="确定">
    <input type="reset" name="Submit2" value="重置">
</td>
</tr>
</table>
</form>
</body>
</html>
```

显示的运行效果如图 7-18 所示。

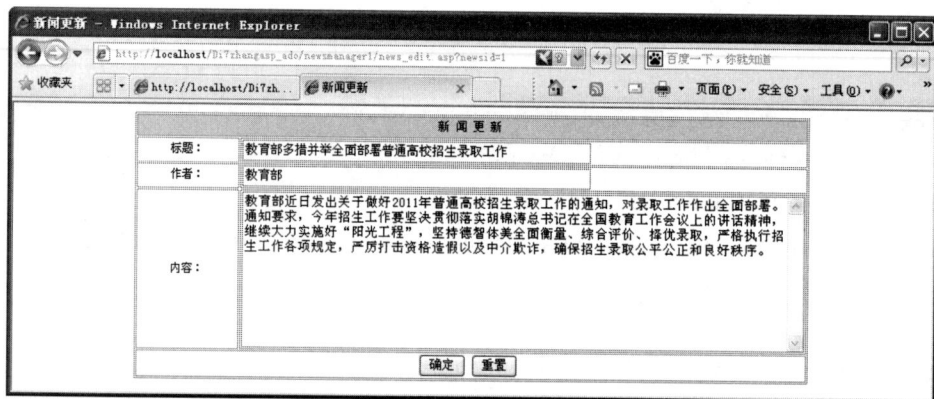

图7-18 新闻修改界面

单击"确定"按钮，表单数据提交给网页程序 news_update.asp，代码如下：

```
<%@LANGUAGE="VBSCRIPT" CODEPAGE="936"%>
<html>
<head>
<meta http-equiv="Content-Type" content="text/html; charset=gb2312">
<title>新闻更新</title>
</head>
<body>
```

```
<%
operid = request.form("newsid")
title = request.Form("title")
author = request.Form("author")
content = request.Form("content")
const adcmdtext = &H0001
const adopenkeyset = 1
const adlockoptimistic = 2
dsnpath = server.MapPath("../database/Data.mdb")
connstr = "provider=microsoft.jet.oledb.4.0;data source=" & dsnpath
fhsql = "select * from news where ID=" & operid
set rs = server.createobject("adodb.recordset")
rs.open fhsql,connstr,adopenkeyset,adlockoptimistic,adcmdtext
rs.fields("Title") = title
rs.fields("Author") = author
rs.fields("Content") = content
rs.fields("Date") = date
rs.update
response.write "新闻更新成功!"
rs.close
%>
</body>
</html>
```

6. 删除新闻

单击新闻发布系统主控界面的"删除"按钮，网页转到 news_del.asp 页面，将对应的新闻删除，代码如下：

```
<%@LANGUAGE="VBSCRIPT" CODEPAGE="52936"%>
<html>
<head>
<meta http-equiv="Content-Type" content="text/html; charset=gb-2312">
<title>新闻删除</title>
</head>
<body>
<%
operid = request.QueryString("newsid")
const adcmdtext = &h0001
const adopenkeyset = 1
const adlockoptimistic = 2
```

```
dsnpath = server.MapPath("../database/Data.mdb")
connstr = "provider=microsoft.jet.oledb.4.0;data source=" & dsnpath
set conn = server.CreateObject("adodb.connection")
conn.Open connstr
fhsql = "select * from news where ID=" & operid
set rs = server.createobject("adodb.recordset")
rs.open fhsql,connstr,adopenkeyset,adlockoptimistic,adcmdtext
rs.delete
rs.update
rs.close
response.write "新闻删除成功!"
%>
</body>
</html>
```

7.3 任务 3 - 运用代码实现数据库中图像数据的存取

在实际应用中，经常会遇到用户需要在网页中显示图像的情况，例如个人主页上的照片、企业网站中的产品外观等。通常情况下，网站用户要求能在后台程序中对网页中的图像进行非常方便的操作，如图像的添加、替换、删除等，因此本节主要介绍如何实现将图像数据在数据库中进行存取。

7.3.1 图像在数据库中的存取

1. 保存图像的字段类型

数据库中的数据，最终是保存在某一个数据表中的，用于保存图像或声音的字段，其类型对于 Access 数据库，应定义为"OLE 对象"型，对于 SQL Server 数据库，应定义为 image 类型。

2. 图像上传与图像数据的获取方法

图像上传，在表单中可用 File 域来实现，表单提交后，在处理页面中，可利用 Request 对象的 BinaryRead 方法，来获得表单所提交的数据，然后再通过一定的处理，从中获得所提交的图像数据，最后利用字段对象的 AppendChunk 方法，将数据保存到该字段中，从而最终实现图像上传，并保存到数据表中。所要用到的方法和属性的用法如下。

（1）BinaryRead 方法。从表单提交的数据中以二进制方式读取指定字节的数据。其用法为：

```
data = Request.BinaryRead(count)
```

count 代表所要读取的字节数，其值应小于或等于 Request 对象的 TotalBytes 属性所返回的值。

(2) TotalBytes 属性：返回表单所提交数据的总字节数。

(3) AppendChunk 方法：该方法是 Field 对象的一个方法，用于向字段写入大数据量的二进制数据。其用法为：

```
RS.Fields("字段名"|字段顺序号).AppendChunk imgData
```

imgData 代表所要写入的图像或声音数据。

> **注意：** 图像或声音数据要保存到数据表中，必须采用 AppendChunk 方法，不能采用 SQL 的 Insert Into 语句。

3．获取从表单上传的图像和其他数据

从表单中上传的数据除图像以外还有其他类型的数据，鉴于该问题有很强的实用性，现将实现该操作的代码编写为一个 GetUpload 函数，并收集在 upload.inc 文件中，使用时，只需将该文件包含到表单提交的处理页面中，就可通过 GetUpload 函数来获得表单所提交的图像数据和其他表单域的值，Upload.inc 文件可在本教材的资源网站中下载。

(1) 下面介绍如何将 upload 文件包含到处理页面中。包含语句应放在页面的最开头，其语句为：

```
<!--#INCLUDE file="Upload.inc"-->
```

(2) 调用 GetUpLoad 函数，获得 Fields 集合对象。在该集合对象中保存有表单所提交的全部数据，即表单提交的图像数据和其他表单域所提交的数据。实现的代码为：

```
<!--#INCLUDE file="Upload.inc"-->
<%
Response.Buffer = true
formsize = Request.TotalBytes
formdata = Request.BinaryRead(formsize)
Set Fields = GetUpload(FormData)
%>
```

(3) 利用各表单域的名称，通过访问 Fields 集合对象的 Value 属性，即可获得相应的值。具体访问方法如下。

① 获取图像文件域数据的方法：

```
Upfiledata = Fields("imgfile").value
```

② 获取其他非文件域数据的方法：

```
Txtdata = fields("表单域对象名").value
```

4. 数据库中图像的显示

(1) 利用字段对象的 GetChunk 方法，从字段中读出当前记录的图像数据。其用法为：

```
Imgdata = RS.Fields("字段名"|字段顺序号).GetChunk(size)
```

为了获得字段中图像的真实大小，可利用字段对象的 ActualSize 属性来实现。

例如，要获得 img 字段中保存的图像数据，则获取方法为：

```
<%
imgsize = RS.Fields("img").ActualSize
imgdata = RS.Fields("img").GetChunk(imgsize)
%>
```

(2) 利用 Response 对象的 BinaryWrite 方法，将二进制数据输出到客户端。输出之前设置 ContentType 的类型为"image/*"，以指示输出的是图像数据。实现的代码为：

```
<%
response.contenttype = "image/*"
Response.BinaryWrite imgdata
%>
```

(3) 在网页中，图像的显示是通过<img>标记符来实现的，因此，输出的图像数据必须赋给<img>标记符的 SRC 属性，才能实现图像的显示。

在 ASP 页面中，利用 Response.BinaryWrite imgdata 语句输出的图像数据，可视为是该 ASP 页面的返回值，因此，可通过将 ASP 页面赋给<img>的 src 属性，来实现数据库图像的显示。在需要显示图像的地方，利用以下语句，即可实现图像的显示：

```
<img src=showpic.asp?id=imgid>
```

id 为查询变量，利用该变量，可将要显示的记录的 id 值传递给 showpic.asp 页面，该页面获得后，就可显示对应记录的图像。

7.3.2 图像的上传与显示

(1) 在 Data.mdb 数据库中建立一个"News_pic"表，其结构是在原先"News"表的基础上增加一个"Tupian"字段，其类型为 OLE 对象，如图 7-19 所示。

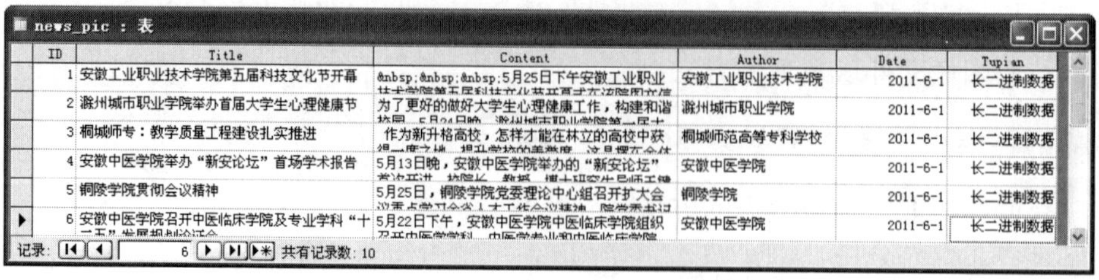

图7-19 在新闻表中增加OLE对象型字段

（2）在添加新闻的表单中增加一个文件域，用于选择上传的文件，网页 news_add.htm 的代码如下：

```
<html>
<head>
<meta http-equiv="Content-Type" content="text/html; charset=gb2312">
<title>新闻添加</title>
<style type="text/css">
<!--
.font12-18 {
    line-height: 18px; font-family: "宋体"; color: #000000;
    font-size: 12px; font-weight: normal
}
.lefttext {
    margin-right: 0px;margin-top: 0px;
    margin-bottom: 0px; margin-left: 20px;
}
-->
</style>
</head>
<body>
<form action="news_write.asp" method="post" enctype="multipart/form-data"
  name="form1" class="font12-18" >
<table width='700' border='1' align='center' cellspacing='1'
  bordercolor='#999999'>
<tr>
<td colspan="2" bgcolor=#d6d6d6 align="center" class="font12-18">
  新　闻　添　加</td>
</tr>
<tr>
<td width="160" align="center" class="font12-18">标题: </td>
<td width="430"><input name="title" type="text" id="title" size="50"></td>
</tr>
<tr>
<td align="center" class="font12-18">作者: </td>
<td>
<input name="editor" type="text" id="editor" size="50">
</td>
</tr>
<tr>
```

```
<td height="68" align="center" class="font12-18">内容: </td>
<td>
<textarea name="content" cols="80" rows="10" id="content"></textarea>
</td>
</tr>
<tr>
<td align="center" class="font12-18">照片: </td>
<td><input name="imagefile" type="file" id="imagefile" /></td>
</tr>
<tr>
<td colspan="2" align="center" class="font12-18" >
    <input type="submit" name="Submit" value="提交">
    <input type="reset" name="Submit2" value="重置">
</td>
</tr>
</table>
</form>
</body>
</html>
```

注意: 表单中 MIME 属性设为 multipart/form-data 类型, 即 enctype="multipart/form-data"。

页面的运行效果如图 7-20 所示。

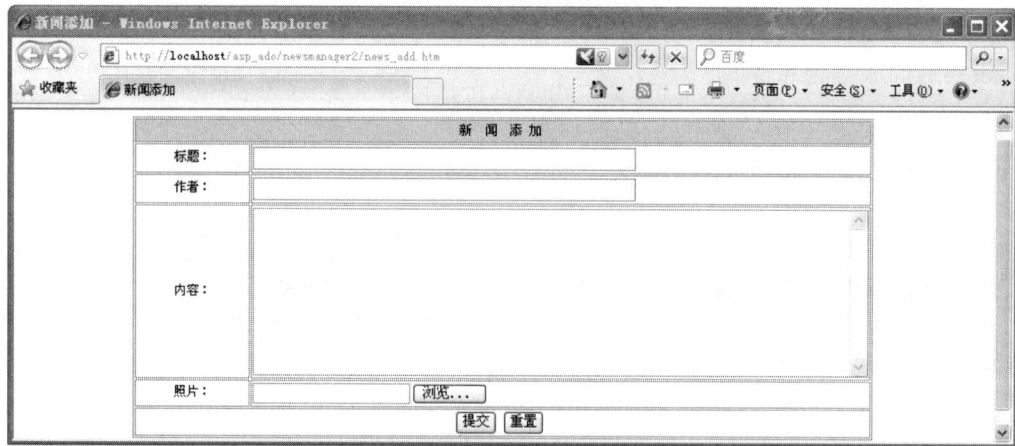

图7-20　在表单中增加文件域

单击"浏览"按钮, 将显示客户机文件系统的界面, 供用户选择图片上传, 如图 7-21 所示。

图7-21 选择图片文件的界面

填写好表单中的各个栏目以及选择好图片后，单击"提交"按钮，表单数据提交给网页 news_write.asp 处理，从而将表单中的数据写入数据库中，并返回"信息添加成功！"的信息，代码如下：

```
<!--#INCLUDE file="Upload.inc"-->
<%
Response.Buffer = true
formsize = Request.TotalBytes
formdata = Request.BinaryRead(formsize)
Set Fields = GetUpload(FormData)
title = Fields("title").value
editor = Fields("editor").value
content = Fields("content").value
image = Fields("imagefile").value
const adcmdtext = &H0001
const adopenkeyset = 1
const adlockoptimistic = 3
dsnpath = server.MapPath("../database/Data.mdb")
connstr = "provider=microsoft.jet.oledb.4.0;data source=" & dsnpath
fhsql = "select * from news_pic"
set rs = server.createobject("adodb.recordset")
rs.open fhsql,connstr,adopenkeyset,adlockoptimistic,adcmdtext
rs.addnew
rs.fields("Title") = title
rs.fields("Author") = editor
rs.fields("Content") = content
rs.fields("Date") = date
```

```
rs.fields("tupian").AppendChunk image
rs.update
response.write "信息添加成功!"
rs.close
%>
</body>
</html>
```

返回到 news_manager.asp 新闻发布系统的主控界面，如图 7-22 所示。

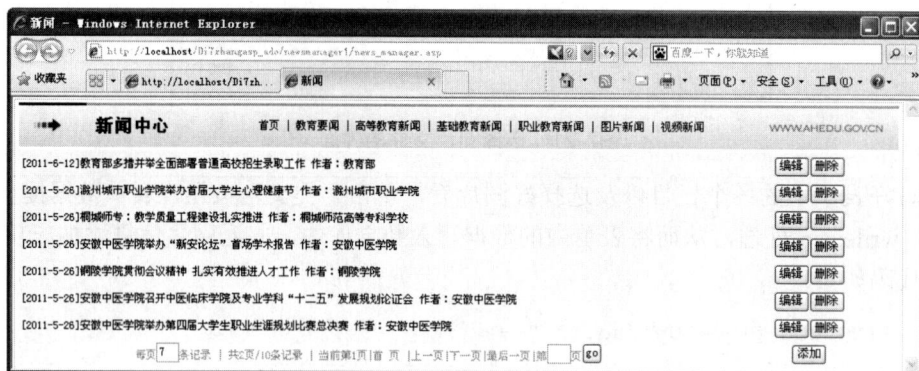

图7-22 新闻发布系统的主控界面

单击第一条新闻的标题超级链接，网页转到 news_content.asp 子页面，代码如下：

```
<%@LANGUAGE="VBSCRIPT" CODEPAGE="936"%>
<html xmlns="http://www.w3.org/1999/xhtml">
<head>
<title></title>
<meta content="text/html; charset=gb2312" http-equiv=Content-Type>
<link rel=stylesheet type=text/css href="inc/css.css">
</head>
<body>
<%
const adcmdtext = &H0001
const adopendynamic = 1
const adlockpessimistic = 2
news_id = request.QueryString("news_id")
dsnpath = server.MapPath("../database/Data.mdb")
fhsql = "select * from news_pic where ID=" & news_id
connstr = "provider=microsoft.jet.oledb.4.0;data source=" & dsnpath
set rs = server.createobject("adodb.recordset")
rs.open fhsql,connstr,adopendynamic,adlockpessimistic,adcmdtext
```

```
%>
<center>
<table border=1 cellSpacing=0 borderColor=#cccccc cellPadding=0
  width="780">
<tbody>
<tr borderColor=#ffffff>
<td class=font12-30 bgColor=#e1e1e1 height=25 align=left>
<span class=newslist1>您的位置：首 页 &gt; 正文</span>
</td>
</tr>
<tr borderColor=#ffffff>
<td class=newslist vAlign=top align=left>
<table border=0 cellSpacing=0 cellPadding=0 width=680 align=center>
<tbody>
<tr>
<td class=biaoti height=51 align=middle>
<font color=#000000><%=rs("Title")%></font>
</td>
</tr>
<tr>
<td align=middle><hr size=1 width=600></td>
</tr>
<tr>
<td class=data align=middle>
作者：<%=rs("Author")%> 发布日期：<%=rs("Date")%>
</td>
</tr>
<tr>
<td class=biaoti height=51 align=middle>
<img src="newsshowpic.asp?nid=<%=rs(0)%>" width="500"
  title="点击看大图"></td>
</tr>
<tr>
<td vAlign=top><p>
<span class=neirong><p><%=rs("Content")%></p></span>
</td>
</tr>
</tbody>
</table></td></tr>
```

```
</tbody>
</table>
</center>
<%
rs.close
%>
</body>
</html>
```

显示的运行效果如图 7-23 所示。

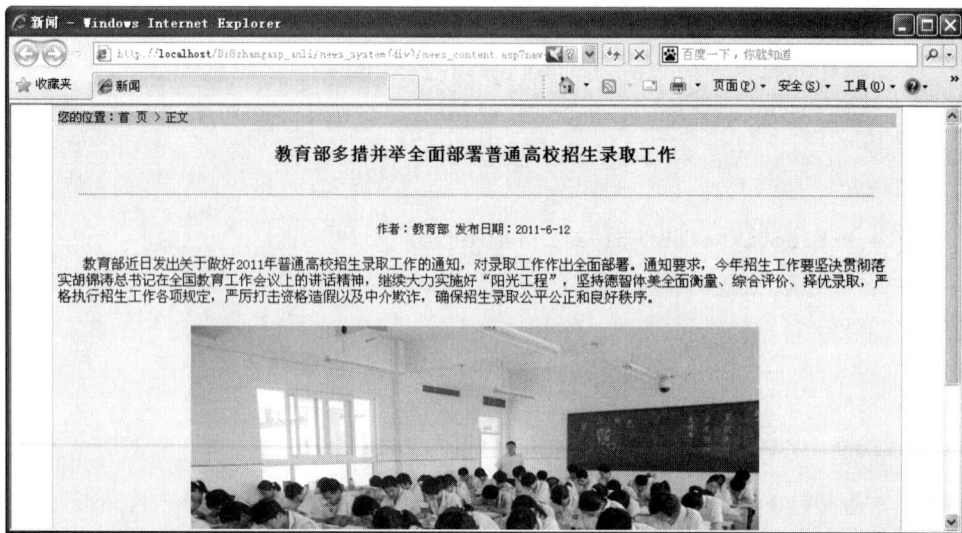

图7-23　含有图片的新闻内容

在新闻内容中需要插入图片的位置上插入 newsshowpic.asp 文件，用于将数据库中的图像数据取出，代码如下：

```
<%
dbpath = server.MapPath("../database/Data.mdb")
connstr = "Provider=Microsoft.Jet.OLEDB.4.0;Data Source=" & dbPath & ";"
Set RS = Server.CreateObject("ADODB.RecordSet")
fhsql = "select * from news_pic where ID=" & request.QueryString("nid")
RS.Open fhsql,connstr,1,1
response.contenttype = "image/*"
PicSize = RS.Fields("tupian").ActualSize
Response.BinaryWrite RS("tupian").GetChunk(picsize)
RS.close
%>
```

高职高专立体化教材　计算机系列

上 机 实 验

1. 实验目的

熟练掌握在 ASP 程序中利用 ADO 实现对数据库中数据的存取。

2. 实验内容

(1) 利用 ADODB.Connection 对象实现对数据库的访问(查找、插入、删除、修改)。

① 利用 Access 数据库管理系统创建数据库 Stu_manage.mdb,保存在站点根目录下的 Database 目录下,库中有 3 个表,分别是:

- Student(SID(6,C,PRI),SNAME(12,C),SSEX(2,C),SPRO(20,C),)
- Course(CID(3,N,PRI),CNAME(20,C),CTIME(4,N))
- Stu_Course(SID(6,N),CID(3,N),Score(3,N))

分别输入 3 条记录。

② 编写 ASP 程序,参考步骤如下:

- 利用 Server 对象的 Mappath 方法实现数据库的映射。
- 利用 ADODB.Connection 对象的 Open 方法连接数据库。
- 利用 ADODB.Connection 对象的 Execute 方法执行 SQL 命令(Select、Insert、Delete、Update)完成数据的相关操作。
- 利用记录集和域(Fields)对象实现数据记录的读取和显示。

③ 修改相应的 SQL 语句,完成数据的添加、删除、更新。

④ 实现条件查询,利用表单页面 Stu_search.htm 输入要查找的学生名单,应用 Datashow.asp 显示查找结果。

(2) 利用 RecordSet 对象实现如图 7-24 所示的页面(Stu_Show.asp),实现上述数据库中数据的编辑、删除、添加。

学 号	姓 名	性 别	专 业	操 作
060001	张三	男	计算机应用	编辑 删除
060002	李四	女	计算机应用	编辑 删除
060003	王五	男	计算机应用	编辑 删除
				添加

图7-24 数据操作界面

(3) 利用 RecordSet 对象的 PageSize 属性等相关属性的设置和利用 OLE DB 链接字符串访问 Access 数据库,实现页面的分页显示,其界面如图 7-25 所示。

(4) 用纯代码实现图形上传到数据库中,并显示图片。

在表中增加一个字段"照片",然后实现学生记录的添加,其中包括图片的添加 Stu_add.htm;并实现图片的显示 Stu_show.asp。

当前第 3 页 上一页		下一页	首页	尾页	第 页	
学号	姓名	性别	专业		操作	
060001	张三	男	计算机应用		编辑	删除
060002	李四	女	计算机应用		编辑	删除
060003	王五	男	计算机应用		编辑	删除
060004	赵六	女	计算机应用		编辑	删除
					添加	

图7-25 数据分页显示

① Stu_add.htm 的页面显示如图 7-26 所示。

用 户 登 录	
学 号:	
姓 名:	
性 别:	男 ○ 女 ○
专 业:	
照 片:	浏览
添加	重填

图7-26 学生信息的添加界面

② Stu_show.asp 的页面显示如图 7-27 所示。

当前第 3 页 上一页		下一页	首页	尾页	第 页		
学号	姓名	性别	专业	照片	操作		
060001	张三	男	计算机应用	照片	编辑	删除	
060002	李四	女	计算机应用	照片	编辑	删除	
060003	王五	男	计算机应用	照片	编辑	删除	
060004	赵六	女	计算机应用	照片	编辑	删除	
060005	田七	男	计算机应用	照片	编辑	删除	
					添加		

图7-27 包含学生图片的信息显示

习 题 7

一、填空题

(1) ODBC 数据源分为_____、_____和_____三种。其中_____数据源是

保存在一个特殊的文件中的，文件的扩展名为_____。

(2) ADO 除了可用数据源来连接数据库外，还可以通过_____和_____连接字符串来实现对数据库的连接。

(3) ADO 的 3 个核心对象是_____，_____，_____。

(4) 要创建 ODBC 数据源，在 NT Server，应通过双击控制面板中的_____图标来实现。在 ODBC 数据源中，包含所要连接的_____信息。

(5) 为了建立与数据库的连接，必须调用连接对象的_____方法，连接建立后，可利用连接对象的_____方法来执行 SQL 语句。

(6) 关闭连接并彻底释放所占用的系统资源，应调用连接对象的_____方法，并使用_____语句来实现。

(7) 连接对象提供了一组用于事务处理的方法，其中用于开始一个事务的方法是_____，若命令全部执行成功，需要确认一个事务，则应调用_____方法；若要取消一个事务，可通过调用_____方法来实现。

(8) 用于设置连接超时时间的属性是_____，用于设置 SQL 语句的最大执行时间的属性是_____。

(9) 利用记录集对象向数据表添加记录时，应先调用_____方法，然后再给各字段赋值，最后再通过调用_____方法来更新记录数据。

(10) 若要删除记录，可通过记录集对象的_____方法来实现，也可通过_____对象执行 SQL 的_____语句来实现。

(11) 记录分页显示时，用于决定每个逻辑页面的记录数的属性是_____，设置该属性后，逻辑页面的个数可通过_____属性来获得，通过设置_____属性的值，可将记录指针定位到指定页面的首记录。

(12) 判断记录指针是否到了记录集的末尾的属性是_____，向下移动指针，可调用记录集对象的_____方法来实现

(13) 若要通过 ODBC 驱动程序访问 Store.mdb 数据库，该数据库的密码为"wk&#9zQ"，则对应的链接字符串为_____。

(14) 若要通过 OLE DB 链接字符串来访问 Store.mdb 数据库，则对应的链接字符串为_____。

(15) 在 Access 数据库中，img 字段的类型为"OLE 对象"，若要获得该字段值的大小，则实现的语句为_____。

(16) 假设 mydata 变量中存储有图形数据，若要将数据以 JPG 图形格式发送给客户端，则实现的语句为_____。

(17) 若以二进制方式获取表单所提交的数据，则应调用_____对象的_____方法。

(18) 若要获得当前记录集的记录条数，可使用_____对象的_____属性来实现；另外，也可通过执行 SQL 语句_____来获得表记录的总数，此时 SQL 语句执行后，所返回的记录集有_____条记录，该记录有_____个字段。

(19) 若要获得数据表中顺序号为 3 的字段的名称，则实现的语句为_____。

(20) 将图形、声音写入 OLE 对象或 image 型字段，应调用_____对象的_____方法来实现。

二、选择题

(1) 以下连接对象的创建方法，正确的是(　　)。

　　A. conn=CreateObject("ADODB.Connection")

　　B. conn=Server.CreateObject("ADODB.Connection")

　　C. Set conn=Server.CreateObject(ADODB.Connectio")

　　D. Set conn=Server.CreateObject("ADODB.Connection")

(2) 在连接对象中，用于存储链接信息的属性是(　　)。

　　A. ConnectionString　　B. Connection　　C. Open　　D. Execute

(3) 在连接对象中，用于执行 SQL 语句的方法是(　　)。

　　A. Run　　B. Connection　　C. Open　　D. Execute

(4) 以下用法中，正确的是(　　)。

　　A.　RS=conn.Execute("SELECT* FROM product")

　　B.　SET RS=conn.Execute "SELECT* FROM product"

　　C.　conn.Execute("DELETE * FROM product WHERE ID=132")

　　D.　conn.Execute "DELETE * FROM product WHERE ID=132"

(5) 在记录集 RS 中，可用于返回记录总数的语句是(　　)。

　　A. num=RS.Count　　　　　　　　B. num=RS.RecordCount

　　C. num=RS.Fields.Count　　　　　　D. num=RS.PageCount

(6) 要获得记录集 RS 中当前记录的"产品型号"字段的值，该字段的顺序号为1，以下用法中，不正确的是(　　)。

　　A. fdvalue=RS(1)　　　　　　　　B. fdvalue=RS.Fields("产品型号")

　　C. fdvalue=RS("产品型号")　　　　D. fdvalue=RS.Fields(产品型号).Value

(7) 记录集对象 RS 创建后，为使该记录集生效，应调用记录集对象的(　　)来打开记录集。

　　A. Open　　B. Execute　　C. close　　D. OpenRecordset

(8) 将记录指针定位到记录集 RS 的最后一条记录，可使用(　　)方法来实现。

　　A. Move　　B. MoveNext　　C. MovePrevious　　D. MoveLast

(9) 在分页显示时，用于指定每页记录数的属性是(　　)。

　　A. PageSize　　B. PageCount　　C. CacheSize　　D. MaxRecords

(10) 可用于获得当前记录在记录集中的位置号的属性是(　　)。

　　A. AbsolutePage　　B. Recno　　C. AbsolutePosition　　D. RecordCount

三、简答题

(1) 简述怎样使用 Recordset 对象提供的方法向数据库中添加数据，以及怎样更新数据库中的数据。

(2) 简述 Connection 对象、Recordset 对象和 Command 对象之间的区别和联系。

(3) 简述在 ASP 程序中使用 Parameter 对象向存储过程传递参数的一般步骤。

项目八　用 ASP 实现留言系统

【学习目标】

- 理解留言本的原理和功能
- 掌握如何在网页中使用外部样式表
- 掌握记录的分页显示方法
- 掌握页面授权访问机制
- 了解数据库的记录添加和删除功能

【工作任务】

- 留言本的功能设计
- 留言本的数据库设计与数据库连接
- 设计留言本的首页显示功能
- 设计留言本的填写留言功能
- 设计留言本的管理留言功能

8.1　任务 1 - 留言系统总体设计

留言本可以为用户提供网上发言的机会，它不受时间、地点的限制，是及时获取用户反馈信息的一种好方式。

网站的留言本应能给用户提供一个简单友好的输入界面，还要能够自动保存这些信息并允许用户随时查看其他用户的留言。

留言是一种面向社会开放的机制，因此也难免会出现一些不健康的留言，应允许网站管理人员随时或定期地清理那些过时的信息或者垃圾信息。

8.1.1　设计目标

该留言系统是一个简单的网上留言系统，主要目的是学习如何用 ASP 和 Access 制作留言本，它具备留言本的基本功能。一般用户能够填写留言和查看留言，网站管理员除了有一般用户管理员的权限外，还可以删除其他用户的留言。

8.1.2　系统功能

留言本的主要功能是提供用户在网上留言的功能和网站管理员对留言的管理功能。

1. 显示用户留言

访问者无需注册和登录即可进入留言本首页，并且可以浏览已有的用户留言。

2. 填写留言

在留言本的首页设计一个填写留言页面的链接，打开留言填写页面可以输入用户名、QQ 号、电子邮件地址、留言内容等信息，提交留言后 2 秒钟自动返回留言本首页，则刚才填写的留言即被显示出来。

3. 管理留言

在首页设计一个管理留言的链接，打开管理留言的页面需要进行管理员验证，在验证页面中输入管理员账号和密码进入管理留言页面，管理留言的页面在显示留言页面的基础上增加删除留言、管理员回复等功能。管理员可以删除不必要的留言信息，也可以对用户的留言进行恢复。本例为简单起见，只在显示留言页面的基础上，增加了删除留言的功能，读者可自行添加管理员回复留言等功能。

> **说明：** 为简单起见，该系统没有设计注册管理员用户的功能。在设计数据库时，在管理员的数据表中添加一条管理员账号和密码。

8.2 任务 2 - 数据库设计

ASP 程序本身并不能储存数据，众所周知，留言本有以下基本信息需要保存：留言者姓名、联系方式、留言内容等。因为 ASP 并不能储存数据，所以数据库在这种环境之下就产生了。数据库的种类也很多，不同的程序适合采用不同的数据库，比如 Access 和 Microsoft SQL Server 就比较适用于 ASP 和 ASP.NET 程序。

8.2.1 数据库规划

为了存储留言本中用户的留言信息，需要使用数据库。既然 Access 和 Microsoft SQL Server 都适用于 ASP，那么具体又该如何来选择呢？

可以打一个比方。

比如钉一枚小钉子，聪明的人一定不会用一个大的榔头，而是选择小小的铁锤，尽管用大的榔头也一样可以把钉子钉进去，但是未免大材小用了。

数据库也一样。

Access 比较适合小型的应用，而 MS SQL Server 则适用于大中型的数据库应用，所以要做一个留言本，理所当然是选择 Access 更好一些，但如果你非要使用 Microsoft SQL Server，也不是不可以。好了，下面开始创建数据库。

8.2.2　数据库表的设计

打开 Access 数据库程序，新建一个名为 data.mdb 的数据库。在 data.mdb 数据库中新建两个表，取名为 main 和 admin。其中 main 表用来存放用户留言，admin 表用来存放管理员用户。这些表的结构如表 8-1、表 8-2 所示。

表8-1　main表的结构

字段名称	数据类型	描　述
id	自动编号	设置"自动编号"
user	文本	留言者姓名
qq	数字	留言者的 QQ，因为 QQ 号是由数字组成的
email	文本	留言者的电子邮件
content	备注	留言内容
data	日期/时间	留言时间，设定默认值为 Now()

表8-2　admin表的结构

字段名称	数据类型	描　述
id	自动编号	设置"自动编号"
admin	文本	管理员账号
password	文本	管理员密码

分别打开表 main 和 admin，在表中添加几条记录，以便测试时使用。

8.2.3　连接数据库

根据前面项目中学到的知识，我们来用 ASP 把程序和数据库连接起来，以后就可以连接到数据库、在 ASP 中显示数据库中的数据以及做更复杂的插入、修改和删除等操作。

用 ASP 连接数据库的代码如下：

```
<%
set conn = server.createobject("adodb.connection")
connstr = "Provider=Microsoft.jet.oledb.4.0;data source="
  &server.mappath("data.mdb")
conn.open connstr
%>
```

解释一下以上代码：

- <%：这是 ASP 程序的起始。
- set conn = server.createobject("adodb.connection")：在服务器上创建了一个连接数据

库的对象。

- connstr="Provider=Microsoft.jet.oledb.4.0;data source="&server.mappath("data.mdb") 告诉 ASP 数据库的接接方法以及路径。

- conn.open connstr：创建了对象后用来打开数据库进行连接。

- %>：结束 ASP 程序。

将上面的代码另存为 conn.asp 文件，放在服务器目录下面就可以了。

8.3　任务 3－页面与程序设计

为了实现留言本的各项功能，应创建一系列的 ASP 动态网页文件，如表 8-3 所示。

表8-3　留言本各页面的描述

文 件 名	描　述	备　注
index.asp	留言本首页，提供填写留言、管理留言等功能入口，显示现有留言	无需注册，即可访问
add.asp	填写新留言页面	无需注册，允许用户输入并提交留言
addsave.asp	填写留言的表单处理程序，保存用户填写的新留言	留言保存成功，提示 2 秒钟后自动跳转到留言本首页
admin.asp	管理员登录入口页面	输入管理员账号和密码
checkpass.asp	验证管理员程序页面	如果管理员账号和密码正确，转向管理留言页面
mymanage.asp	留言管理页面	不能直接访问，必须通过管理员验证才可打开
del.asp	删除留言程序的页面	删除选中的留言，只有管理员才可访问
conn.asp	连接数据库的页面	需要连接数据库的页面中应包含此文件
style.css	样式表文件	在需要引用样式的文件中引用

8.3.1　制作留言本首页

在 Dreamweaver 中制作留言本首页，取名为 index.asp。

该页提供了各功能的入口和现有留言的显示功能，任何访问者都可以打开留言本首页，其页面布局如图 8-1 所示。

从图 8-1 中可以看到，每页显示了多条记录，在留言本底部有留言的页次和功能导航。单击页次数可以显示对应页的记录，单击"填写留言"或"管理留言"将打开对应的超链接页面。

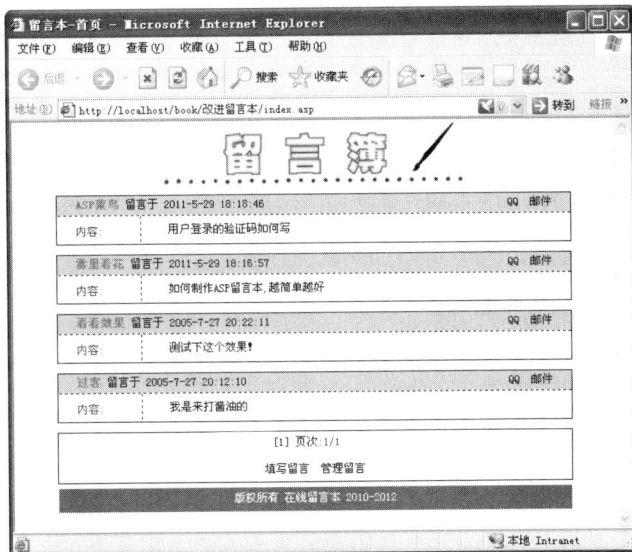

图8-1　在线留言本首页

首页文件 index.asp 的代码如下：

```
<%@LANGUAGE="VBScript" codepage="936"%>
<!--#include file="conn.asp"-->
<%
set rs = server.createobject("adodb.recordset")
sql = "select user,qq,email,content,data from main order by id desc"
rs.open sql, conn, 1, 1
rs.pagesize = 5    '每页显示 5 条记录
pages = rs.PageCount  '获取页数
pagex = int(request("page"))
if pagex <= 0 then pagex = 1
if pagex = "" then pagex = 1
rs.AbsolutePage = pagex
%>
<!DOCTYPE html PUBLIC "-//W3C//DTD XHTML 1.0 Transitional//EN"
"http://www.w3.org/TR/xhtml1/DTD/xhtml1-transitional.dtd">
<html xmlns="http://www.w3.org/1999/xhtml">
<head>
<meta http-equiv="Content-Type" content="text/html; charset=gb2312" />
<title>留言本-首页</title>
<meta http-equiv="Content-Type" content="text/html; charset=gb2312">
<link href="css/style.css" rel="stylesheet" type="text/css">
</head>
<body>
```

```
<div id="top"><img src="images/bannar.gif" alt="留言本"></div>
<%
for a=1 to rs.pagesize   '循环显示记录,每页 5 条
    if rs.EOF then       '到记录尾部就退出循环
        Exit For
    end if
%>
<div id="main">
    <div id="title">
        <div id="user">
            <span class="text1"><%=rs("user")%></span>
            留言于 <%=rs("data")%>
        </div>
        <div id="qq">
            <a href="http://search.tencent.com/cgi-bin/friend/
            user_show_info?ln=<%=rs("qq")%>"
            target="_blank">QQ</a>  
            <a href="mailto:<%=rs("email")%>">邮件</a>
        </div>
    </div>
    <div id="content">
        <div id="left"><p>内容:</p></div>
        <div id="right"><%=rs("content")%></div>
    </div>
</div>
<%
rs.movenext
next
%>
<div id="nav">
    <%for i=1 to pages%>
    <a href="index.asp?page=<%=i%>">[<%=i%>]</a>
    <%next%>页次:<font color="Red"><%=Pagex%>/<%=rs.PageCount%>
      <a href="add.asp"></br></br>
    填写留言</a>  <a href="admin.asp">管理留言</a>
</div>
<div id="footer">版权所有 在线留言本 2010-2012</div>
</body>
</html>
```

高职高专立体化教材 计算机系列

```
<%
'下面几行代码是关闭数据库
rs.close
set rs = nothing
conn.close
set conn = nothing
%>
```

代码<link href="css/style.css" rel="stylesheet" type="text/css">的作用是引用样式文件 style.css，CSS 样式表文件可以同时被多个文件引用。后面还有几个文件需要引用该样式文件。style.css 文件的代码如下：

```
/* CSS Document */
body {
    margin:0;
    text-align:center;
    font-size: 12px;
}
.box1 {
    width:120px;
    height:14px;
    border: 1px solid #999999;
}
h3 { color: #009ACE }
a:link,a:visited {
    color: #000099;
    text-decoration: none;
}
a:hover {
    text-decoration: underline;
    color: #FF0000;
}
#top {
    width:550px;
    margin:0 auto;
}
#main {
    width:550px;
    border:double 1px #000099;
    text-align:left;
```

```
        margin:10px auto;
    }
    #main #title {
        background-color:#CCCCCC;
        border-bottom:dashed #000099 1px;
        height:20px;
    }
    #main #title #user {
        float:left;
        margin-top:3px;
        margin-left:10px;
    }
    #main #title #qq {
        float:right;
        margin-top:3px;
        margin-right:10px;
    }
    #main #content { width:550px; }
    #main #content #left {
        width:55px;
        float:left;
        padding:10px 0 0 20px;
    }
    #main #content #left p { color: #FF0000; }
    #main #content #right {
        width:450px;
        border-left:dashed #000099 1px;
        float:right;
        padding:5px;
        text-indent:2em;
        line-height:150%;
    }
    #main .text1 { color: #0099CC; font-weight:bold; }
    #nav {
        width:550px; height:20px;
        border:double 1px #000099;
        margin:0 auto;
        padding:5px 0px;
    }
```

```
#footer {
    width:550px; height:20px;
    background-color:#666666;
    color:#FFFFFF;
    margin:5px auto;
    padding-top:5px;
}
.title {
    background-color:#CCCCCC;
    border-bottom:dashed #000099 1px;
    padding-top:5px;
    text-align:center;
}
.form { text-align:center; }
ul {
    list-style-type:none;
    text-align:left;
    padding-left:50px;
}
```

8.3.2 制作留言页面，实现留言功能

实现留言功能是留言本很重要的功能，在 Dreamweaver 中制作留言页面，取名为 add.asp，留言页面在 IE 中预览的效果如图 8-2 所示。

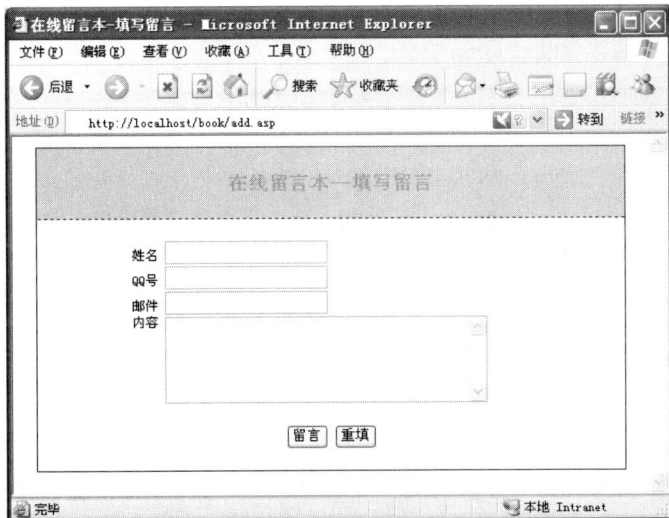

图8-2 填写留言页面

设置表单的属性如下。

- 姓名：设置为单行文本域，名称为"user"。
- QQ 号：设置为单行文本域，名称为"qq"。
- 邮件：设置为单行文本域，名称为"email"。
- 内容：设置为多行文本域，名称为"content"。

最后将表单的 Action 动作指向 addsave.asp 就可以了。

add.asp 文件的代码如下：

```
<%@LANGUAGE="VBSCRIPT" CODEPAGE="936"%>
<!DOCTYPE html PUBLIC "-//W3C//DTD XHTML 1.0 Transitional//EN"
  "http://www.w3.org/TR/xhtml1/DTD/xhtml1-transitional.dtd">
<html xmlns="http://www.w3.org/1999/xhtml">
<head>
<meta http-equiv="Content-Type" content="text/html; charset=gb2312" />
<title>在线留言本-填写留言</title>
<link href="css/style.css" rel="stylesheet" type="text/css">
</head>
<body>
<div id="main">
    <div class="title"><h3>在线留言本--填写留言</h3></div>
    <div class="form" >
        <form action="addsave.asp" method="post" name="login" id="login">
        <ul>
            <li>姓名 <input name="user" type="text" id="user"></li>
            <li>QQ 号 <input type="text" name="qq"></li>
            <li>邮件 <input type="text" name="email"></li>
            <li>内容 <textarea style="vertical-align:text-top;"
              name="content" cols="40" rows="5"></textarea></li>
        </ul>
        <p><input   type="submit" name="Submit" value="留言">
        <input type="reset" name="Submit" value="重填"></p>
        </form>
    </div>
</div>
</body>
</html>
```

表单做好后，还需要后台程序的支持，使用 ASP 编写一个添加留言处理程序，取名为 addsave.asp，代码如下：

```
<%@LANGUAGE="VBScript" codepage="936"%>
```

```
<!--#include file="conn.asp"-->
<%
set rs = server.createobject("adodb.recordset")
sql = "select user,qq,email,content,data from main"
rs.open sql,conn,1,3
rs.addnew   '用记录集新添加一条数据
user = request.form("user")   '请求表单的变量，定义变量为 user
qq = request.form("qq")
email = request.form("email")
content = request.form("content")
rs("user") = user   '将请求到的表单值传向记录集中代表 user 字段的名称
rs("qq") = qq
rs("email") = email
rs("content") = content
rs.update   '更新一下数据库中的数据。
rs.close
set rs = nothing
conn.close
set rs = nothing
%>
<!DOCTYPE html PUBLIC "-//W3C//DTD XHTML 1.0 Transitional//EN"
  "http://www.w3.org/TR/xhtml1/DTD/xhtml1-transitional.dtd">
<html xmlns="http://www.w3.org/1999/xhtml">
<head>
<title>留言成功</title>
<link href="style.css" rel="stylesheet" type="text/css">
<meta http-equiv="Content-Type" content="text/html; charset=gb2312">
<meta http-equiv="refresh" content="2;URL=index.asp">
</head>
<body>
<div align="center">添加成功，2 秒钟后自动跳转到<a href="index.asp">留言本首页
</a></div>
</body>
</html>
```

留言成功提交后，在页面上显示"添加成功，2 秒钟后自动跳转到留言本首页"，用户单击"留言本首页"链接返回到留言本首页，或者经过 2 秒钟后自动跳转到留言本首页，程序中的代码<meta http-equiv="refresh" content="2;URL=index.asp">就是用来实现自动跳转功能的。

跳转到留言本首页后，我们可以看到刚才填写的留言被显示出来了。

8.3.3　制作管理登录页面

留言本的管理功能对于留言本来说是非常重要的，要管理留言本，必须是管理员用户。因此，在访问管理页面之前必须通过管理员验证，所以要制作一个管理登录页面。留言本管理的基本功能有一个删除功能就行了，用户可以在此基础上添加更多的功能，比如回复留言者。

在 Dreamweaver 中制作管理登录页面，取名为 admin.asp，管理登录页面在 IE 中预览的效果如图 8-3 所示。

图8-3　管理员登录页面

设置表单的属性如下。

- 管理员：设置为单行文本域，名称为"admin"。
- 密码：设置为密码框，名称为"password"。

将表单的 Action 动作指向 checkpass.asp。

admin.asp 文件的代码如下：

```
<%@LANGUAGE="VBSCRIPT" CODEPAGE="936"%>
<!DOCTYPE html PUBLIC "-//W3C//DTD XHTML 1.0 Transitional//EN"
"http://www.w3.org/TR/xhtml1/DTD/xhtml1-transitional.dtd">
<html xmlns="http://www.w3.org/1999/xhtml">
<head>
<meta http-equiv="Content-Type" content="text/html; charset=gb2312" />
<title>在线留言本-管理登录</title>
<link href="css/style.css" rel="stylesheet" type="text/css">
</head>
<body>
<div id="main">
    <div class="title"><h3>在线留言本-管理页面</h3></div>
    <div class="form" >
        <form action="checkpass.asp" method="post" name="login" id="login">
```

```
<p>管理员 <input class="box1" name="admin" type="text"></p>
<p>密  码 <input class="box1"
  name="password" type="password"></p>
<input type="submit" name="Submit" value="管理">
<input type="reset" name="reset" value="重填">
    </form>
  </div>
</div>
</body>
</html>
```

表单后台处理程序 checkpass.asp 的代码如下：

```
<!--#include file="conn.asp"-->
<%
admin = request.form("admin")
password = request.form("password")
sql = "select * from admin where admin='"&admin&"' and
  password='"&password&"'"
set rs = conn.execute(sql)
if rs.eof or rs.bof then
    response.write "<script language=javascript>"
    response.write "alert('用户或密码不对!');"
    response.write "javascript:history.go(-1);"
    response.write "</script>"
else
    session("admin") = admin
    response.redirect "mymanage.asp"
%>
<%
end if
%>
```

这样，用户在 admin.asp 页面中输入用户名和密码后，就把用户名和密码值传给 checkpass.asp 处理，当用户名和密码的值与数据库中的字段相匹配时，就进入 mymanage.asp 这个管理页面，同时创建一个 Session 变量，这个 Session 会话变量将在后面用到。

8.3.4 制作管理页面

上小节中讲的是制作登录页面和检测用户，当用户名和密码正确时，就转到管理页面。本节介绍管理页面的制作。

其实这个留言本的管理页面与用户直接看到的首页没有多大的区别,只是用了 Session 会话变量作为保护并且增加了一个删除链接,当点击链接的时候就会自动删除留言。

要制作的管理页面与首页的 index.asp 相似,所以先复制就行了,然后再改一下即可。

首先找到下面这句:

```
sql = "select user,qq,email,content,data from main order by id desc"
```

把它改为:

```
sql = "select id,user,qq,email,content,data from main order by id desc"
```

这样,就选取到了 id 这个自动编号的值,以便删除留言时锁定这个 id。

然后在"邮件"链接后面增加一个"删除"链接。del.asp?id=<%=rs("id")修改代码后为 <a href="del.asp?id=<%=rs("id")%>" onclick="return confirm('是否确定删除本留言?');">删除</a>。

将修改的文件另存为 mymanage.asp。管理页面在 IE 浏览器中的显示效果如图8-4所示。

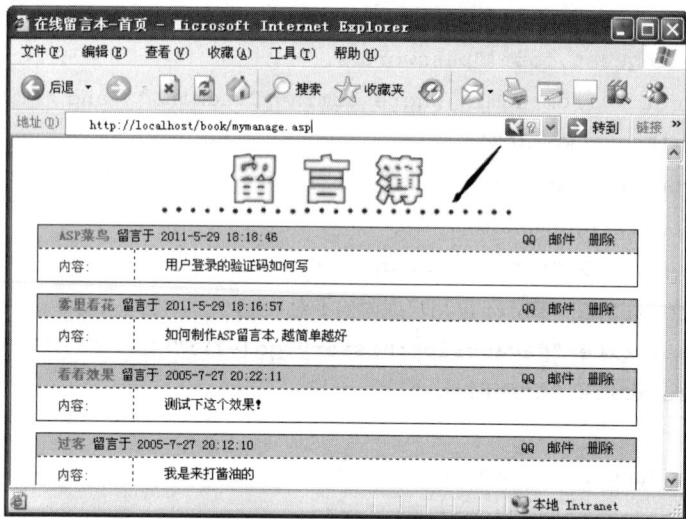

图8-4 留言本管理页面

注意: 通过上述修改后,不用输入用户名和密码都可进入管理页面 mymanage.asp,这对于留言本来说是不安全的,为了防止其他人随意访问管理员页面,就需要对 mymanage.asp 页面进行授权。

要使得在访问 mymanage.asp 管理页面时,必须输入管理员用户名和密码。

我们在上一小节中建了一个 Session 会话变量,这时就派上用场了。

在<%@LANGUAGE="VBScript" codepage="936"%>的后面加上<%if session("admin") ="" then response.Redirect("admin.asp")%>,就是说如果 session 这个("admin")的值为空,就转向管理员验证页面(admin.asp),这样的话,直接输入网址就会跳到 admin.asp。

管理页面 mymanage.asp 的完整代码如下:

```
<%@LANGUAGE="VBScript" codepage="936"%>
<%if session("admin")="" then response.Redirect("admin.asp")%>
<!--#include file="conn.asp"-->
<%
set rs = server.createobject("adodb.recordset")
sql = "select id,user,qq,email,content,data from main order by id desc"
rs.open sql,conn,1,1
rs.pagesize = 5    '每页显示5条记录
pages = rs.PageCount '获取页数
pagex = int(request("page"))
if pagex <= 0 then pagex = 1
if pagex = "" then pagex = 1
rs.AbsolutePage = pagex
%>
<!DOCTYPE html PUBLIC "-//W3C//DTD XHTML 1.0 Transitional//EN"
  "http://www.w3.org/TR/xhtml1/DTD/xhtml1-transitional.dtd">
<html xmlns="http://www.w3.org/1999/xhtml">
<head>
<meta http-equiv="Content-Type" content="text/html; charset=gb2312" />
<title>在线留言本-首页</title>
<meta http-equiv="Content-Type" content="text/html; charset=gb2312">
<link href="css/style.css" rel="stylesheet" type="text/css">
</head>
<body>
<div id="top"><img src="images/bannar.gif" alt="留言本"></div>
<%
for a=1 to rs.pagesize    '循环显示记录,每页5条
    if rs.EOF then      '到记录尾部就退出循环
        Exit For
    end if
%>
<div id="main">
    <div id="title">
        <div id="user">
        <span class="text1"><%=rs("user")%></span> 留言于 <%=rs("data")%>
        </div>
        <div id="qq">
        <a href="http://search.tencent.com/cgi-bin/friend
        /user_show_info?ln=<%=rs("qq")%>" target="_blank">QQ</a>
```

```
  <a href="mailto:<%=rs("email")%>">邮件</a>
  <a href="del.asp?id=<%=rs("id")%>"
onclick="return confirm('是否确定删除本留言？');">删除</a>
</div>
</div>
<div id="content">
    <div id="left"><p>内容:</p></div>
    <div id="right"><%=rs("content")%></div>
</div>
</div>
<%
rs.movenext
next
%>
<div id="nav">
    <%for i=1 to pages%>
    <a href="mymanage.asp?page=<%=i%>">[<%=i%>]</a>
    <%next%>页次:<font color="Red"><%=Pagex%>/<%=rs.PageCount%>
      <a href="add.asp"></br></br>
    填写留言</a>  <a href="index.asp">返回留言首页</a>
</div>
<div id="footer">
    版权所有 在线留言本 2010-2012
</div>
</body>
</html>
<%
rs.close
set rs = nothing
conn.close
set conn = nothing
%>
```

8.3.5　编写删除留言代码

管理页面中增加了一个删除留言的链接，以下是 del.asp 的代码：

```
<%@LANGUAGE="VBScript" codepage="936"%>
<%if session("admin")="" then response.Redirect("admin.asp")%>
```

```
<!--#include file="conn.asp"-->
<%
set rs = server.createobject("adodb.recordset")
id = Request.QueryString("id")
sql = "select * from main where id="&id
rs.open sql,conn,2,3
rs.delete
rs.update
%>
<!DOCTYPE html PUBLIC "-//W3C//DTD XHTML 1.0 Transitional//EN"
 "http://www.w3.org/TR/xhtml1/DTD/xhtml1-transitional.dtd">
<html xmlns="http://www.w3.org/1999/xhtml">
<head>
<title>删除成功！</title>
<link href="style.css" rel="stylesheet" type="text/css">
<meta http-equiv="Content-Type" content="text/html; charset=gb2312">
<meta http-equiv="refresh" content="2;URL=mymanage.asp">
</head>
<body>
<div align="center">
删除成功，2 秒钟后自动跳转到<a href="mymanage.asp">管理员页面</a>
</div>
</body>
</html>
```

代码 id=Request.QueryString("id")用 id 取值字符串中传的 id，回头看一下删除的链接 del.asp?id=<%=rs("id")%>，就是这个链接才把 id 的值传来的，<%=rs("id")%>是读取数据库中的自动编号字段中的 id。

上 机 实 验

1. 实验目的

熟悉留言本的基本功能，能够根据留言本的功能设计留言本的数据库，掌握留言本的留言显示、填写留言和留言管理功能，掌握 CSS 层叠样式表的应用。

2. 实验内容

(1) 在网页设计软件或记事本中调试项目各任务的实例，每个实例调试通过后将生成一个简易的留言本系统。

(2) 在简易留言本的基础上扩展留言本的其他一些常用功能。

① 在填写留言时收集留言者的 IP 地址，并在显示留言时予以显示。

② 在填写留言时增加一个选择留言者表情图标，并在首页能够显示留言者图标。

③ 添加一个管理员回复留言的功能。在管理页面添加一个回复留言的链接，单击链接可以对留言进行回复。在留言本首页显示管理员回复。

3. 实验步骤

(1) 修改现有的数据库，在 main 表中添加字段，如表 8-4 所示。

表8-4　修改后的main表

字段名称	数据类型	描　　述
id	自动编号	设置"自动编号"
user	文本	留言者姓名
qq	数字	留言者的 QQ，因为 QQ 号是由数字组成的
email	文本	留言者的电子邮件
content	备注	留言内容
data	日期/时间	留言时间，设定默认值为 Now()
face	文本	留言者表情图标
ip	文本	留言者的 IP 地址
reply	备注	管理员回复留言者内容

(2) 在填写留言时增加选择表情图标选项，如图 8-5 所示。

注：留言者的 IP 地址是通过 request 对象的 ServerVariables 集合获取客户端的环境信息。request.ServerVariables("REMOTE_ADDR")返回发出请求的客户端 IP 地址。

(3) 在管理员页面上添加回复留言者的超链接，单击"回复"链接可以对相应的留言进行回复，如图 8-6 所示。

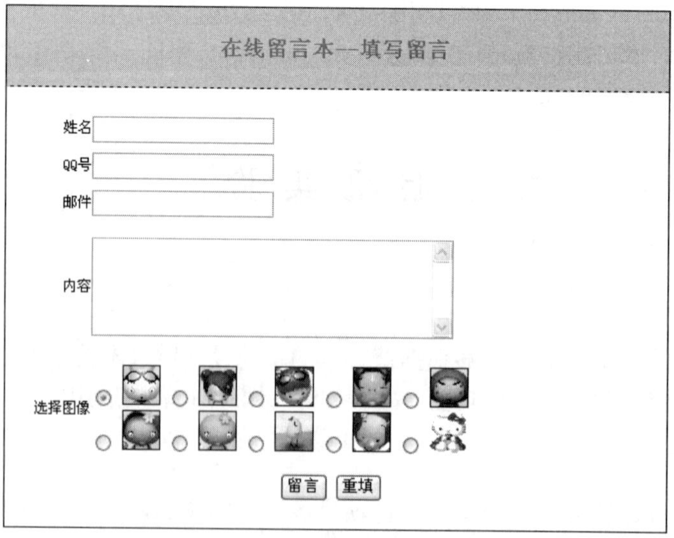

图8-5　增加选择图像功能的填写留言页面

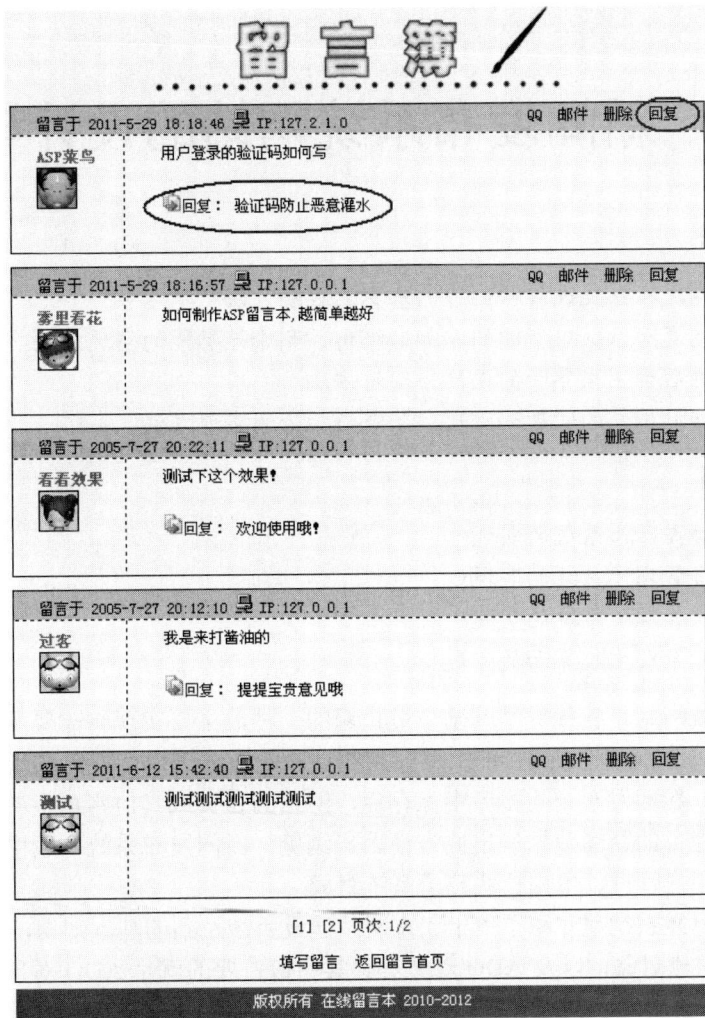

图8-6 具有回复功能的留言本管理页面

(4) 在首页显示管理员的回复。

项目九 新闻发布系统网站的设计与实现

【学习目标】

- 掌握新闻发布系统设计与制作的基本流程和方法
- 掌握新闻发布系统中新闻的添加、编辑、删除等功能的实现方法
- 掌握网站后台主控界面的设计与实现方法
- 掌握对网站用户的管理如注册、登录与加密的实现方法

【工作任务】

- 网站首页显示子系统的实现
- 新闻栏目管理子系统的实现
- 网站用户管理子系统的实现
- 新闻发布系统主控界面的实现

新闻发布系统网站是各种类型网站中最普遍的一种，主要实现将需要发布的新闻及相关附属信息(比如发布者、发布时间等)保存到数据库的数据表中，并能实现对这些数据信息进行统一管理。新闻发布到数据库中保存后，网站的首页或其他网页中的栏目只需从数据表中将属于该栏目的新闻数据读出并方便用户浏览。新闻发布系统一般由系统的首页显示、新闻管理、用户管理、主控模块等子系统组成。

前面的章节已经系统地介绍了关于动态网站建设所涉及到的基本知识，包括 HTML、VBScript、ASP 内建对象，以及 ADO 对象等。其中最重要的就是 ADO 对象的应用，在具体的 ASP 网站开发时，主要应用的就是这一技术。本章以一个实际的教育新闻发布系统网站建设为案例来系统阐述 ASP 动态网站开发的全过程，包括需求分析、功能设计、界面设计、用户管理、数据库设计、代码设计等。该新闻发布系统网站运行在 Windows 2000 Server 操作系统平台上，Web 服务器采用 IIS，数据库系统采用 Microsoft Access 2003，动态脚本语言采用 VBScript。

9.1 任务 1 - 网站首页显示子系统的实现

9.1.1 网站首页的版面布局设计

1. 用 DIV 对网页进行布局

在网页版面布局设计中，目前，比较流行的是采用 DIV+CSS 技术来实现，通常采取由粗到细的设计策略，即先考虑网页整体的布局，将整个网页从总体上用 DIV 标记划分成几个栏目，然后在每个栏目内根据需要嵌入一个或多个 DIV 标记，对栏目进行细分。

对于网页的整体布局，无论采用什么样的结构，都应尽量遵循黄金分割，避免平分。

例如上中下结构，中间部分是主体，可占60%，上面占30%，下面占10%，这样的划分和布局在视觉上看起来会舒服一些。

网页是由各个小块组合构成的，除了考虑整体的布局以外，对于各个栏目的布局也应注意彼此间的协调，栏目中文字的排版应合理设置文字的大小、行距、字间距以及段落之间的间距等，以使网页更加精美，同时要注意版面的重心和视觉平衡以及色彩基调的一致性问题。

在站点的根目录下创建一个名为Index.asp的文件，该文件作为教育新闻发布网站的首页。图9-1为网页的布局及栏目划分情况，采用上、中、下结构。

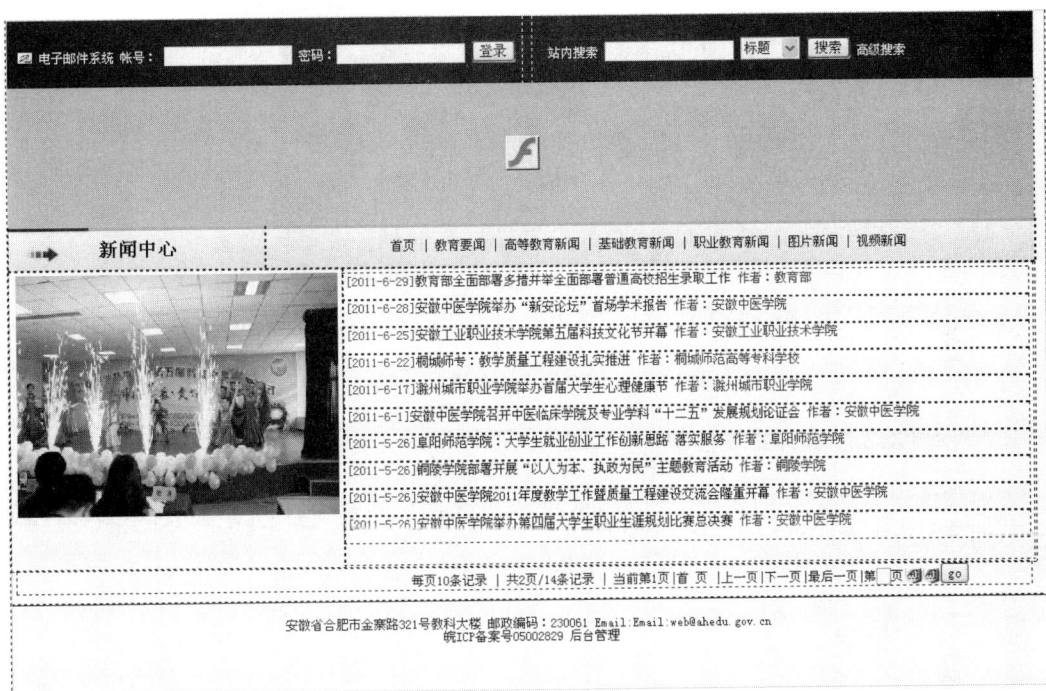

图9-1 新闻首页的布局结构

网页的上方部分为标题栏目，其中包含有可供用户电子邮箱登录与站内新闻搜索的表单界面以及Flash标题动画。

网页的中间部分为网页的主体部分，上侧为网站的导航栏，左侧为新闻图片的滚动播放区域，右侧为新闻标题的超级链接显示区域。

网页的下方部分为网站的版权区域和联系方式。

新闻栏目中显示发布新闻的标题、时间和作者，当用户单击新闻标题的超级链接后，弹出显示新闻具体内容的二级页面。

新闻栏目的二级页面的最上方显示新闻的标题、作者、发布时间、点击次数，中间的为新闻的具体内容，通常在其中还插入一些场景图片，如图9-2所示。

图9-2　新闻二级页面的布局结构

2. 利用 CSS 层叠样式表控制网页样式

在站点的根文件夹下创建一个名为 css 的文件夹，在其中存放利用记事本编写的样式表文件 style.css，其内容如下：

```
/* CSS Document */
body {
    font-size:12px;
    text-align:center;
    margin: 0 auto;
    padding: 0px;
}
a:link {
    text-decoration:none;
    color: #000000;
}
a:visited {
    text-decoration:none;
    color:#000000;
}
a:hover {
```

```css
    text-decoration:none;
    color:#ff0000;
}
a:active {
    text-decoration:none;
    color:#000000;
}
#container {
    width:980px;
    margin:0 auto;
    border:#cccccc 1px solid;
}
#top {
    width:980px;
    height:150px;
    margin:0;
    padding: 2px;
}
#biaoti {
    height: 130px;
    width: 980px;
}
#topform {
    width:980px;height: 30px;
    background-color:#b00000;
    font-family: "宋体";
    color: #ffffff;
    font-weight: normal;
    text-align:left;
    padding: 0px;
}
#topform #mailform {
    width: 480px;
    height: 30px;
    float: left;
    padding-top:3px;
    padding-right: 0px;
    padding-bottom: 0px;
    padding-left: 10px;
```

```
    }
    #topform #searchform {
        width: 460px;
        height: 30px;
        float: right;
        padding-top: 3px;
        padding-right: 0px;
        padding-bottom: 0px;
        padding-left: 15px;
    }
    #topform #mailform #login {
        float: left;
        height: 15px;
        width: 480px;
    }
    #topform #searchform #login {
        padding: 0px;
        float: left;
        height: 15px;
        width: 465px;
    }
    #globallink {
        width:100%;
        height:40px;
        background:url(../inc/fenye_nav.jpg) no-repeat;
        margin:0;
    }
    #gtitle {
        width:245px;
        height:28px;
        float:left;
        text-align: center;
        font-size: 18px;
        font-weight: bolder;
        padding-top: 12px;
        padding-right: 0px;
        padding-bottom: 0px;
        padding-left: 0px;
    }
```

```
#glink {
    width:735px;

    height:26px;

    float:left;

    text-align: center;

    font-size: 12px;

    padding-to p: 14px;

    padding-right: 0px;

    padding-bottom: 0px;

    padding-left: 0px;

}


#main {
    width:100%;

    height:260px;

    text-align:left;

}


#main #left {
    width:310px;

    height:270px;

    float:lcft;

    text-align:center;

    border-top-width:thin;

    border-right-width: thin;

    border-bottom-width: thin;

    border-left-width: thin;

    padding: 2px;

}


#main#right {
    width:650px;

    height:270px;

    float:left;

    color:#333333;

    padding-top: 5px;

    padding-right: 0px;

    padding-bottom: 0px;

    padding-left: 0px;
```

```
    }

    #line {
        height: 22px;
        width: 750px;
        font-family: "宋体";
        font-size: 12px;
        padding-top: 2px;
        padding-right: 3px;
        padding-bottom: 1px;
        padding-left: 3px;
    }

    #spage {
        clear:both;
        width:90%;
        margin:0 auto;
        padding:5px 60px 0 0px;
        text-align:right;
        margin-bottom:10px;
    }

    #bottom {
        width:980px;
        text-align:center;
        border-top:1px #990000 solid;
        padding-top: 15px;
        padding-right: 5px;
        padding-bottom: 5px;
        padding-left: 5px;
    }

    .maillogin {
        border:#cccccc 1px solid;
        width: 120px;
        color: #000000;
    }
```

在网站首页 Index.asp 中嵌入<link rel=stylesheet type=text/css href="css/style.css">语句，并对具体 DIV 标记运用相应的 CSS 样式，网页的显示效果如图 9-3 所示。

图9-3　用CSS样式表控制的首页效果

3. 利用 JavaScript 程序实现图片新闻的切换

网页中可以通过嵌入 JavaScript 程序代码以实现对如图 9-3 所示页面左侧图片新闻循环切换的显示效果，在这里需要将一个 focus1.swf 的 flash 文件放入 inc 文件夹中，该文件可以在本教材的教学案例中下载，代码为：

```
<script language=JavaScript>
var focus_width = 310;
var focus_height = 240;
var text_height = 18;
var swf_height = focus_height+text_height;
var pics =
  'inc/tupian1.jpg|inc/tupian1.jpg|inc/tupian1.jpg3|inc/tupian4.jpg';
var links =
  'news_content.asp?news_id=1|news_content.asp?news_id=2
  |news_content.asp?news_id=3|news_content.asp?news_id=4';
var texts = '教育部多措并举全面部署普通高校招生录取工作|滁州城市职业学院举办首届大学
生心理健康节|桐城师专：教学质量工程建设扎实推进|安徽中医学院举办"新安论坛"首场学术报告
';
var bg_color = '#E8F6FF';
document.write('<object
classid="clsid:d27cdb6e-ae6d-11cf-96b8-444553540000"
codebase="http://fpdownload.macromedia.com/pub/shockwave/cabs/flash
/swflash.cab#version=6,0,0,0" width="'+ focus_width +'" height="'+
swf_height +'">');
```

```
document.write('<param name="allowScriptAccess" value="sameDomain">
<param name="movie" value="inc/focus1.swf"><param name="quality"
value="high"><param name="bgcolor"  value="'+bg_color+'">');
document.write('<param name="menu" value="false"><param name=wmode
value="opaque">');
document.write('<param name="wmode" value="transparent" />');
document.write('<param name="FlashVars"
value="pics='+pics+'&links='+links+'&texts='+texts+'&border
width='+focus_width+'&borderheight='+focus_height+'&textheight='
+text_height+'">');
document.write('</object>');
</script>
```

9.1.2　生成基于 Web 数据库的动态网页

1. 创建数据库与表

在站点的根文件夹下创建一个名为 Database 的子文件夹，并在其中建立一个 Access 数据库，取名为 Data.mdb 数据库文件。在该数据库中建新闻分类表 Class 和新闻表 News，分别用于存放新闻的分类和具体的新闻信息，其表结构分别如表 9-1 和表 9-2 所示，再创建一个 Webinfor 数据表，用于存放站点的一些基本信息，如表 9-3 所示。

表9-1　Class数据表的结构

字 段 名	字段类型	宽　度	说　明
ID	自动编号	自动	自动编号
ClassName	文本型	20	新闻所属类别的名称
OrderID	数字型	整型	在导航栏目中的先后顺序
PageSize	数字型	整型	每页显示的记录个数

表9-2　News数据表的结构

字 段 名	字段类型	宽　度	说　明
ID	自动编号	自动	自动编号
Title	文本型	50	新闻的标题
Class	文本型	20	新闻所属类别
Content	备注型	自动	新闻的内容
Author	文本型	20	新闻发布作者
Date	日期时间型	自动	新闻发布日期
Shouyetupian	文本型	50	图片新闻中的图片
Hits	数字型	整型	新闻点击次数

表9-3 Webinfor数据表的结构

字 段 名	字段类型	宽 度	说 明
SiteName	文本型	50	网站的名称
SiteTitle	文本型	50	网站的标题
SiteKeyWords	文本型	50	网站的关键字
SiteDescription	文本型	100	网站的描述
SiteUrl	文本型	30	网站的网址
SiteTCPIP	文本型	30	网站的 ICP 备案号
SiteCoName	文本型	40	网站所属单位的名称
SiteLinkMan	文本型	10	网站的联系人
SiteTel	文本型	20	网站的联系电话
SiteFax	文本型	30	网站的传真号
SiteAddress	文本型	50	网站的地址
SiteZip	文本型	8	网站的邮编
SiteEmail	文本型	40	网站的电子邮箱
SiteQQ	文本型	10	网站的 QQ 号

由于每条新闻应属于某一类别,为确保 Class 表中数据与 News 表中数据一致,需要建立 Class 数据表与 News 数据表之间的关联。将 Class 数据表中的 ClassName 设置为"不允许重复",然后打开关系界面,将 Class 表中的 ClassName 与 News 表中 Class 字段进行鼠标拖动连接,如图 9-4 所示。

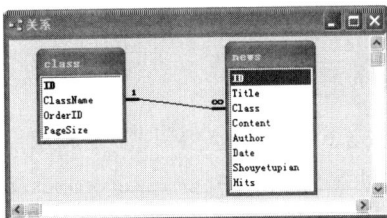

图9-4 Class与News数据表之间的关联

双击两表关系间的横线,弹出如图 9-5 所示的窗口,将实施参照完整性、级联更新相关字段、级联删除相关记录前的选框选中,可以确保 Class 表中数据与 News 表中数据一致。

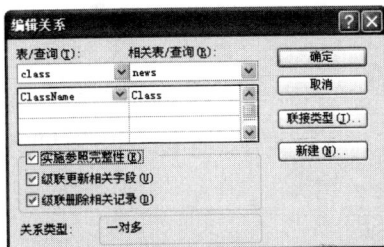

图9-5 Class与News数据表之间关系的编辑

打开 Class 表，输入若干条记录，如图 9-6 所示。

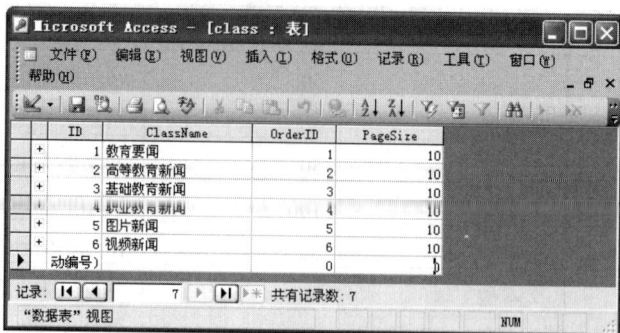

图9-6 Class表中的分类记录

打开 News 表，输入若干条记录，如图 9-7 所示。

图9-7 News新闻表中的数据

2. 编写 ASP 动态网页程序

(1) 通过在网站首页 Index.asp 中嵌入 ASP 代码，利用 ADO 对象实现从 Web 数据库中读取数据以实现新闻栏目的动态显示，并利用 RecordSet 对象的相关属性实现分页显示的功能，代码如下：

```
<%@LANGUAGE="VBSCRIPT" CODEPAGE="936"%>
<!DOCTYPE html PUBLIC "-//W3C//DTD XHTML 1.0 Transitional//EN"
  "http://www.w3.org/TR/xhtml1/DTD/xhtml1-transitional.dtd">
<html xmlns="http://www.w3.org/1999/xhtml">
<head>
<meta http-equiv="Content-Type" content="text/html; charset=gb2312" />
<link href="css/style.css" rel="stylesheet" type="text/css" />
<title>新闻</title>
<script language="VBScript">
sub gopage(shuru)
    if (window.event.keycode=13 or shuru="go")  then
```

高职高专立体化教材 计算机系列

```
        pno = pageno.value
        classname = fenlei.value
        psize = pagesize.value
        window.location.href = "<%=curpagename%>?class='" & classname
          & "'&pagesize=" & psize    & "&pageno=" & pno
    end if
end sub
</script>
</head>
<body>
<%
const adcmdtext = &H0001
const adopendynamic = 1
const adlockpessimistic = 2
classname = request.QueryString("class")
dsnpath = server.MapPath("database/data.mdb")
connstr = "provider=microsoft.jet.oledb.4.0;data source=" & dsnpath
set rs = server.createobject("adodb.recordset")
set rs1 = server.createobject("adodb.recordset")
set rs2 = server.CreateObject("adodb.recordset")
if (classname=""or classname="''") then
    fhsql = "select * from news order by date desc"
    rs.open fhsql,connstr,adopendynamic,adlockpessimistic,adcmdtext
    rs.pagesize = 10
else
    fhsql =
      "select * from news where class=" & classname & " order by date desc"
    rs.open fhsql,connstr,adopendynamic,adlockpessimistic,adcmdtext
    rs.pagesize = request.QueryString("pagesize")
end if
fhsql1 =
  "select  top 4 * from news  where shouyetupian<>'无' order by date desc"
fhsql2 = "select * from class order by orderid"
rs1.open fhsql1,connstr,adopendynamic,adlockpessimistic,adcmdtext
rs2.open fhsql2,connstr,adopendynamic,adlockpessimistic,adcmdtext
%>
<div id="container">
<div id="top">
<iframe width=980 height=150 src="top.htm" frameborder=0  scrolling=no>
```

```
</iframe>
</div>
<div id="globallink">
<div id="gtitle">新闻中心</div>
<div id="glink">
<a href="<% = curpagename %>?pageno-1">首页</a>
<%
do while not rs2.eof
    response.Write (" | <a href=" & curpagename & "?class='"
      & rs2("classname") & "'&pagesize=" & rs2("pagesize") &">"
      & rs2("classname") & "</a>")
    rs2.movenext
loop
rs2.close
set rs2 = nothing
%>
</div>
</div>
<div id="main">
<div id="left">
<script language=javascript>
var focus_width = 310;
var focus_height = 240;
var text_height = 18;
var swf_height = focus_height+text_height;
<%
picst = ""
links = ""
texts = ""
do while not rs1.eof
    picst = picst &"news_manager/"&rs1("shouyetupian") & "|"
    links = links & "news_content.asp?news_id="&rs1("ID") & "|"
    texts = texts & left(rs1("Title"),len(rs1("Title"))-1) & "|"
    rs1.movenext
loop
picst = left(picst,len(picst)-1)
links = left(links,len(links)-1)
texts = left(texts,len(texts)-1)
rs1.close
```

```
%>
var pics = '<%=picst%>';
var links = '<%=links%>';
var texts = '<%=texts%>';
var bg_color = '#E8F6FF';
document.write('<object
classid="clsid:d27cdb6e-ae6d-11cf-96b8-444553540000"
codebase="http://fpdownload.macromedia.com/pub/shockwave/cabs/flash
/swflash.cab#version=6,0,0,0" width="'+ focus_width +'" height="'
+ swf_height +'">');document.write('<param name="allowScriptAccess"
value="sameDomain"><param name="movie" value="inc/focus1.swf">
<param name="quality" value="high"><param name="bgcolor"
value="'+bg_color+'">');
document.write('<param name="menu" value="false"><param name=wmode
value="opaque">');
document.write('<param name="wmode" value="transparent" />');
document.write('<param name="FlashVars"value="pics='+pics+'&links='
+links+'&texts='+texts+'&borderwidth='+focus_width+'&borderheight='
+focus_height+'&textheight='+text_height+'">');
document.write('</object>');
</script>
</div>
<div id="right">
<%
if not rs.eof then
    if request.QueryString("pageno") = "" then
       rs.absolutepage = 1
    else
       rs.absolutepage = request.QueryString("pageno")
    end if
    page_contr = "每页" & rs.pagesize & "条记录 | 共" & rs.pagecount & "页/"
      & rs.recordcount & "条记录 | "
    page_contr = page_contr& "当前第" & rs.absolutepage &"页"
    page_contr = page_contr&"<a href=" & curpagename & "?class="
    & classname & "&pagesize=" & rs.pagesize & "&pageno=1>|首 页</a> "
    if rs.absolutepage > 1 then
       page_contr = page_contr+"<a href=" & curpagename & "?class="
         & classname & "&pagesize=" & rs.pagesize & "&pageno="
         & rs.absolutepage-1 & ">|上一页</a>"
```

```
    else
        page_contr = page_contr + "|上一页"
    end if
    if rs.absolutepage < rs.pagecount then
        page_contr = page_contr & "<a href=" & curpagename & "?class="
            & classname & "&pagesize=" & rs.pagesize & "&pageno="
            & rs.absolutepage+1 & ">|下一页</a>"
    else
        page_contr = page_contr & "|下一页"
    end if
    page_contr = page_contr&"<a href=" & curpagename & "?class=" & classname
        & "&pagesize=" & rs.pagesize & "&pageno=" & rs.pagecount
        & ">|最后一页</a>"
    page_contr = page_contr& "|第<input type='text' name='pageno'
        onKeyPress=gopage('') size=2>页<input type='hidden'
        name='fenlei' value="& classname &"><input type='hidden'
        name='pagesize' value=" & rs.pagesize &"><input value='go'
        type='button' onClick=gopage('go')> "
end if
if not rs.eof  then
    lineno = 1
    do while not rs.eof and lineno<=rs.pagesize
        response.Write("<div id='line'>")
        response.Write("["&rs("Date")&"]"
            &"<A href='news_content.asp?news_id="&rs("ID")
            &"' target=_blank>"&rs("Title")&"</A> 作者: "&rs("Author"))
        response.Write("</div>")
        rs.movenext
        lineno = lineno + 1
    loop
else
    response.Write("目前无记录! ")
end if
rs.close
%>
</div>
</div>
<div id="spage">
<% =page_contr%>
```

```
</div>
<div>
<iframe height=80 src="buttom.asp" frameBorder=0 width=980 scrolling=no>
</iframe></div>
</div>
</body>
</html>
```

运行后的显示效果如图 9-8 所示。

图9-8 新闻发布系统网站首页的显示界面

（2）在 Index.asp 网页上部的标题动画栏目中嵌入了框架结构，并在其中插入 Top.asp，代码如下：

```
<div id="top">
<iframe width=980 height=150 src="top.htm" frameborder=0 scrolling=no>
</iframe>
</div>
```

Top.htm 的代码为：

```
<%@LANGUAGE="VBSCRIPT" CODEPAGE="936"%>
<!DOCTYPE html PUBLIC "-//W3C//DTD XHTML 1.0 Transitional//EN"
   "http://www.w3.org/TR/xhtml1/DTD/xhtml1-transitional.dtd">
```

```html
<html xmlns="http://www.w3.org/1999/xhtml">
<head>
<meta http-equiv="Content-Type" content="text/html; charset=gb2312" />
<link href="css/style.css" rel="stylesheet" type="text/css">
<title>网站顶部</title>
<script language="javascript">
function chkform(frm)
{
    if(frm.keyword.value=="")
    {
        alert("请输入要搜索的关键字名称！")
        frm.keyword.focus();
        return false;
    }
}
</script>
</head>
<body>
<div id="topform" >
<div id="mailform">
<form id="login" method="post" name="login" action="" target="_top">
 <img src="inc/mailli.gif" width="14" height="10"> 电子邮件系统
 账号：<input class="maillogin" name="F_email">
 密码：<input class="maillogin" type="password" name="F_password">
<input type="submit" name="Submit" value="登录" />
</form>
</div>
<div id="searchform">
<form id="login"  method="post" name="login" action="search_result.asp"
 onSubmit="return chkform(this);" target="_blank">
 站内搜索<input id="keyword" class="maillogin" name="keyword" >
<select id="search_select"  name="search_select">
    <option selected value="title">标题</option>
    <option value="content">全文</option>
</select>
<a href="" target="_blank">
<input type="submit" name="Submit2" value="搜索" />高级搜索</a>
</form>
</div>
```

```
</div>
<div id="biaoti">
<object classid="clsid:D27CDB6E-AE6D-11cf-96B8-444553540000"
codebase="http://download.macromedia.com/pub/shockwave/cabs/flash
/swflash.cab#version=7,0,19,0" width="980" height="130">
<param name="movie" value="inc/biaoti.swf"><param name="quality"
value="high">
<embed src="inc/biaoti.swf" quality="high"
pluginspage="http://www.macromedia.com/go/getflashplayer"
type="application/x-shockwave-flash" width="980" height="130">
</embed>
</object>
</div>
</body>
</html>
```

运行后的显示效果如图 9-9 所示。

图9-9 根据关键字搜索新闻的表单

(3) 在站内搜索的文本框内输入关键字，选择搜索范围为标题或全文，单击"搜索"按钮，网页转入 search_result.asp，代码为：

```
<%@LANGUAGE="VBSCRIPT" CODEPAGE="936"%>
<%curpagename=request.ServerVariables("script_name")%>
<html>
<head>
<title>新闻</title>
<meta http-equiv="Content-Type" content="text/html; charset=gb2312">
<link href="css/style.css" rel="stylesheet" type="text/css" />
<script language="VBScript">
sub gopage(shuru)
    if (window.event.keycode=13 or shuru="go") then
      pno = pageno.value
      classname = fenlei.value
      window.location.href =
        "<%=curpagename%>?class='" & classname & "'&pageno=" & pno
    end if
end sub
</script>
```

```
</head>
<body>
<%
key = request.form("keyword")
otype = request.form("search_select")
if key = "" then
    response.write("查找字符串不能为空!")
    response.end
end if
if otype = "title" then
    fhsql =
    "select * from news where title Like '%"& key &"%' order by date desc"
else if otype = "content" then
    fhsql = "select * from news where content Like '%"& key
      &"%' order by date desc"
end if
const adcmdtext = &H0001
const adopendynamic = 1
const adlockpessimistic = 2
classname = request.QueryString("class")
dsnpath = server.MapPath("database/data.mdb")
connstr = "provider=microsoft.jet.oledb.4.0;data source=" & dsnpath
set rs = server.createobject("adodb.recordset")
rs.open fhsql,connstr,adopendynamic,adlockpessimistic,adcmdtext
rs.pagesize = 10
%>
<div id="result">
<div>
共搜索到<%=rs.recordcount%>条记录
</div>
<div>
<%
if not rs.eof then
    if request.QueryString("pageno") = "" then
        rs.absolutepage = 1
    else
        rs.absolutepage = request.QueryString("pageno")
    end if
    page_contr = "每页" & rs.pagesize & "条记录 | 共" & rs.pagecount
```

```
            & "页/" & rs.recordcount & "条记录 | "
    page_contr = page_contr& "当前第" & rs.absolutepage &"页"
    page_contr = page_contr&"<a href=" & curpagename & "?class="
        & classname & "&pagesize=" & rs.pagesize & "&pageno=1>|首 页</a> "
    if rs.absolutepage > 1 then
        page_contr = page_contr+"<a href=" & curpagename & "?class="
            & classname & "&pagesize=" & rs.pagesize & "&pageno="
            & rs.absolutepage-1 & ">|上一页</a>"
    else
        page_contr = page_contr + "|上一页"
    end if
    if rs.absolutepage < rs.pagecount then
        page_contr = page_contr & "<a href=" & curpagename & "?class="
            & classname & "&pagesize=" & rs.pagesize & "&pageno="
            & rs.absolutepage+1 & ">|下一页</a>"
    else
        page_contr = page_contr & "|下一页"
    end if
    page_contr = page_contr&"<a href=" & curpagename & "?class="
        & classname & "&pagesize=" & rs.pagesize & "&pageno="
        & rs.pagecount & ">|最后一页</a>"
    page_contr = page_contr& "|第<input type='text' name='pageno'
        onKeyPress=gopage('') size=2>页<input type='hidden' name='fenlei'
        value="& classname &"><input type='hidden' name='pagesize' value="
        & rs.pagesize &"><input  value='go' type='button'
        onClick=gopage('go')> "
end if
if not rs.eof  then
    lineno = 1
    do while not rs.eof and lineno <= rs.pagesize
        response.Write("<div id='line'>")
        response.Write("["&rs("Date")&"]"
          &"<A href='news_content.asp?news_id="&rs("ID")
          &"' target=_blank>"&rs("Title")&"</A> 作者: "&rs("Author"))
        response.Write("</div>")
        rs.movenext
        lineno = lineno + 1
    loop
else
```

```
            response.Write("目前无记录! ")
end if
rs.close
%>
</div>
</div>
<div>
<iframe height=80 src="buttom.asp" frameBorder=0 width=980 scrolling=no>
</iframe></div>
</div>
</body>
</html>
```

如搜索包含"学院"两字,搜索范围为标题的新闻,运行后的显示效果如图9-10所示。

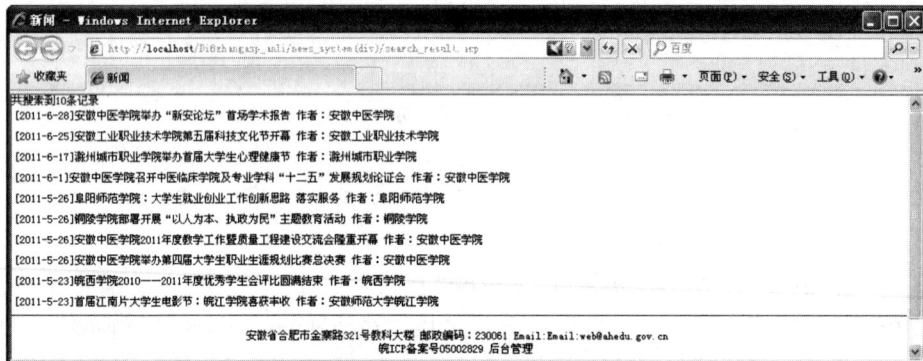

图9-10 根据关键字搜索的结果

(4) 在 Index.asp 网页下部的版权区域栏目中也嵌入了框架结构,并在其中插入 Buttom.asp,其代码为:

```
<div>
<iframe height=80 src="buttom.asp" frameBorder=0 width=980 scrolling=no>
</iframe></div>
</div>
```

Buttom.asp 的代码为:

```
<link href="css/style.css" rel="stylesheet" type="text/css">
<%
const adcmdtext = &H0001
const adopendynamic = 1
const adlockpessimistic = 2
dsnpath = server.MapPath("database/data.mdb")
fhsql = "select * from webinfor"
```

```
connstr = "provider=microsoft.jet.oledb.4.0;data source=" & dsnpath
set rs = server.createobject("adodb.recordset")
rs.open fhsql,connstr,adopendynamic,adlockpessimistic,adcmdtext
%>
<div id="bottom">
<%=rs("SiteAddress")%> 邮政编码：<%=rs("SiteZip")%>
Email:<%=rs("SiteEmail")%>
<br><%=rs("SiteTCPIP")%>
<a href="login.asp" target="_blank">后台管理</a></p>
</div>
<%
rs.close
set rs = nothing
%>
```

(5) 单击新闻标题的超级链接后，弹出新闻二级页面 News_content.asp，代码如下：

```
<%@LANGUAGE="VBSCRIPT" CODEPAGE="936"%>
<html xmlns="http://www.w3.org/1999/xhtml">
<head>
<title>新闻</title>
<meta content="text/html; charset=gb2312" http-equiv=Content-Type>
<link rel=stylesheet type=text/css href="css/style.css">
<%
const adcmdtext = &H0001
const adopendynamic = 1
const adlockpessimistic = 2
news_id = request.QueryString("news_id")
dsnpath = server.MapPath("database/data.mdb")
fhsql = "select * from news where ID=" & news_id
connstr = "provider=microsoft.jet.oledb.4.0;data source=" & dsnpath
set rs = server.createobject("adodb.recordset")
rs.open fhsql,connstr,adopendynamic,adlockpessimistic,adcmdtext
rs("Hits") = rs("Hits") + 1
rs.update
%>
</head>
<body>
<div class="newsbox">
<p style="background-color:#cccccc; text-align:left;">
```

```
您的位置：首 页 &gt；正文</p>
<h3><%=rs("Title")%></h3>
<hr align="center" width="95%">
<p>作者：<%=rs("Author")%> 发布日期：<%=rs("Date")%> 点击次数：
<%=rs("Hits")%></p>
<%=rs("Content")%>
<div>
<img src="inc/printer.gif"/><a href="javascript:window.print()">打印</a>
<a href="javascript:window.close();">关闭</a>
</div>
</div>
<%
rs.close
%>
</body>
</html>
```

显示的效果如图 9-11 所示。

图9-11 新闻内容的显示页面

9.2 任务 2 - 新闻管理子系统的实现

新闻发布系统网站通常需要对新闻进行分类，为方便网站管理员对新闻类别的管理，在后台管理系统中需要建立新闻类别管理程序，其功能包括类别的添加、修改、删除、排序等。

9.2.1 新闻类别管理功能的实现

(1) 新闻类别管理程序可将实现各项操作的代码分别定义为不同的过程，并保存在同一个 ASP 页面中，将所要实现的功能通过 action 查询变量传递给它自己，获取该变量值后，利用判断语句来执行不同的操作程序，完整的工作流程如图 9-12 所示。

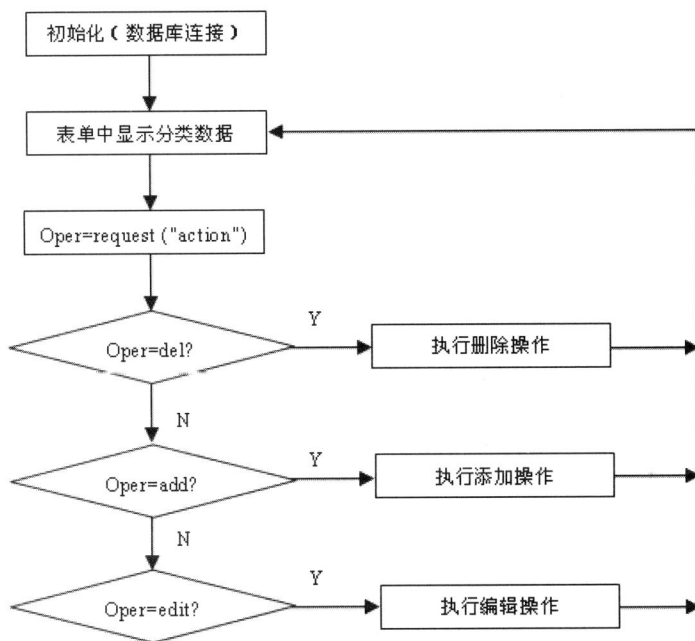

图9-12 新闻类别管理程序流程

(2) 新闻类别管理 class_manager.asp 的代码如下：

```
<%@LANGUAGE="VBSCRIPT" CODEPAGE="936"%>
<!--#include file="check.asp"-->
<%curpagename=request.ServerVariables("SCRIPT_NAME")%>
<!DOCTYPE html PUBLIC "-//W3C//DTD XHTML 1.0 Transitional//EN"
  "http://www.w3.org/TR/xhtml1/DTD/xhtml1-transitional.dtd">
<html xmlns="http://www.w3.org/1999/xhtml">
<head>
```

```
<meta http-equiv="Content-Type" content="text/html; charset=gb2312" />
<link rel=stylesheet type=text/css href="../inc/mycss.css">
<script language="javascript">
function chkform(frm)
{
    if(frm.ClassName.value--"")
    {
        alert("请输入分类名称")
        frm.ClassName.focus();
        return false;
    }
}
</script>
<title>分类管理</title>
</head>
<body>
<%
const adcmdtext = &H0001
const adopenkeyset = 1
const adlockoptimistic = 2
dsnpath = server.MapPath("../database/data.mdb")
connstr = "provider=microsoft.jet.oledb.4.0;data source=" & dsnpath
set rs = Server.CreateObject("Adodb.Recordset")
if request.form("action") = "del" then
    fhsql = "select * from class where ID=" & request.form("ID")
    rs.open fhsql,connstr,adopenkeyset,adlockoptimistic,adcmdtext
    rs.delete
    rs.update
    rs.close
end if
if request.form("action") = "add" then
    fhsql =
    "select * from class where classname='"&request.form("classname")&"'"
    set rs = server.CreateObject("Adodb.Recordset")
    rs.open fhsql,connstr,adopenkeyset,adlockoptimistic,adcmdtext
    if not rs.Bof Then
        response.Write("<script language=javascript>
            alert('已经有此用户。请返回！！！');history.back()</script>")
        response.end
```

```
    end if
    rs.addnew
    rs("classname") = request.Form("classname")
    rs("orderid") = request.Form("orderid")
    rs("pagesize") = rquest.Form("pagesize")
    rs.update
    rs.close
end if
if request.form("action") = "edit" Then
    fhsql = "select * from class where ID=" & request.form("ID")
    set rs = Server.CreateObject("Adodb.Recordset")
    rs.open fhsql,connstr,adopenkeyset,adlockoptimistic,adcmdtext
    rs("classname") = Request.Form("classname")
    rs("orderid") = Request.Form("orderid")
    rs("pagesize") = Request.Form("pagesize")
    rs.update
    rs.close
end if
fhsql = "select * from class order by OrderID"
Rs.Open fhsql,connstr,adopenkeyset,adlockoptimistic,adcmdtext%>
<table width="800" border="0" cellpadding="5" cellspacing="1"
  bgcolor="#CCCCCC">
<form action="<%=curpagename%>" method="post"
  onSubmit="return chkform(this);">
<tr bgcolor="#FFFFFF"class=font12-18 >
<td colspan="2" align="center">类别名称: <input name="ClassName" type="text"
  id="ClassName" size="25" />
</td>
<td align="center">排序: <input name="OrderID" type="text" id="OrderID"
  value="0" size="4" maxlength="4" />
</td>
<td align="center">每页条数: <input name="PageSize" type="text"
  id="PageSize" value="10" size="4" maxlength="2">
</td>
<td align="center">
    <input name="Submit3" type="submit"  value="添 加" />
    <input name="action" type="hidden" id="action" value="add" />
</td>
</tr>
```

```
</form>
<tr bgcolor="#ebebeb" class=font12-18>
<td width="64" align="center">分类 ID</td>
<td width="244" align="center">栏目名称</td>
<td width="111" align="center">排序</td>
<td width="135" align="center">每页条数</td>
<td width="196" align="center">操作</td>
</tr>
<%
if not(rs.eof and rs.bof)  then
    do while not rs.eof
%>
<form action="<%=curpagename%>"  method="post" >
<tr bgcolor="#FFFFFF">
<td align="center"><input name="ID" type="text" id="ID"
value="<%=Rs("ID")%>" size="4" /></td>
<td align="center"><input name="ClassName" type="text" id="ClassName"
value="<%= Rs("ClassName")%>" size="25" /></td>
<td align="center"><input name="OrderID" type="text" id="OrderID"
value="<%=Rs("OrderID")%>" size="4" maxlength="4" /></td>
<td align="center"><input name="PageSize" type="text" id="PageSize"
  value="<%=Rs("PageSize")%>" size="4" maxlength="2"></td>
<td align="center">
<input name="submit" type="submit"  value="修 改" />
<input name="shanchu" type="Submit"  value="删 除" onClick="if(confirm('真
的要删除吗？')){this.form.action.value='del';}else{return false;}"/>
<input name="action" type="hidden" id="action" value="edit" />
</td>
</tr>
</form>
<%
        rs.movenext
    loop
else
%>
<tr bgcolor="#ffffff">
<td colspan="8" align="center">暂无栏目，请先添加</td>
</tr>
<%
```

```
end if
rs.close
%>
</table>
</body>
</html>
```

程序执行显示的效果如图 9-13 所示。

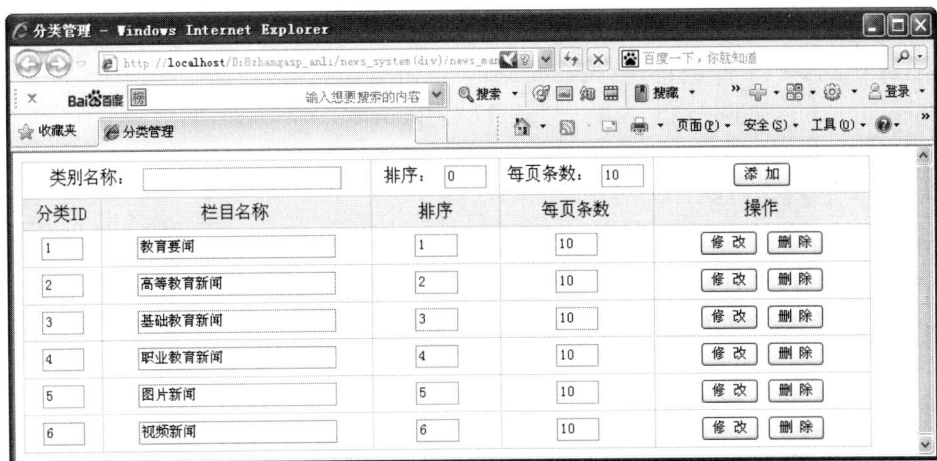

图9-13　新闻类别管理界面

9.2.2　新闻添加、编辑与删除功能的实现

新闻的管理，包括新闻的添加、编辑、删除等功能。为方便用户对新闻的录入、编排等操作，在输入或编辑新闻的表单中，常用到一个第三方免费提供的文档编辑器 ewebeditor.htm，该编辑器对文字的字体、行间距等可方便进行控制，且对网页中所使用图片的上传与插入也非常的方便，具体应用可参看后面提供的程序代码，该编辑器可在网上或本教材资源网中下载获得。

(1) 添加新闻的网页 News_add.asp，代码如下：

```
<html>
<head>
<meta http-equiv="Content-Type" content="text/html; charset=gb2312">
<title>新闻添加</title>
<link rel=stylesheet type=text/css href="../css/mycss.css">
</head>
<body>
<%
session("Ok3w_eWebEditor") = "ok"
const adcmdtext = &H0001
```

```
const adopendynamic = 1
const adlockpessimistic = 2
dsnpath = server.MapPath("../database/data.mdb")
fhsql = "select * from class"
connstr = "provider=microsoft.jet.oledb.4.0;data source=" & dsnpath
set rs = server.createobject("adodb.recordset")
rs.open fhsql,connstr,adopendynamic,adlockpessimistic,adcmdtext
%>
<table width='800' height="471" align='left' cellpadding="5"
cellspacing="1" bgcolor="#cccccc">
<form action="news_write.asp" method="post"
  enctype="application/x-www-form-urlencoded"  name="form" id="form"
  class="font12-18" >
<tr bgcolor="#ffffff" class="font12-18">
<td width="75" align="center">标题：</td>
<td width="702"><input name="title" type="text" id="title" size="50"></td>
</tr>
<tr bgcolor="#ffffff" class="font12-18">
<td align="center">作者：</td>
<td><input name="editor" type="text" id="editor" size="50"></td>
</tr>
<tr bgcolor="#ffffff" class="font12-18">
<td align="center">所属类别：</td>
<td><label>
<select name="classname">
<%
do while not rs.eof
   response.Write(
     "<option value="&rs("classname")&">"&rs("classname")&"</option>")
   rs.movenext
loop
rs.close
%>
</select>
</label></td>
</tr>
<tr bgcolor="#ffffff" class="font12-18">
<td align="center">首页图片</td>
<td colspan="3">
```

```
<input name="PicFile" type="text" id="PicFile" size="40" value="" />
<iframe scrolling="no" frameborder="0" width="100%" height="22"
  src="editor/upload_files.asp"></iframe></td>
</tr>
<tr bgcolor="#ffffff" class="font12-18">
<td height="68" align="center" >内容: </td>
<td><textarea name="content" style="display:none"></textarea>
<iframe ID="eWebEditor1"
  SRC="editor/ewebeditor.htm?id=Content&style=Ok3w&savepath
  filename=UpFiles" frameborder="0" scrolling="no" width="700"
  height="300" style="border:1px solid #cccccc;">
</iframe></td></tr>
<tr bgcolor="#ffffff" class="font12-18">
<td colspan="2" align="center" class="font12-18" >
    <input type="submit" name="Submit" value="提交">
    <input type="reset" name="Submit2" value="重置">
</td></tr>
</form>
</table>
</body>
</html>
```

显示的界面效果如图 9-14 所示。

图9-14　添加新闻的界面

在上述表单中,首页图片栏目用于添加在网站首页循环切换的图片,在这里用到了第三方提供的 upload_files.asp 文件,用于实现图片的上传,并将上传的地址在文本框中显示。单击"浏览"按钮后弹出图 9-15 所示的窗口,选择图片后,单击"打开",图片即可上传至服务器中,并在网站首页中显示。

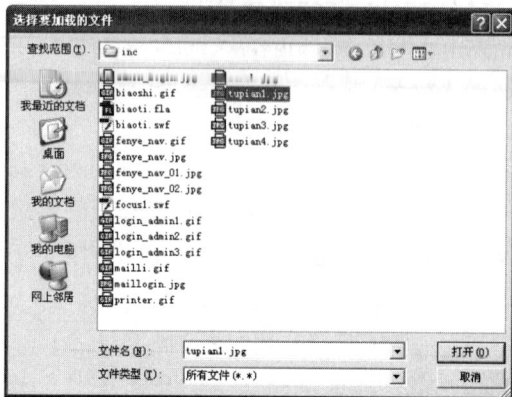

图9-15 选择文件

在"内容"栏目中,在文档编辑器中可输入文字,也可插入图片,将光标定在需要插入图片的位置,用鼠标单击如图 9-16 所示按钮,可弹出如图 9-17 所示窗口,选择图片即可上传和插入图片。

图9-16 文档编辑器界面

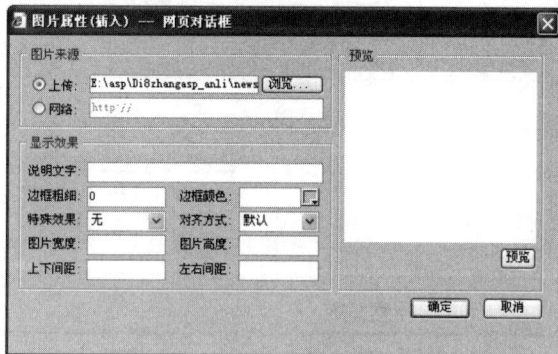

图9-17 插入图片的窗口

填写相关的内容后，单击"提交"按钮，数据提交给 News_write.asp 程序，代码如下：

```
<%
title = request.Form("title")
classname = request.form("classname")
content = request.form("content")
editor = request.form("editor")
shouyetupian = request.form("PicFile")
const adcmdtext = &H0001
const adopenkeyset = 1
const adlockoptimistic = 3
dsnpath = server.MapPath("../database/data.mdb")
connstr = "provider=microsoft.jet.oledb.4.0;data source=" & dsnpath
fhsql = "select * from news where 1=2"
set rs = server.createobject("adodb.recordset")
rs.open fhsql,connstr,adopenkeyset,adlockoptimistic,adcmdtext
rs.addnew
rs.fields("Title") = title
rs.fields("Class") = classname
rs.fields("Author") = editor
rs.fields("Content") = content
rs.fields("Date") = date
if shouyetupian<>"" then
    rs.fields("Shouyetupian") = shouyetupian
else
    rs.fields("Shouyetupian") = "无"
end if
rs.update
response.write "信息添加成功!"
rs.close
%>
</body>
</html>
```

程序执行后，数据写入到数据库中，并显示"信息添加成功!"。

(2) 新闻的编辑和删除可放在一个 News_manager.asp 文件中，代码如下：

```
<%@LANGUAGE="VBSCRIPT" CODEPAGE="936"%>
<%curpagename=request.ServerVariables("script_name")%>
<!--#include file="check.asp"-->
<html>
```

```
<head>
<title>新闻</title>
<meta http-equiv="Content-Type" content="text/html; charset=gb2312">
<link rel=stylesheet type=text/css href="../css/mycss.css">
<Script Language="JavaScript">
function del(nid) {
    answer = window.confirm("是否确定删除！")；
    if (answer) {
        window.location.href = "news_del.asp?newsid=" + nid;
    }
}
function bianji(nid) {
    window.location.href = "news_edit.asp?newsid=" + nid;
}
function tianjia(nid) {
    window.location.href = "news_add.asp";
}
</Script>
<script language="VBScript">
sub gopage(shuru)
    if (window.event.keycode=13 or shuru="go") then
        pno = pageno.value
        classname = fenlei.value
        psize = pagesize.value
        window.location.href = "<%=curpagename%>?class='" & classname
            & "'&pagesize=" & psize & "&pageno=" & pno
    end if
end sub
</script>
</head>
<body>
<%
const adcmdtext = &H0001
const adopendynamic = 1
const adlockpessimistic = 2
classname = request.QueryString("class")
dsnpath = server.MapPath("../database/data.mdb")
connstr = "provider=microsoft.jet.oledb.4.0;data source=" & dsnpath
set rs = server.createobject("adodb.recordset")
```

```
set rs2 = server.CreateObject("adodb.recordset")
if (classname="" or classname="''") then
    fhsql = "select * from news order by date desc"
    rs.open fhsql,connstr,adopendynamic,adlockpessimistic,adcmdtext
    rs.pagesize = 10
else
    fhsql =
      "select * from news where class=" & classname & " order by date desc"
    rs.open fhsql,connstr,adopendynamic,adlockpessimistic,adcmdtext
    rs.pagesize = request.QueryString("pagesize")
end if
fhsql2 = "select * from class order by orderid"
rs2.open fhsql2,connstr,adopendynamic,adlockpessimistic,adcmdtext
%>
<center>
<div>
<table border=0 width=850 align=left>
<tbody>
<tr>
<td colSpan=2>
<table border=0 cellSpacing=0 cellPadding=0 width="100%">
<tbody><tr><td height=47 background=../inc/fenye_nav_01.jpg width=205>
<table border=0 cellSpacing=0 cellPadding=0 width="100%">
<tbody><tr><td width="25%"> </td>
<td height=45 vAlign=top width="75%" align=middle>
<table border=0 cellSpacing=0 cellPadding=0 width="100%">
<tbody><tr><td height=14></td></tr>
<tr><td class=navbt align=middle>新闻中心</td></tr>
</tbody>
</table>
</td></tr></tbody>
</table>
</td>
<td height=47 background=../inc/fenye_nav_02.jpg width=626 align=middle>
<span class=font12-18>
<a href="<%=curpagename%>">首页</a>
<%
do while not rs2.eof
    response.Write (" | <a href=" & curpagename & "?class='"
```

```
            & rs2("classname") & "'&pagesize=" & rs2("pagesize") &">"
            & rs2("classname") & "</a>")
       rs2.movenext
    loop
    rs2.close
    set rs2 = nothing
%>
</span>
</td>
<td height=47 width=149><img src="../inc/biaoshi.gif" width=149
  height=47></td></tr></tbody>
</table>
</td>
</tr>
<tr>
<td class=font12-18 vAlign=top>
<%
if not rs.eof then
    if request.QueryString("pageno") = "" then
        rs.absolutepage = 1
    else
        rs.absolutepage = request.QueryString("pageno")
    end if
    page_contr = "每页" & rs.pagesize & "条记录 | 共" & rs.pagecount
      & "页/" & rs.recordcount & "条记录 | " page_contr=page_contr
      & "当前第" & rs.absolutepage &"页"
    page_contr = page_contr&"<a href=" & curpagename & "?class="
      & classname & "&pagesize=" & rs.pagesize & "&pageno=1>|首 页</a> "
    if rs.absolutepage >1 then
        page_contr = page_contr + "<a href=" & curpagename & "?class="
          & classname & "&pagesize=" & rs.pagesize & "&pageno="
          & rs.absolutepage-1 & ">|上一页</a>"
    else
        page_contr = page_contr + "|上一页"
    end if
    if rs.absolutepage < rs.pagecount then
        page_contr = page_contr & "<a href=" & curpagename & "?class="
          & classname & "&pagesize=" & rs.pagesize & "&pageno="
          & rs.absolutepage+1 & ">|下一页</a>"
```

```
       else
          page_contr = page_contr & "|下一页"
       end if
       page_contr = page_contr&"<a href=" & curpagename & "?class="
          & classname & "&pagesize=" & rs.pagesize & "&pageno="
          & rs.pagecount & ">|最后一页</a>"
       page_contr = page_contr& "|第<input type='text' name='pageno'
          onKeyPress=gopage('') size=2>页<input type='hidden' name='fenlei'
          value="& classname &"><input type='hidden' name='pagesize' value="
          & rs.pagesize &"><input  value='go'
          type='button' onClick=gopage('go')> "
end if
response.Write("<table border=0 cellSpacing=1 cellPadding=2 width='100%'
  bgColor=#f7f7f7 align=center>")
response.Write("<tbody>")
if not rs.eof then
    lineno = 1
    do while not rs.eof and lineno <= rs.pagesize
        response.Write("<tr bgColor=#ffffff>")
        response.Write("<td class=font12-24 bgColor=#f7f7f7 width='80%'>")
        response.Write("["&rs("Date")&"]"
          &"<A href='../news_content.asp?news_id="&rs("ID")
          &"' target=_blank>"&rs("Title")&"</A> 作者: "&rs("Author"))
        response.write "<td bgColor=#f7f7f7 align=center>
          <input type='button' name='bianji' value='编辑' onClick=bianji("
          & rs("ID")  & ")>"
        response.write "<input type='button' name='shanchu' value='删除'
          onClick=del(" & rs("ID")  & ")>"
        response.Write("</td>")
        response.Write("</tr> ")
        rs.movenext
        lineno = lineno + 1
    loop
else
    response.Write("<tr bgColor=#ffffff>")
    response.Write("<td class=font12-24 bgColor=#f7f7f7 width='35%'>")
    response.Write("目前无记录! ")
    response.Write("</td>")
    response.Write("</tr> ")
```

```
end if

rs.close

response.Write("<tr bgColor=#e8eaea><td class=data bgColor=#f7f7f7
   vAlign=center colSpan=8 align=right><div align='center'>")

response.Write(page_contr)

response.write("</div></td></tr></tbody></table>")

%>

</td>

</tr>

</table>

</body>

</html>
```

显示的效果如图 9-18 所示。

图9-18　新闻编辑与删除的界面

(3)　单击"编辑"按钮转入对新闻编辑的 News_edit.asp 网页，代码如下：

```
<%@LANGUAGE="VBSCRIPT" CODEPAGE="936"%>

<!DOCTYPE HTML PUBLIC "-//W3C//DTD HTML 4.01 Transitional//EN"
   "http://www.w3.org/TR/html4/loose.dtd">

<html>

<head>

<meta http-equiv="Content-Type" content="text/html; charset=gb2312" />

<title>新闻更新</title>

<link rel=stylesheet type=text/css href="../css/mycss.css">

</head>
```

```
<body>
<%
session("Ok3w_eWebEditor") = "ok"
operid = request.querystring("newsid")
const adcmdtext = &H0001
const adopenkeyset = 1
const adlockoptimistic = 2
dsnpath = server.MapPath("../database/data.mdb")
connstr = "provider=microsoft.jet.oledb.4.0;data source=" & dsnpath
fhsql = "select * from news where ID=" & operid
fhsql1 = "select * from class"
set rs = server.createobject("adodb.recordset")
set rs1 = server.createobject("adodb.recordset")
rs.open fhsql,connstr,adopenkeyset,adlockoptimistic,adcmdtext
rs1.open fhsql1,connstr,adopenkeyset,adlockoptimistic,adcmdtext
title = rs("Title")
classname = rs("Class")
author = rs("Author")
content = rs("Content")
shouyetupian = rs("shouyetupian")
%>
<form action="news_update.asp" method="post"
  enctype="application/x-www-form-urlencoded"  name="form" id="form"
  class="font12-18">
<input type="hidden" name="newsid" value=<%=operid%>>
<table width='800' height="471" align='left' cellpadding="5"
  cellspacing="1" bgcolor="#cccccc">
<tr bgcolor="#ffffff" class="font12-18">
<td width="119" align="center" class="font12-18">标题: </td>
<td width="668"><input name="title" type="text" id="title" size="50"
  value=<%=title%>></td>
</tr>
<tr bgcolor="#ffffff " class="font12-18">
<td align="center" class="font12-18">作者: </td>
<td>
<input name="author" type="text" id="author" size="50"  value=<%=author%>>
</td>
</tr>
<tr bgcolor="#ffffff " class="font12-18">
```

```
<td align="center" class="font12-18">所属类别: </td>
<td>
<select name="classname" size="1" >
<%
do while not rs1.eof
    if (classname = rs1("classname")) then
        response.Write(
          "<option selected='selected' value="&rs1("classname")&">"
          &rs1("classname")&"</option>")
    else
        response.Write("<option value="&rs1("classname")&">"
          &rs1("classname")&"</option>")
    end if
    rs1.movenext
loop
rs1.close
%>
</select>
</td>
</tr>
<tr bgcolor="#ffffff " class="font12-18">
<td align="center" >图片地址: </td>
<td colspan="3"><input name="PicFile" type="text" id="PicFile" size="40"
  value="<%=shouyetupian%>" />
<iframe scrolling="no" frameborder="0" width="100%" height="22"
  src="editor/upload_files.asp"></iframe>
</td>
</tr>
<tr bgcolor="#ffffff " class="font12-18">
<td height="68" align="center" class="font12-18">内容: </td>
<td><textarea name="content" style="display:none"><%=content%></textarea>
<iframe id="eWebEditor1"
  src="editor/ewebeditor.htm?id=Content&style=Ok3w" frameborder="0"
  scrolling="no"  width="700"  height="300" style="border:1px solid
  #cccccc;"></iframe>
</td>
</tr>
<tr bgcolor="#ffffff " class="font12-18">
<td colspan="2" align="center" class="font12-18" >
```

```
<input type="submit" name="Submit" value="确定">
<input type="reset" name="Submit2" value="重置">
</td>
</tr>
</table>
</form>
<%
rs.close
%>
</body>
</html>
```

显示的效果如图 9-19 所示。

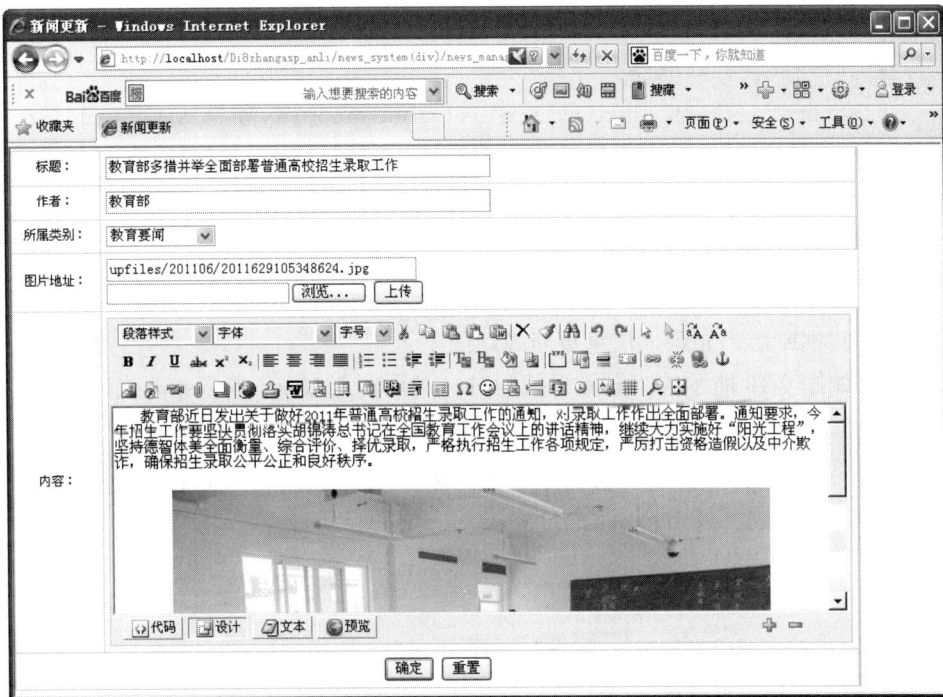

图9-19 新闻的编辑修改界面

该界面的具体操作与新闻添加的操作相同，编辑修改新闻内容后，单击"确定"按钮，数据提交给 News_update.asp，代码如下：

```
<%
operid = request.form("newsid")
title = request.Form("title")
classname = request.form("classname")
content = request.form("content")
```

```
author = request.form("Author")

shouyetupian = request.form("PicFile")

const adcmdtext = &H0001

const adopenkeyset = 1

const adlockoptimistic = 3

dsnpath = server.MapPath("../database/data.mdb")

connstr = "provider=microsoft.jet.oledb.4.0;data source=" & dsnpath

fhsql = "select * from news where id="& operid

set rs = server.createobject("adodb.recordset")

rs.open fhsql,connstr,adopenkeyset,adlockoptimistic,adcmdtext

rs.fields("Title") = title

rs.fields("Class") = classname

rs.fields("Author") = author

rs.fields("Content") = content

rs.fields("Date") = date

if shouyetupian <> "" then rs.fields("Shouyetupian") = shouyetupian

rs.update

response.write "信息更新成功!"

rs.close

%>
```

数据写入数据库后，显示"信息更新成功!"。

(4) 单击如图 9-18 所示的"删除"按钮时，网页转入 News_del.asp，代码如下：

```
<%@LANGUAGE="VBSCRIPT" CODEPAGE="52936"%>

<!DOCTYPE HTML PUBLIC "-//W3C//DTD HTML 4.01 Transitional//EN"
  "http://www.w3.org/TR/html4/loose.dtd">

<html>

<head>

<meta http-equiv="Content-Type" content="text/html; charset=hz-gb-2312">

<title>新闻删除</title>

</head>

<body>

<%

operid = request.QueryString("newsid")

const adcmdtext = &h0001

const adopenkeyset = 1

const adlockoptimistic = 2

dsnpath = server.MapPath("../database/data.mdb")

connstr = "provider=microsoft.jet.oledb.4.0;data source=" & dsnpath
```

高职高专立体化教材 计算机系列

```
set conn = server.CreateObject("adodb.connection")
conn.Open connstr
fhsql = "select * from news where ID=" & operid
set rs = server.createobject("adodb.recordset")
rs.open fhsql,connstr,adopenkeyset,adlockoptimistic,adcmdtext
rs.delete
rs.update
rs.close
response.write "该条新闻删除成功!"
%>
</body>
</html>
```

删除相关记录后，网页显示"该条新闻删除成功!"

9.3 任务 3－系统用户管理子系统的实现

网站用户只有在获得系统提供的账户名和密码后才能进入网站的后台管理程序进行相应的操作，因此，系统对用户的管理的功能同样是必不可少的。

9.3.1 用户管理子系统设计

新闻管理系统的管理员通常可以分为超级用户和一般用户，超级用户具有最高权限，在数据表将其 PassFlag 的值设置为 0，除了具备对新闻管理的基本权限以外，还可以添加、更新、删除一般用户的权限，而一般用户通常只具备操作其他如新闻资源的权限，在数据表中将其 PassFlag 的值设置为 1。用户账户和密码等信息保存在数据表中，用户登录信息提交后，将用户的登录信息与数据表中保存的信息进行对比，若一致，则为合法用户，允许进入系统的主控界面，否则不允许进入。

(1) 数据库中用户表 Admin 的结构如表 9-4 所示。

表9-4 用户表Admin的结构

字段名称	数据类型	长 度	说 明
ID	自动编号	自动	主键，识别用户
AdminName	文本	20	管理员登录用户名
UserPwd	文本	30	管理员登录密码
PassFlag	整型	自动	管理员与用户级别设置

(2) 用户管理程序的设计。

用户管理程序的设计思路与新闻类别管理程序是相同的，就是将实现各项操作的代码分别定义为不同的过程，并保存在同一个 ASP 页面中，将所要实现的功能通过 Action 查询变量传递给它自己，获取该变量值后，利用判断语句来执行不同的操作程序。

(3) 用户的密码加密。

用户名和密码可能是最重要的用户信息，是用户的唯一识别方式。此时必须对用户信息的传递和储存进行加密。而由于网络的要求，信息的加密必须考虑到客户端和服务器端两方面的加密，在客户端进行加密的意义是用加密的信息代替没有加密的信息在网络中传送，而且加密信息必须是单向的，是不能用其他算法还原的。在服务器端进行加密的意义是当服务器受到攻击，数据库外泄时，可以尽可能地不让攻击者获取正确的数据。

MD5 加密算法是最有名、最常用的一种加密算法，它是不可逆的。所以它既可以用于客户端加密，也可以用于服务器端加密。MD5 是一种比较通用的加密方法。该算法的基本原理是将一个变长的二进制值，通过映射的方法变成一个固定长度的哈希值，如果需加密的文件有任何改动，所映射的哈希值都会发生变化，应用程序调用它的方法如下：

```
<!--#include file=" MD5.asp"-->
```

在实现数据加密时，使用函数 md5()就可以。数据信息加密后的结果为信息储存在数据库的最终结果。由于这种加密手段产生的结果是不可逆的，所以用户要小心使用，确实取得保密、方便和效率之间的最佳结合。

9.3.2 添加、编辑、删除用户功能的实现

用户管理程序 user_manager.asp 的代码为：

```
<%@LANGUAGE="VBSCRIPT" CODEPAGE="936"%>
<%curpagename=request.ServerVariables("SCRIPT_NAME")%>
<!--#include file="check.asp"-->
<!--#include file="Md5.asp"-->
<!DOCTYPE html PUBLIC "-//W3C//DTD XHTML 1.0 Transitional//EN"
  "http://www.w3.org/TR/xhtml1/DTD/xhtml1-transitional.dtd">
<html xmlns="http://www.w3.org/1999/xhtml">
<head>
<title>管理员管理</title>
<meta http-equiv="Content-Type" content="text/html; charset=gb2312" />
<link rel=stylesheet type=text/css href="../inc/mycss.css">
<script language="javascript">
function chkform(frm)
{
    if(frm.ClassName.value=="")
    {
        alert("请输入管理员名称")
        frm.ClassName.focus();
```

```
        return false;
    }
}
</script>
</head>
<body>
<%
if session("admin") <= 0 then                          '如果为超级用户
    dsnpath = server.MapPath("../database/data.mdb")
    connstr = "provider=microsoft.jet.oledb.4.0;data source=" & dsnpath
    set conn = server.CreateObject("adodb.connection")
    conn.Open connstr
    if request.form("action") = "del" Then
        fhsql = "delete * from admin where ID=" & Request.form("ID")
        conn.execute(fhsql)
    end if
    if request.form("action") = "add" Then
        adminname = request.form("adminname")
        password = Md5(request.form("password"))
        passflag = request.form("passflag")
        fhsql = "select * from admin where adminname='" & adminname & "'"
        set rs = conn.execute(fhsql)
        if not rs.Bof Then
            response.Write("<script language=javascript>
              alert('已经有此用户。请返回！！！');history.back()</script>")
            response.end
        end if
        fhsql = "insert into admin(adminname,userpwd,passflag) values('"
          & adminname & "','" & password & "'," & passflag & ")"
        conn.execute(fhsql)
    end if
    if request.form("action") = "edit" Then
        adminname = request.form("adminname")
        password = Md5(request.form("password"))
        passflag = request.form("passflag")
        fhsql = "update admin set AdminName='" & adminname
          & "',userpwd='" & password & "',PassFlag=" & passflag
          & " where ID=" & request.form("ID")
        set rs = conn.execute(fhsql)
```

```
        End If
        fhsql = "select * from admin"
        set rs = conn.execute(fhsql)
%>
<table width="800" border="0" cellpadding="5" cellspacing="1"
    bgcolor="#CCCCCC">
<form action="<%=curpagename%>" method="post"
    onSubmit="return chkform(this);">
<tr bgcolor="#FFFFFF"class=font12-18 >
<td colspan="2" align="center">管理员名称:
<input name="adminname" type="text" id="adminname" size="15" />
</td>
<td align="center">
密码: <input name="password" type="password" id="password" size="15"
    maxlength="15" /> </td>
<td align="center">
权限级别: <input name="passflag" type="text" id="passflag" value="0" size="4"
    maxlength="2"> </td>
<td align="center">
<input name="Submit3" type="submit" value="添 加" />
<input name="action" type="hidden" id="action" value="add" />
</td>
</tr>
</form>
<tr bgcolor="#ebebeb" class=font12-18>
<td width="63" align="center">ID</td>
<td width="181" align="center">管理员名称</td>
<td width="171" align="center">密码</td>
<td width="144" align="center">权限级别</td>
<td width="185" align="center">操作</td>
</tr>
<%
if not(rs.eof and rs.bof) then
    do while not rs.eof
%>
<form action="<%=curpagename%>"  method="post" >
<tr bgcolor="#FFFFFF">
<td align="center"><input name="ID" type="text" id="ID"
    value="<%=Rs("ID")%>" size="4" /></td>
```

```
<td align="center"><input name="adminname" type="text" id="adminname"
  value="<%= Rs("adminname")%>" size="15" /></td>
<td align="center"><input name="password" type="password" id="password"
  value="<%=Rs("userpwd")%>" size="15" maxlength="4" /></td>
<td align="center"><input name="passflag" type="text" id="passflag"
  value="<%=Rs("passflag")%>" size="4" maxlength="2"></td>
<td align="center">
<input name="Submit" type="submit"  value="修 改" />
<input name="shanchu" type="Submit"  value="删 除"
  onClick="if(confirm('真的要删除吗？')){this.form.action.value='del';}
  else{return false;}"/>
<input name="action" type="hidden" id="action" value="edit" />
</td>
</tr>
</form>
<%
rs.movenext
    Loop
else
%>
<tr bgcolor="#FFFFFF">
<td colspan="8" align="center">暂无栏目，请先添加</td>
</tr>
<%
end if
rs.close
conn.close
set conn = nothing
%>
</table>
<%
else
    response.write("<span class='font12b-20'>你无权查看！</span>")
end if
%>
</body>
</html>
```

运行后显示的效果如图9-20所示。

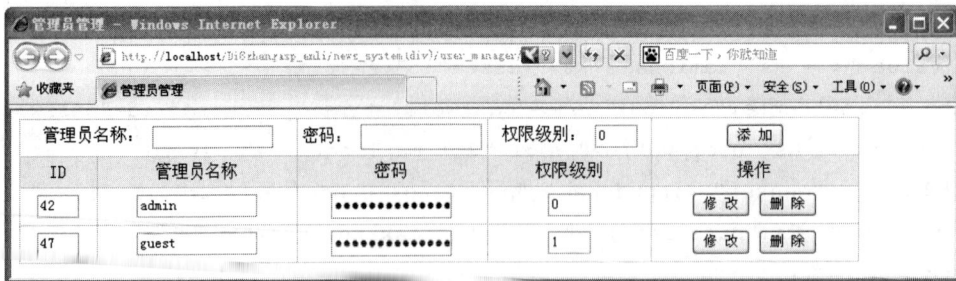

图9-20 系统用户的管理界面

9.4 任务 4 - 新闻发布系统主控界面的实现

新闻发布系统要提供给网站管理员账户、密码、验证码输入的登录界面并能够进行检验。当管理员输入正确的用户名、密码、验证码后，才能进入系统的主控界面，如果验证码、用户名或密码不正确则重新回到登录界面。

9.4.1 用户登录与退出程序的设计

验证码就是将一串随机产生的数字或符号，生成一幅图片，图片里加上一些干扰像素，由用户肉眼识别其中的验证码信息，输入表单提交网站验证，验证成功后才能使用某项功能。验证码的作用是防止有人利用机器人程序自动批量注册、对特定的注册用户用特定程序暴力破解方式进行不断的登录。因为验证码是一个混合了数字或符号的图片，人眼看起来都费劲，机器识别起来就更困难。在这里使用了一个第三方提供的 GetCode.asp 程序，可产生随机显示的验证码，该程序可在互联网或本教材的资源网中获得。

(1) 用户登录界面程序 login.asp 的代码如下：

```
<%@LANGUAGE="VBSCRIPT" CODEPAGE="936"%>
<!DOCTYPE html PUBLIC "-//W3C//DTD XHTML 1.0 Transitional//EN"
  "http://www.w3.org/TR/xhtml1/DTD/xhtml1-transitional.dtd">
<html xmlns="http://www.w3.org/1999/xhtml">
<!--#include file="sys_manager/Md5.asp"-->
<head>
<meta http-equiv="Content-Type" content="text/html; charset=gb2312" />
<title>管理员登录</title>
<script language="javascript">
function chkform(frm)
{
    if(frm.username.value == "")
    {
```

```
            alert("用户名不能为空，请输入");
            frm.username.focus();
            return false;
        }
        if(frm.userpwd.value == "")
        {
            alert("密码不能为空，请输入");
            frm.userpwd.focus();
            return false;
        }
        if(frm.getcode.value == "")
        {
            alert("验证码不能为空，请输入");
            frm.getcode.focus();
            return false;
        }
}
</script>
</head>
<body>
<%
const adcmdtext = &H0001
const adopendynamic = 1
const adlockpessimistic = 2
dsnpath = server.MapPath("database/data.mdb")
connstr = "provider=microsoft.jet.oledb.4.0;data source=" & dsnpath
action = Trim(Request.Form("action"))
if action = "login" then
    adminname = Trim(Request.Form("username"))
    password = Trim(Request.Form("userpwd"))
    sGetCode = Request.Form("getcode")
    if Session("GetCode") = "" Or Session("GetCode") <> sGetCode Then
        response.Write("<script>alert('验证码错误，请重输!');</script>")
    else
        fhsql = "select * from admin where adminname='" & adminname
            & "' and userpwd='" & Md5(password) & "'"
        set rs = server.createobject("adodb.recordset")
        rs.open fhsql,connstr,adopendynamic,adlockpessimistic,adcmdtext
        response.Write(adminname&md5(password))
```

```
        if rs.eof  then
            response.Write(
              "<script>alert('用户名或密码错误，请重输！');</script>")
        else
            session("passflag") = rs("passflag")
            session("adminname") = rs("adminname")
            response.redirect("sys manager/sys_manager.asp")
        end if
    end if
end if
%>
<table cellspacing="0" cellpadding="0" width="420"
  align="center" border="0">
<form id="form1" name="form1" method="post" action=""
  onSubmit="return chkform(this);">
<tbody>
<tr>
<td><img height="36" src="inc/login_admin1.gif"  width="420" /></td>
</tr>
<tr>
<td><img height="106" src="inc/login_admin2.gif"  width="420" /></td>
</tr>
<tr>
<td width="420" background="inc/login_admin3.gif" height="137">
<table width="341" border="0" align="center" cellpadding="0"
  cellspacing="0">
<tr><td height="25">管理员账号</td><td height="25">
<input id="username" style="font-size:9pt; width: 120px; color: black"
  maxlength="18" name="username" /></td>
<td height="25"><input id="Button1" type="submit" value="管理登录"
  name="Button1" /></td></tr>
<tr><td height="25">管理员密码</td><td height="25">
<input id="userpwd" style="FONT-SIZE: 9pt; WIDTH: 120px; COLOR: black"
  type="password"  maxlength="18" name="userpwd" />
<input name="action" type="hidden" id="action" value="login" /></td>
<td height="25"><input type="reset" name="Submit" value="清除再来" /></td>
</tr>
<tr>
<td height="25">程序验证码</td>
```

```
<td height="25"><table width="100%" border="0" cellspacing="0"
  cellpadding="0">
<tr>
<td width="19%"><input id="getcode" style="width: 40px" maxlength="4"
  name="getcode" /></td>
<td width="81%"><img src="sys_manager/GetCode.asp" width="80" height="20"
  border="0" style="cursor:hand;" title="没有看清？点击换一个..."
  onClick="javascript:this.src='sys_manager/GetCode.asp'" /></td>
</tr>
</table></td>
<td height="25"><span style="height: 31px">
<input onClick="window.location='index.asp'" type="button"
  value="返回首页" name="Submit3" />
</span></td>
</tr>
</table></td>
</tr>
<tr>
<td><img height="51" src="inc/admin_login.jpg" width="420" /></td>
</tr>
</tbody>
</form>
</table>
</body>
</html>
```

运行后显示的效果如图 9-21 所示。

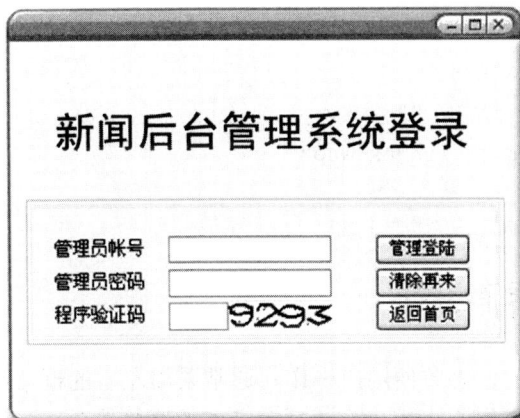

图9-21　管理用户的登录界面

(2) 为防止用户未经登录程序而直接访问后台的相关程序,可在进入管理程序之前添加一个 check.asp 文件,语句为:

```
<!--#include file="check.asp"-->
```

如果用户未登录而直接访问后台程序,check.asp 将会检测到两个会话级变量 session(passflag)和 session(adminname)为空,系统将自动转入 login.asp,强制用户必须登录。
check.asp 的代码如下:

```
<%
set conn = Server.CreateObject("Adodb.Connection")
conn.Provider = "Microsoft.Jet.OLEDB.4.0"
conn.Open server.mappath("../database/data.mdb ")
if session("passflag") = "" then
    response.redirect("../login.asp")
    response.end
end if
sql = "select * from admin where adminname='" & session("adminname")&"'"
set rs = conn.execute(sql)
if rs.eof or rs.bof then
    response.write("<script>alert('非法用户!');
      this.location.href='../index.asp';</script>")
    response.end
end if
rs.close
%>
```

(3) 当用户退出后台管理程序时,应执行 loginout.asp 程序将 session(passflag)和 session(adminname)变量清空,从而实现彻底退出系统,防止用户再次进入:

```
<%
session("passflag") = ""
session("adminname") = ""
response.redirect "../index.asp"
%>
```

9.4.2 系统主控界面设计

系统进入主控界面后,为方便用户操作,通常采用左右的框架结构,在系统界面的左侧存放一个 left_menu.asp 网页,用于显示后台操作的菜单选项,当用户单击菜单项时,系统将在右侧显示该程序的界面。

(1)　系统主控界面程序 manager.asp 的代码如下：

```
<%@LANGUAGE="VBSCRIPT" CODEPAGE="936"%>
<!--#include file="check.asp"-->
<!--#include file="Md5.asp"-->
<html>
<head>
<meta http-equiv="Content-Type" content="text/html; charset=gb2312">
<link rel=stylesheet type=text/css href="../css/mycss.css">
<title>网站后台管理系统</title>
</head>
<body >
<table width="1024" height="640" border="0"  align="left" cellpadding="0"
  cellspacing="0">
<tr >
<td width="200" rowspan="2"  align="left" valign="top" >
<iframe frameborder="0" marginheight="10" marginwidth="3" scrolling="no"
  name="left_frame" width="100%" height="560"  src="left_menu.asp">
</iframe>
</td>
<td  valign="center" class="biaoti" >
    <%=session("adminname")%>，您好！欢迎您进入网站管理系统！
</td >
</tr>
<tr>
<td width="1040" align="left" valign="top">
<iframe frameborder="0" marginheight="10" marginwidth="3" scrolling="auto"
  name="right_frame" width="100%" height="540"
  src="../news_manager/news_manager.asp">
</iframe>
</td>
</tr>
<tr >
<td colspan="2"  align="left" valign="top" >
<iframe height=80 src="../buttom.asp" frameBorder=0 width=1024
  scrolling=no>
</iframe>
</td>
</tr>
</table>
```

```
</body>
</html>
```

运行后的效果如图9-22所示,系统将在界面的右侧直接导入新闻编辑界面供用户操作。

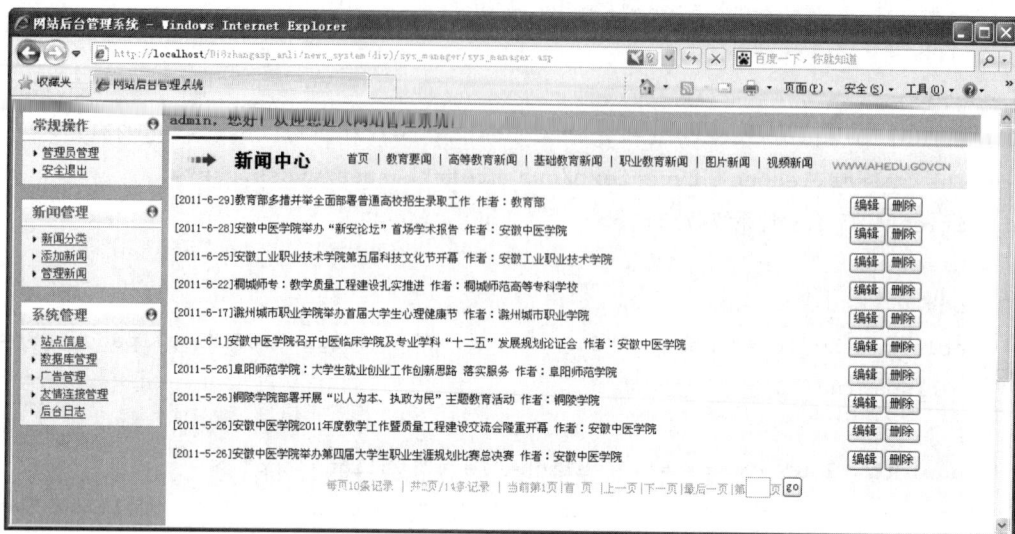

图9-22　新闻发布系统(管理新闻)的主控界面

当单击系统左侧的"添加新闻"超级链接时，系统右侧将导入新闻添加的界面，如图9-23所示。当单击其他的超级链接时，系统将在右侧导入相关的程序的界面供用户操作。

图9-23　新闻发布系统(添加新闻)的主控界面

当用户退出系统时，单击"安全退出"，系统将调用 loginout.asp 程序，安全退出，并返回 index.asp 首页。

(2) left_menu.asp 为系统左侧的菜单程序，可采用单击伸缩的方式进行显示，这样可以在有限的空间内存放更多的菜单项，其代码为：

```
<%@LANGUAGE="VBSCRIPT" CODEPAGE="936"%>
<html>
<head>
<meta http-equiv="Content-Type" content="text/html; charset=gb2312" />
<title>后台管理系统</title>
<link rel="stylesheet" type="text/css" href="../css/style.css">
<script language="javascript">
function showHide(obj)
{
    obj.style.display = obj.style.display == "none" ? "block" : "none";
}
</script>
</head>
<body>
<table cellspacing="1" cellpadding="3" width="150" align="center"
  bgcolor="#999999" border="0">
<tbody>
<tr>
<td class="ttl" onClick="showHide(m0)" valign="top" align="left"
  background="images/top-bj3.jpg">
<table cellspacing="0" cellpadding="0" width="127" border="0">
<tbody>
<tr>
<td width="8" height="22"> </td>
<td align="left" width="117"><strong class="mtitle">常规操作</strong></td>
</tr>
</tbody>
</table>
</td>
</tr>
<tr id="m0" style="display: block">
<td valign="top" align="middle" bgcolor="#f3f5f1"><table width="100%">
<tbody>
<tr>
<td align="left">
<img height="7" hspace="5" src="images/arrow.gif" width="5"
```

```
    align="absmiddle" />
    <a target="right_frame" href="../user_manager/user_manager.asp">
    管理员管理</a></td>
</tr>
<tr>
<td align="left"><img height="7" hspace="5" src="images/arrow.gif"
    width="5" align="absmiddle" /><a target="_parent" href="Loginout.asp">
    安全退出</a></td>
</tr>
</tbody>
</table></td>
</tr>
</tbody>
</table>
<table cellspacing="1" cellpadding="3" width="150" align="center"
    bgcolor="#999999" border="0">
<tbody>
<tr>
<td class="ttl" onClick="showHide(m2)" valign="top" align="left"
    background="images/top-bj3.jpg"><table cellspacing="0" cellpadding="0"
    width="127" border="0">
<tbody>
<tr>
<td width="8"> </td>
<td align="left" width="117"><span class="mtitle">新闻管理</span></td>
</tr>
</tbody>
</table></td>
</tr>
<tr id="m2" style="display: block">
<td valign="top" align="middle" bgcolor="#f3f5f1"><table width="100%">
<tbody>
<tr>
<td align="left"><img height="7" hspace="5" src="images/arrow.gif"
    width="5" align="absmiddle" /><a target="right_frame"
    href="../news_manager/class_manager.asp">新闻分类</a></td>
</tr>
<tr>
<td align="left"><img height="7" hspace="5" src="images/arrow.gif"
```

```
  width="5" align="absmiddle" /><a target="right_frame"
  href="../news_manager/news_add.asp">添加新闻</a></td>
</tr>
<tr>
<td align="left"><img height="7" hspace="5" src="images/arrow.gif"
  width="5" align="absmiddle" /><a target="right_frame"
  href="../news_manager/news_manager.asp">管理新闻</a> </td>
</tr>
</tbody>
</table></td>
</tr>
</tbody>
</table>
<table cellspacing="1" cellpadding="3" width="150" align="center"
  bgcolor="#999999" border="0">
<tbody>
<tr>
<td class="ttl" onClick="showHide(menu6)" valign="top" align="left"
  background="images/top-bj3.jpg">
<table cellspacing="0" cellpadding="0" width="127" border="0">
<tbody>
<tr>
<td width="8"> </td>
<td align="left" width="117"><strong class="mtitle">系统管理</strong></td>
</tr>
</tbody>
</table></td>
</tr>
<tr id="menu6" style="display: block">
<td valign="top" align="middle" bgcolor="#f3f5f1"><table width="100%">
<tbody>
<tr>
<td align="left"><img height="7" hspace="5" src="images/arrow.gif"
  width="5" align="absmiddle" /><a target="right_frame"
  href="../info_manager/sys_info.asp">站点信息</a></td>
</tr>
<tr>
<td align="left"><img height="7" hspace="5" src="images/arrow.gif"
  width="5" align="absmiddle" />
```

```
    <a   href="Sys_db.asp" target="right">数据库管理</a></td>
</tr>
<tr>
<td align="left"><img height="7" hspace="5" src="images/arrow.gif"
  width="5" align="absmiddle" /><a  href="Sys_Ads.asp" target="right">广告
  管理</a></td>
</tr>
<tr>
<td align="left"><img height="7" hspace="5" src="images/arrow.gif"
  width="5" align="absmiddle" /><a  href="Sys_link.asp" target="right">友
  情链接管理</a></td>
</tr>
<tr>
<td align="left"><img height="7" hspace="5" src="images/arrow.gif"
  width="5" align="absmiddle" /><a  href="ad_weblog.asp" target="right">
  后台日志</a></td>
</tr>
</tbody>
</table></td>
</tr>
</tbody>
</table>
</body>
</html>
```

显示的效果如图 9-24 所示。

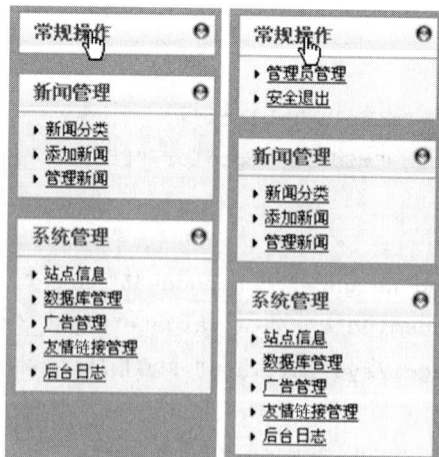

图9-24　主控界面左侧菜单的收放显示

参 考 文 献

1. 张景峰．ASP 程序设计．北京：高等教育出版社，2006.

2. 赵增敏．ASP 可视化编程及应用．北京：机械工业出版社，2006.

3. 冯昊．ASP 动态网页设计与应用．北京：清华大学出版社，2008.

4. 童爱红．ASP 动态网页设计实用教程．北京：清华大学出版社，2007.

5. 胡崧．网页设计技术伴侣 HTML/CSS/JavaScript 范例应用．北京：中国青年出版社，2006.